Deutsche
Forschungsgemeinschaft

**Forschung mit
humanen embryonalen
Stammzellen**

Standpunkte

T0224465

Deutsche
Forschungsgemeinschaft

Forschung mit humanen embryonalen Stammzellen

Rechtsgutachten zu den strafrechtlichen Grundlagen und Grenzen der Gewinnung, Verwendung und des Imports sowie der Beteiligung daran durch Veranlassung, Förderung und Beratung

von
Professor Hans Dahs / Priv.-Doz. Bernd Müssig
und
Professor Albin Eser / Priv.-Doz. Hans-Georg Koch

Standpunkte

WILEY-VCH

WILEY-VCH Verlag GmbH & Co. KGaA

Deutsche Forschungsgemeinschaft
Geschäftsstelle: Kennedyallee 40, D-53175 Bonn
Postanschrift: D-53170 Bonn
Telefon: ++49/228/885-1
Telefax: ++49/228/885-2777
E-Mail: (Internet RFC 822): postmaster@dfg.de
Internet: http://www.dfg.de

Bibliografische Information Der Deutschen Bibliothek
Die Deutsche Bibliothek verzeichnet diese Publikation in der Deutschen Nationalbibliografie; detailierte bibliografische Daten sind im Internet über http://dnb.ddb.de abrufbar.

ISBN 3-527-27221-6

© 2003 WILEY-VCH Verlag GmbH & Co. KGaA Weinheim

Umschlaggestaltung: Dieter Hüsken
Satz: Hagedorn Kommunikation, D-68519 Viernheim
Druck: betz-druck GmbH, Darmstadt
Buchbinder: Litges & Kopf Buchbinderei GmbH, Heppenheim

Inhaltsverzeichnis

Vorwort VII

Forschung mit humanen embryonalen Stammzellen im In- und Ausland
    Rechtsgutachten zu den strafrechtlichen Grundlagen und Grenzen
    der Gewinnung, Verwendung und des Imports sowie der
    Beteiligung daran durch Veranlassung, Förderung und Beratung

Rechtsgutachten von Hans Dahs/Bernd Müssig 1

Rechtsgutachten von Albin Eser/Hans-Georg Koch 37
Anhang 179

V

Vorwort

Die Forschung mit Stammzellen, adulten oder embryonalen, eröffnet der medizinischen Forschung Chancen in einer bislang nicht für möglich gehaltenen Dimension. Die erfolgreiche Behandlung gegenwärtig noch unheilbarer Krankheiten erscheint nunmehr – wenn auch nicht unmittelbar greifbar – so doch immerhin möglich.

So sehr die Arbeit mit humanen embryonalen Stammzellen in neue Bereiche der Forschung vorstößt, so sehr stellt sich die Frage nach ihrer ethischen Verantwortbarkeit. Hierauf Antworten zu finden und festzulegen, welche Forschungsarbeiten in Deutschland rechtlich zulässig sein sollen, war Aufgabe des Gesetzgebers, als er im Anschluss an eine durch eine hohes Maß an Ernsthaftigkeit geprägte Debatte im Deutschen Bundestag am 25. April 2002 das Stammzellgesetz verabschiedet hat.

Durch das Embryonenschutzgesetz war 1990 die Forschung mit und an menschlichen Embryonen in weitem Umfang für strafbar erklärt worden. Im Stammzellgesetz galt es zu klären, ob im Ausland gewonnene humane embryonale Stammzellen nach Deutschland importiert werden dürfen, um die Arbeit mit ihnen an deutschen Hochschulen und außeruniversitären Forschungseinrichtungen zu ermöglichen. Nach den Bestimmungen des Stammzellgesetzes ist es nunmehr möglich, in Deutschland mit humanen embryonalen Stammzellen zu arbeiten, wenn diese im Ausland vor einem bestimmten Stichtag gewonnen worden sind und eine staatliche Genehmigungsbehörde die Einhaltung weiterer Voraussetzungen geprüft hat. Forschung ohne eine solche Genehmigung stellt einen Straftatbestand dar und kann für den Forscher Freiheitsstrafen von bis zu drei Jahren zur Folge haben.

Auch wenn das Embryonenschutzgesetz präzise Vorgaben für den Umgang mit embryonalen Stammzellen in Deutschland enthält und das Stammzellgesetz für deren Einfuhr nach Deutschland detaillierte Regelungen vorsieht, so bleibt doch offen, wieweit deutsche Forscher im Ausland mit und an ihnen arbeiten dürfen. Das deutsche Strafrecht erstreckt sich in seinem Geltungsbereich nicht nur auf das nationale Hoheitsgebiet, sondern im Hinblick auf bestimmte Straftaten und/oder bestimmte Personengruppen auch auf das Ausland. Die Strafrechtswissenschaft kennt neben dem Territorialitätsgrundsatz, der die Geltung des nationalen Strafrechts auf die im Inland begangenen Taten beschränkt, unter anderem auch das sogenannte aktive Personalitätsprinzip, das an die Staatsangehörigkeit des Täters und in bestimmten Fällen an dessen gegebenenfalls vorhandenes besonderes Treueverhältnis zum deutschen Dienstherrn anknüpft. Taten eines dem öffentlichen Dienst besonders Verpflichteten sind daher auch dann nach deutschem Strafrecht zu beurteilen, wenn sie im Ausland nicht unter Strafandrohung stehen. Aber auch dann, wenn bei einer im Ausland begangenen „Tat" das dort geltende Recht Anwendung findet und dieses im konkreten Fall eine Strafbarkeit verneint, kann derjenige, der im Inland zu dieser „Tat" anstiftet oder Beihilfe leistet, nach deutschem Strafrecht belangt werden. Noch schwieriger wird es, wenn es – wie es bei arbeitsteiliger Forschung die Regel ist – mehrere „Tatorte" in verschiedenen Ländern gibt.

Deutsche Wissenschaftler, die mit humanen embryonalen Stammzellen arbeiten wollen, werden nicht umhin können, vor der Aufnahme einer konkreten Forschungsarbeit die Frage nach der rechtlichen Zulässigkeit mit besonderer Sorgfalt zu prüfen. Vor dieser Aufgabe stehen Forscher zwar auch bei anderen Themen; doch die mit der Komplexität der strafrechtlichen Normen einhergehende Rechtsunsicherheit ist durch das Zusammenspiel von Embryonenschutzgesetz, Stammzellgesetz und Strafgesetzbuch besonders ausgeprägt. Aus diesem Grunde ist die DFG dankbar, dass mit Herrn Professor Dahs und Herrn Professor Eser zwei der renommiertesten deutschen Strafrechtler mit ihren Mitarbeitern, den Herren Privatdozenten Müssig und Koch, durch ihre Gutachten dazu beigetragen haben, Licht in das Dickicht des strafrechtlichen Dschungels zu bringen; Herrn Professor Wolfrum, der als Vizepräsident der DFG maßgeblich an den Diskussionen um die Stammzellforschung und ihre rechtliche Bewertung beteiligt war, gebührt ebenso unser Dank.

Professor Ernst-Ludwig Winnacker

Präsident der
Deutschen Forschungsgemeinschaft

Rechtliche Stellungnahme

Prof. Dr. Hans Dahs   Priv.-Doz. Dr. Bernd Müssig

Rechtsanwalt   Rechtsanwalt

Inhaltsverzeichnis

I.   Aufgabenstellung 3

II. Vorbemerkung 6

III. Rechtslage 7

    1. Umfang der rechtlichen Prüfung 7

    2. Tatbestandliche Voraussetzungen des § 13 Abs. 1 StZG 9

    3. Problematik der Auslandstat 18

    4. Zusammenfassung 33

2

Rechtliche Stellungnahme

I. Aufgabenstellung

Am 1. Juli 2002 ist das Gesetz zur Sicherstellung des Embryonenschutzes im Zusammenhang mit der Einfuhr und Verwendung menschlicher embryonaler Stammzellen vom 28. Juni 2002 (Stammzellgesetz – StZG; BGBl. I, 2002, S. 2277 ff.) in Kraft getreten; es beinhaltet in § 13 Strafvorschriften zum Umgang mit embryonalen Stammzellen:

„(1) Mit Freiheitsstrafe bis zu drei Jahren oder mit Geldstrafe wird bestraft, wer ohne Genehmigung nach § 6 Abs. 1 embryonale Stammzellen einführt oder verwendet. Ohne Genehmigung im Sinne des Satzes 1 handelt auch, wer auf Grund einer durch vorsätzlich falsche Angaben erschlichenen Genehmigung handelt. Der Versuch ist strafbar.

(2) Mit Freiheitsstrafe bis zu einem Jahr oder mit Geldstrafe wird bestraft, wer einer vollziehbaren Auflage nach § 6 Abs. 6 Satz 1 oder 2 zuwiderhandelt."

Eine Genehmigung gem. § 6 Abs. 1 StZG ist nach Abs. 4 auf entsprechenden Antrag (unter den formellen Voraussetzungen nach Abs. 2) zu erteilen, wenn

„1. Die Voraussetzungen nach § 4 Abs. 2 erfüllt sind,
2. die Voraussetzungen nach § 5 erfüllt sind und das Forschungsvorhaben in diesem Sinne ethisch vertretbar ist und
3. eine Stellungnahme der Zentralen Ethik-Kommission für Stammzellenforschung nach Beteiligung durch die zuständige Behörde vorliegt."

§ 4 Abs. 2 StZG betrifft die zulässigen Voraussetzungen, unter denen die embryonalen Stammzellen gewonnen worden sind; demnach ist die Einfuhr und Verwendung embryonaler Stammzellen zu Forschungszwecken zulässig, wenn

„1. zur Überzeugung der Genehmigungsbehörde feststeht, daß
    a) die embryonalen Stammzellen in Übereinstimmung mit der Rechtslage im Herkunftsland dort vor dem 1. Januar 2002 gewonnen wurden und in Kultur gehalten werden oder im Anschluß daran kyrokonserviert gelagert werden (embryonale Stammzell-Linie),

    b) die Embryonen, aus denen sie gewonnen wurden, im Wege der medizinisch unterstützten extrakorporalen Befruchtung zum Zwecke der Herbeiführung einer Schwangerschaft erzeugt worden sind, sie endgültig nicht mehr für diesen Zweck verwendet wurden und keine Anhaltspunkte dafür vorliegen, daß dies aus Gründen erfolgte, die an den Embryonen selbst liegen,

c) für die Überlassung der Embryonen zur Stammzellgewinnung kein Entgelt oder sonstiger geldwerter Vorteil gewährt oder versprochen wurde und

2. der Einfuhr oder Verwendung der embryonalen Stammzellen sonstige gesetzliche Vorschriften, insbesondere solche des Embryonenschutzgesetzes, nicht entgegenstehen. "

§ 5 regelt die Anforderungen an das Forschungsprojekt selbst; demnach dürfen

„Forschungsarbeiten an embryonalen Stammzellen (...) nur durchgeführt werden, wenn wissenschaftlich begründet dargelegt ist, daß

1. sie hochrangigen Forschungszielen für den wissenschaftlichen Erkenntnisgewinn im Rahmen der Grundlagenforschung oder für die Erweiterung medizinischer Kenntnisse bei der Entwicklung diagnostischer, präventiver oder therapeutischer Verfahren zur Anwendung bei Menschen dienen und

2. nach dem anerkannten Stand der Wissenschaft und Technik

a) die im Forschungsvorhaben vorgesehenen Fragestellungen so weit wie möglich bereits in In-vitro-Modellen mit tierischen Zellen oder in Tierversuchen vorgeklärt worden sind und

b) der mit dem Forschungsvorhaben angestrebte wissenschaftliche Erkenntnisgewinn sich voraussichtlich nur mit embryonalen Stammzellen erreichen läßt. "

Die Deutsche Forschungsgemeinschaft sieht sich durch die Gesetzeslage in ihrem Handeln betroffen und wünscht vor diesem Hintergrund eine juristische Bewertung der folgenden, praktisch relevanten Problemstellungen, scil. Frage der Strafbarkeit

● bei der Mitgliedschaft von Wissenschaftlern in internationalen Beratungsgremien international agierender Firmen, die HES-Forschung betreiben, oder anderer Länder (etwa dem Beratungsgremium „Stammzellbank" des MRC in Großbritannien),

● bei der Mitgliedschaft von Wissenschaftlern in Gutachtergremien ausländischer Förderorganisationen, sofern es um die Förderung von HES-Projekten geht,

● bei der Kooperation im Rahmen internationaler Forschungsprojekte, sofern ein Austausch von Know-how, Methoden, Reagenzien, Mitarbeitern, Stipendiaten erfolgt oder sofern ein Kooperationspartner neue HES-Zelllinien herstellt,

● bei Aufenthalten von DFG-Stipendiaten in Laboreinrichtungen im Ausland, die HES-Projekte, die nach deutschen Recht unzulässig sind, bearbeiten.

Zu den einzelnen Punkten wurden folgende Sachverhalte mitgeteilt:

1. Mitgliedschaft in internationalen Beratungsgremien anderer Länder oder international agierender Firmen:

   ● Der Medical Research Council (MRC) in Großbritannien hat die Einrichtung zweier Gremien beschlossen: das National Stem Cell Advisory Committee, das die Einrichtung der geplanten Zellbank begleiten soll, sowie ein weiteres, interdisziplinär besetztes Komitee, das die Stammzellaktivitäten in Großbritannien insgesamt koordinieren soll. Seine Aufgabe wird es sein, die Prinzipien für die Arbeit mit Stammzellen und die geplante Stammzellbank zu entwickeln.

   ● Konkret liegt die Anfrage einer Biowissenschaftlerin vor, die gebeten worden ist, als Sachverständige in dem Ethik-Beirat eines international ausgerichteten Pharmakonzerns mitzuwirken. Der Beirat soll Projekte, bei denen sich das Unternehmen in verschiedenen Ländern „mit humanen Stammzellen beschäftigt", nach den jeweils landesspezifischen Richtlinien begutachten. Hier stellt sich die Strafbarkeitsfrage, wenn die Biowissenschaftlerin sich als Sachverständige für ein Forschungsprojekt mit humanen embryonalen Stammzellen im Ausland ausspricht, das nach deutschen Bestimmungen nicht durchgeführt werden darf.

2. Mitgliedschaft in Gutachtergremien ausländischer Förderorganisationen: Entscheidungen über Anträge werden in den meisten ausländischen Förderorganisationen auf der Basis von zuvor eingeholten Gutachten getroffen. Auf der Grundlage dieser Gutachten wird dann, entweder hausintern oder nach Beteiligung entsprechender Gremien, eine Förderentscheidung ausgesprochen. Es ist davon auszugehen, dass Wissenschaftler aus Deutschland voraussichtlich nicht nur als Gutachter, sondern auch als Mitglieder der jeweiligen Gremien mit beratenden Aufgaben oder Entscheidungszuständigkeit beauftragt werden.

3. Kooperationen im Rahmen internationaler Forschungsprojekte:

   ● Der Austausch von Methoden und Know-how betrifft Verfahren im Umgang mit embryonalen Stammzellen i. w. S., auch zur eventuellen Etablierung neuer humaner embryonaler Stammzellen durch ausländische Kooperationspartner. Übermittelt werden könnten auch Methoden, die in Deutschland nicht primär für embryonale Stammzellen entwickelt wurden, sich jedoch auch auf die Etablierung humaner embryonaler Stammzellen anwenden lassen. Neben der mündlichen oder schriftlichen Methodenübermittlung kommt wegen der diffizilen Methoden als häufige Praxis auch die Übermittlung in Form von Gastaufenthalten in den jeweiligen Labors in Betracht.

● Der Austausch von Reagenzien betrifft zum einen Bestandteile der embryonalen Stammzellen (DNA, RNA, Proteinextrakte oder sonstige Bestandteile einer Zelle), die für weitere Versuche eingesetzt werden könnten, ferner Antikörper, die gegen Teile der embryonalen Zellen hergestellt wurden, und schließlich auch sog. Zellkulturüberstände. Bei letzteren handelt es sich um von den Zellen bei einem Wechsel des Nährmediums abpipettierte, verbrauchte Nährflüssigkeit. Diese beinhaltet allerdings von den Zellen abgegebene bisher nicht bekannte Signalstoffe, die ihrerseits andere Zellen zum Wachstum anregen, und deshalb werden diese Überstände anderen Zellen in frischer Nährflüssigkeit verdünnt zugesetzt. Bei allen Reagenzien handelt es sich nicht mehr um lebende Zellen, jedoch können über den Austausch von Reagenzien Informationsmaterial oder Produkte auch von solchen Zellen verwendet werden, deren Import selbst nicht erlaubt wäre.

II. Vorbemerkung

Für die Beurteilung der Rechtslage ist – wie bekannt – in erster Linie das Stammzellgesetz vom 28.06.2002 (BGBl. I, 2002, S. 2277 ff.) und daneben das Embryonenschutzgesetz vom 13.12.1990 (BGBl. I, 1990, 2746 ff.) von Bedeutung. Beide Gesetze sind so neuen Datums, dass zur Anwendung des Stammzellengesetzes bisher weder Rechtsprechung noch eine Auffassung des Schrifttums vorliegt. Zum Embryonenschutzgesetz ist praktisch nur der Kommentar von *Keller/Günther/Kaiser* aus dem Jahre 1992 verwertbar. Aus diesem Grunde musste für die Beurteilung der Rechtslage i. w. auf den Wortlaut der beiden Gesetze, allgemeine strafrechtliche Rechts- und Zurechnungsstrukturen sowie die Gesetzesmaterialien zum StZG in BT Drucks. 14/8394 vom 27.02.2002, Drucks. 14/8846 vom 23.04.2002, Drucks. 14/8876 vom 24.04.2002 und Drucks. 14/8102 vom 29.01.2002 zurückgegriffen werden.

Die rechtliche Stellungnahme steht damit notwendigerweise unter dem Vorbehalt, dass der mitgeteilte Sachverhalt möglicherweise ergänzungsbedürftig ist und sich eine (gefestigte) Rechtsauffassung zu den anstehenden Fragen bisher nicht gebildet hat.

III. Rechtslage

1. Umfang der rechtlichen Prüfung

a) Gewinnung von Stammzellen aus Embryonen als tatbestandliche Handlung nach § 2 Abs. 1 EmbSchG

Die Gewinnung von Stammzellen aus Embryonen wird in dieser rechtlichen Stellungnahme *nicht* problematisiert. Diese ist als „mißbräuchliche Verwendung" eines menschlichen Embryos gem. § 2 Abs. 1 Embryonenschutzgesetz (EmbSchG) strafbar

> vgl. Keller/*Günther*/Kaiser, Kommentar zum Embryonenschutzgesetz 1992, § 2 Rn. 30 f.; *Taupitz* ZRP 2002, 111; *Schroth* JZ 2002, 170 (171).

Auch die Mitwirkung an ausländischer „verbrauchender Embryonenforschung" zur Gewinnung von embryonalen Stammzellen vom Inland aus ist nach §§ 27 Abs. 1 (bzw. 26), 9 Abs. 2 S. 2 StGB i. V. m. § 2 Abs. 1 EmbSchG strafbar

> Keller/*Günther*/Kaiser EmbSchG Vor § 1 Rn. 10; *Schroth* JZ 2002, 170 (171).

Daher ist bei Kooperationen im Rahmen internationaler Forschungsprojekte Strafbarkeit nach diesen Vorschriften gegeben, wenn im Zusammenhang dieser Kooperation von Deutschland aus eine finanzielle, technische oder personale Unterstützung zur konkreten Herstellung embryonaler Stammzellen im Ausland erfolgt. Die Unterstützung wäre als Beihilfe zur missbräuchlichen Verwendung von Embryonen zu werten (§§ 27 Abs. 1, 9 Abs. 2 S. 2 StGB i. V. m. § 2 Abs. 1 EmbSchG). Dies trifft auch die Förderung von Austauschmaßnahmen für Mitarbeiter und Stipendiaten, die an solchen Projekten mitwirken. Ähnliches gilt für den Importeur, der von Deutschland aus im Ausland noch herzustellende embryonale Stammzellen anfordert; dieser macht sich wegen Anstiftung (§ 26 StGB) zu § 2 Abs. 1 EmbSchG strafbar.

Vor diesem Hintergrund kann somit, wenn bei internationalen Forschungsprojekten ein Kooperationspartner neue embryonale Stammzelllinien etabliert, auch der Austausch von Know-how, Methoden, Reagenzien, Mitarbeitern und Stipendiaten als Unterstützung schon der Beihilfestrafbarkeit nach den Vorschriften des EmbSchG unterfallen, dies allerdings unter zwei Voraussetzungen: Die Etablierung neuer Stammzelllinien muss zum einen im Zusammenhang verbrauchender Embryonenforschung erfolgen. Zum anderen muss der Austausch sich als Unterstützung auf ein wenigstens konkretisierbares Projekt zur Etablierung neuer Stammzelllinien beziehen; die Beihilfe ist nach deutschem Strafrecht nur dann strafbar, wenn sie eine bestimmte Haupttat fördert

> vgl. Tröndle/*Fischer* (Strafgesetzbuch, 50 Aufl. 2001) § 27 Rn. 9.

Die Festlegung von allgemeinen technischen (und ethischen) Richtlinien zur Gewinnung von embryonalen Stammzellen dürfte daher noch nicht die Voraussetzungen einer Beihilfehandlung erfüllen, dies jedenfalls, wenn die festlegende Instanz in keinerlei (organisatorische) Zusammenhänge mit konkreten Forschungsprojekten eingebunden ist

> vgl. auch *Schroth* JZ 2002, 170 (172); *Lilie/Albrecht* NJW 2001, 2774 (2275).

b) *Umgang mit embryonalen Stammzellen (i. w. S.) als tatbestandliche Handlung nach § 13 Abs. 1 StZG*

Gegenstand der rechtlichen Stellungnahme ist, soweit sich aus speziellen Fragestellungen nichts anderes ergibt, nur die eigenständige Forschung an bereits vorhandenen embryonalen Stammzellen.

Die in der Anfrage benannten vier konkreten Problemstellungen werden hier unter zwei Gesichtspunkten behandelt. Im ersten Schritt wird unter Gliederungspunkt 2. überprüft, inwieweit die möglichen Tätigkeiten der Wissenschaftler überhaupt als tatbestandliche Handlungen i. S. d. § 13 StZG in Betracht kommen, dies zunächst ohne Blick auf die besondere Problematik der Auslandstat. Für die Arbeit der Wissenschaftler wird dabei unterschieden zwischen der (,unmittelbaren') Durchführung von Forschungsprojekten als das tatbestandsnähere Verhalten einerseits (unter a.) und der beratenden Tätigkeit (i. w. S.) im Rahmen von Gutachter- oder Beratungsgremien andererseits (unter b.). Für beide Alternativen ist dann jeweils wiederum zwischen strafrechtlicher Täter- und Teilnehmerhaftung zu differenzieren. Im zweiten Schritt wird dann unter Gliederungspunkt 3. die Problematik der Auslandstat behandelt.

2. Tatbestandliche Voraussetzungen des § 13 Abs. 1 StZG

Nach § 13 Abs. 1 S. 1 StZG macht sich strafbar, „wer ohne Genehmigung nach § 6 Abs. 1 embryonale Stammzellen einführt oder verwendet", oder nach Satz 2 eine Genehmigung durch vorsätzlich falsche Angaben erschlichen hat.

a) *Wissenschaftliche Tätigkeiten bzw. Forschungsarbeiten in Zusammenhang konkreter Forschungsprojekte mit embryonalen Stammzellen*

Forschungsarbeiten bei Kooperationen im Rahmen internationaler Forschungsprojekte an embryonalen Stammzellen, soweit sie nicht schon dem EmbSchG unterfallen (dazu oben unter Gliederungspunkt 1.a.), könnten, zunächst ohne Blick auf die Tatortproblematik, den Tatbestand der „Verwendung" von embryonalen Stammzellen erfüllen. Gleiches gilt für die Mitarbeit an HES-Projekten durch DFG-Stipendiaten in Laboreinrichtungen des Auslands. Darüber hinaus könnte der Austausch von Reagenzien auch den Tatbestand der „Einfuhr" von embryonalen Stammzellen erfüllen.

aa) *„Einfuhr" embryonaler Stammzellen*

Soweit im Rahmen des Austauschs von Reagenzien auch solche vom Ausland in das Inland gelangen, könnte von einer „Einfuhr" i. S. d. § 13 Abs. 1 StGZ die Rede sein.

Nach der Begriffsbestimmung des § 3 Nr. 5 StZG ist Einfuhr als „Verbringen embryonaler Stammzellen in den Geltungsbereich dieses Gesetzes" zu verstehen. Stammzellen i. S. d. Gesetzes sind nach § 3 Nr. 1 StZG jedoch nur solche

„menschlichen Zellen, die die Fähigkeit besitzen, in entsprechender Umgebung *sich selbst* durch Zellteilung zu vermehren, und die sich selbst oder deren Tochterzellen sich unter geeigneten Bedingungen zu Zellen unterschiedlicher Spezialisierung, jedoch nicht zu einem Individuum zu entwickeln vermögen (pluripotente Stammzellen)" (Hervorhebung vom Verf.).

Stammzellen sind also nach der Legaldefinition nur lebende Zellen, die zur autopoietischen Zellteilung fähig sind. Diese Voraussetzung ist bei den in Rede stehenden Reagenzien nicht gegeben, so dass auch der Austausch dieser Reagenzien nicht unter das Tatbestandsmerkmal der „Einfuhr" fällt.

bb) *„Verwendung" von embryonalen Stammzellen*
(1) *Begriffsbestimmung*

Grundsätzlich kann jede Art von Forschungsvorhaben an embryonalen Stammzellen als „Verwendung" i. S. des Gesetzes verstanden werden. Während der Begriff der „Einfuhr" – wie gezeigt – im Gesetz definiert ist, wurde dies für den Begriff der „Verwendung" unterlassen. Dies mag seine Erklärung darin finden, dass der Gesetzgeber die „Verwendung" durch die Umgangssprache für hinreichend definiert hält. Dann aber muss davon ausgegangen werden, dass der Begriff der „Verwendung" prinzipiell weit zu fassen ist

(zur insoweit sachlich parallelen Begriffsbildung im Embryonenschutzgesetz vgl. Keller/*Günther*/Kaiser EmbSchG § 2 Rn 30 f.).

Das dürfte bedeuten, dass jeder forschungsbedingte Umgang mit embryonalen Stammzellen vom Gesetz erfasst sein soll, dies lediglich mit der Einschränkung, dass es sich um einen Umgang mit lebenden Zellen handeln muss (§ 3 Nr. 1 StZG). Für die weite Fassung des Begriffs spricht die grundsätzliche „ethische" Einschätzung des Umgangs mit embryonalen Stammzellen durch den Gesetzgeber:

„In ethischer Hinsicht können embryonale Stammzellen nicht wie jedes andere menschliche biologische Material angesehen werden. Das Gesetz trägt vielmehr der Tatsache Rechnung, dass zur Gewinnung embryonaler Stammzellen Embryonen verbraucht werden müssen." (BT-Drucks. 14/8394, S. 7 [Allgemeiner Teil I]).

Dies entspricht auch der vom Gesetzgeber definierten Zielsetzung des Gesetzes:

„Es ist eine gesetzliche Regelung zu treffen, die einerseits nicht in rechtlichem und ethischem Wertungswiderspruch zum hohen Schutzniveau des Embryonenschutzgesetzes steht – wobei anzustreben ist, dass das in Deutschland geltende Verbot des Embryonenverbrauchs auch hinsichtlich der Gewinnung von embryonalen Stammzellen ausländischen Ursprungs seine Wirkung entfaltet –, die andererseits aber auch das Grundrecht der Freiheit der Wissenschaft und Forschung nicht verletzen darf (...). (...). Die strafrechtlich sanktionierten Verbotsnormen des Embryonenschutzgesetzes werden im vorliegenden Gesetz durch ein grundsätzliches Verbot der Einfuhr und Verwendung embryonaler Stammzellen und deren ausnahmsweiser Genehmigung (...) ergänzt." (BT-Drucks., a. a. O., S. 8 [Allgemeiner Teil II])

(2) *Konkrete Forschungsmaßnahmen als „Verwendung"*

Bezogen auf die in der Anfrage mitgeteilten Problemstellungen ist der „Verwendungsbegriff" mit Blick auf die Herstellung und den Austausch von Reagenzien sowie den Austausch von Know-how und Methoden zu konkretisieren.

− Ausdifferenzierung von Reagenzien

Erfolgt die Herstellung bzw. experimentelle Ausdifferenzierung von Reagenzien im unmittelbaren Zusammenhang mit der Herstellung embryonaler Stammzellen, ist sie also m. a. W. konzeptioneller Bestandteil der verbrauchenden Embryonenforschung, so ist dieses Vorgehen schon von der Strafvorschrift des § 2 Abs. 1 EmbSchG als missbräuchliche Verwendung menschlicher Embryonen erfasst. Gleichfalls als Beihilfehandlung zur missbräuchlichen Verwendung von Embryonen ist die technische, finanzielle oder personale Unterstützung solchen Vorgehens nach §§ 2 Abs. 1 EmbSchG, 27 StGB erfasst. Dies betrifft sowohl den darauf abzielenden Methodenaustausch wie auch die Förderung von Austauschmaßnahmen für Mitarbeiter und Stipendiaten im Rahmen entsprechender internationaler Kooperationen.

Als „Verwendung" embryonaler Stammzellen i. S. d. StZG kommt daher nur die experimentelle Ausdifferenzierung von Reagenzien in Betracht, sofern sie im Rahmen eigenständiger Forschungen an bereits vorhandenen embryonalen Stammzellen erfolgt. In diesem Zusammenhang ist allerdings zwischen den verschiedenen Arten der in der Anfrage genannten Reagenzien zu unterscheiden. Die Ausdifferenzierung von Bestandteilen embryonaler Stammzellen, wie auch die Herstellung von Antikörpern gegen Teile der embryonalen Stammzellen, ist noch als Verwendung embryonaler Stammzellen erfasst, wenn das experimentelle Vorgehen im Umgang mit lebenden Zellen erfolgte. Keine Verwendung i. S. d. Gesetzes dürfte allerdings die Ausdifferenzierung von sog. Zellkulturüberständen darstellen. Die Abpipettierung verbrauchter Nährflüssigkeit erfolgt bei einem Wechsel des Nährmediums, der selbst noch als Verwendung i. S. d. Gesetzes zu verstehen ist, allerdings als Vorgang schon abgeschlossen sein dürfte, so dass die Abpipettierung und Aufbereitung der verbrauchten Nährflüssigkeit selbst als eigenständiger Vorgang zu betrachten ist. Soweit allerdings bei einigen Zelllinien die verbrauchten Überstände anderer Zellen in frischer Nährflüssigkeit verdünnt zugesetzt werden, um diesen Zellen bisher nicht bekannte Signalstoffe zuzuführen, liegt wiederum eine Verwendung vor.

Unabhängig davon, dass und inwieweit die Ausdifferenzierung von Reagenzien tatbestandlich als „Verwendung" i. S. d. § 13 StZG zu verstehen ist, kann der Austausch dieser Reagenzien im Rahmen von Kooperationsprojekten wiederum als Unterstützung eines konkreten Projektes und damit strafrechtlich als Beihilfehandlung gem. § 27 Abs. 1 erfasst sein.

— *Methodenaustausch*

Der mündliche oder schriftliche Methodenaustausch kommt als „Verwendung" embryonaler Stammzellen nicht in Betracht. Anderes gilt aber, wenn die experimentellen Methoden in den jeweiligen Laboreinrichtungen übermittelt werden und diese Methoden anhand von lebenden Zellen demonstriert werden.

Tatbestandliche Relevanz kommt dem Methodenaustausch allerdings als technische Unterstützungshandlung zu. Nach §§ 13 Abs. 1 StZG, 27 Abs. 1 StGB ist die Übermittlung von Verfahren als Beihilfehandlung zur „Verwendung" embryonaler Stammzellen zu werten, wenn mit dem Methodenaustausch bestimmte Forschungsprojekte an embryonalen Stammzellen unterstützt werden. Dies gilt auch für die Übermittlung von Methoden, die zunächst nicht primär für embryonale Stammzellen entwickelt wurden, nun aber im Rahmen von Forschungsprojekten an embryonalen Stammzellen Anwendung finden sollen. Entscheidend für die Tatbestandsmäßigkeit des Methodenaustausches als Beihilfehandlung ist, dass der Kooperationspartner als Adressat instandgesetzt wird, im Rahmen seiner Forschung an embryonalen Stammzellen nach dieser Methode zu verfahren. Legt man die allgemeinen Zurechnungsgrundsätze der Rechtsprechung zugrunde, dann ist für die Konkretisierung der Haupttat – hier der Forschung an embryonalen Stammzellen – aus der Sicht des Absenders – d.h. entsprechende Kenntnisse vorausgesetzt – ausreichend, dass die Übermittlung der Methoden an einen Kooperationspartner erfolgt, der nicht nur, aber auch entsprechende Projekte verfolgt und die Geeignetheit der Methoden für solche Projekte feststeht

vgl. BGH*St* 42, 135 (138 f.) mit Bespr. *Kindhäuser* NStZ 1997, 273 (275); Lackner/*Kühl* Strafgesetzbuch (24. Aufl., 2001) § 27 Rn. 7; Schönke/Schröder/*Cramer/ Heine* Strafgesetzbuch (26. Aufl., 2001) § 27 Rn. 19.

b) *Gutachterliche oder beratende Tätigkeiten von Wissenschaftlern*

Gutachterliche und beratende Tätigkeiten von Wissenschaftlern in und für Beiräte von Firmen, einzelnen Forschungsprojekten bzw. Entscheidungsgremien von Förderorganisationen sind von den Tatbestandsmerkmalen des § 13 Abs. 1 StZG, insbesondere dem der „Verwendung" von embryonalen Stammzellen unmittelbar nicht erfasst.

Allerdings können diese Tätigkeiten als Teilnahmehandlungen (überwiegend in der Form der Beihilfe nach § 27 Abs. 1 StGB, möglicherweise auch in der Form der Anstiftung nach § 26 StGB) zu den in § 13 Abs. 1 StZG festgelegten Tathandlungen strafrechtliche Relevanz erhalten. In Betracht kommt dies hauptsächlich für die Tatbestandsalternative der „Verwendung" von embryonalen Stammzellen, soweit es um die Unterstützung von Forschungsarbeiten an solchen Zellen geht. Dies setzt voraus, dass die mit Gutachten, Beratung oder (finanzieller) Förderung unterstützte Haupttat – die Forschung an embryonalen Stammzellen – gemäß § 13 Abs. 1 StZG rechtswidrig, d.h. tatbestandlich als nicht zulässige „Verwendung" von embryonalen Stammzellen erfasst ist – die Problematik der Auslandstat bleibt zunächst ausgeblendet.

Unter dieser Voraussetzung ist für eine evtl. Teilnahmehaftung des Gutachters oder Gremiumsmitglieds zu unterscheiden zwischen der Funktion bzw. Entscheidungskompetenz des Gremiums selbst mit Blick auf das jeweilige Forschungsprojekt einerseits und den gremiumsinternen Entscheidungsstrukturen andererseits. Die Entscheidungskompetenz der Gremien begründet die organisatorisch vermittelte Grundlage der strafrechtlichen Verantwortung, die jeweiligen internen Entscheidungsstrukturen bilden den konkreten Maßstab für die persönliche strafrechtliche Haftung der Mitglieder des Gremiums.

Wegen der möglichen Vielfalt der konkreten Fallgestaltungen können hier auf abstrakter Ebene nur die in der Rechtsprechung praktizierten allgemeinen Zurechnungsstrukturen skizziert werden.

aa) *Mitgliedschaft von Wissenschaftlern in Gutachter- oder Entscheidungsgremien von Förderorganisationen*

Die organisatorische, personale, technische oder finanzielle Unterstützung von Forschungsprojekten an embryonalen Stammzellen durch Förderorganisationen kann die Kriterien einer Beihilfehandlung i. S. d. § 27 Abs. 1 StGB erfüllen, wenn das Forschungsprojekt selbst die Voraussetzungen einer unzulässigen „Verwendung" embryonaler Stammzellen erfüllt. Gleiches gilt, wenn die Fördermaßnahme, etwa im Rahmen von Strukturhilfeprogrammen, sich auf die Unterstützung von anderen Fördereinrichtungen beschränkt (sog. Kettenbeihilfe)

dazu Schönke/Schröder/*Cramer/Perron* § 27 Rn. 18; LK/
Roxin (Leipziger Kommentar zum StGB [11. Aufl., 1993])
§ 27 Rn. 61; *Stratenwerth*, Strafrecht, Allgemeiner Teil I
(4. Aufl., 2000), 12/222 ff.,

soweit jedenfalls ein konkreter Unterstützungszusammenhang
zum jeweiligen Forschungsprojekt aufweisbar ist

> *Stratenwerth* AT 12/226; für den parallelen Fall der
> Anstiftung BGHSt 6, 359 (361).

Ein solcher Unterstützungszusammenhang kann sich etwa aus
der Aufgabenstellung der unterstützen Fördereinrichtung ergeben. Ist ein durchgängiger Unterstützungszusammenhang zum
Forschungsprojekt nicht aufzuweisen, so bleibt die Möglichkeit
einer Beihilfe zur Unterstützung selbst. Gefördert wird nur die
Beihilfe (der anderen Forschungseinrichtung) als solche, die
selbst aber auch strafrechtlich relevantes, und damit teilnahme-
fähiges Unrecht darstellt. In diesem Fall kommt eine doppelte
Reduktion der Strafe nach § 27 Abs. 2 StGB in Betracht

> *Stratenwerth* AT 12/226; anders allerdings Schönke/
> Schröder/*Cramer/Perron* § 27 Rn. 18; LK/*Roxin* § 27
> Rn. 61.

(1) Strafrechtliche Haftung von Entscheidungsgremien

– *Entscheidungskompetenz des Gremiums als Grundlage
organisatorisch vermittelter Verantwortungszuschreibung*

Die organisatorische Verantwortung für Unterstützungs-
bzw. Fördermaßnahmen der Förderorganisation trifft die
Mitglieder des Entscheidungsgremiums gemeinschaftlich

> vgl. BGHSt 37, 106 (123)

aufgrund der tatsächlichen Aufgabenzuweisung, regelmäßig also wegen der zugewiesenen Entscheidungskompetenz
über die Verteilung finanzieller Mittel zur Realisierung der
Fördermaßnahmen. Diese Verantwortungszuschreibung auf
der Grundlage von Entscheidungskompetenzen in Organisationen hat in § 14 Abs. 2 StGB für qualifizierende
sog. ‚besondere persönliche Merkmale' eine spezielle (teils
einschränkende) Regelung erfahren, ist aber Ausdruck allgemeiner strafrechtlicher Zurechnungsstrukturen

i.Erg. auch BGH*St* 37, 106 (123 ff.); ausführlich dazu LK/ *Schünemann* § 14 Rn 10 ff.; außerdem NK/*Marxen* (Nomos Kommentar zum StGB, Stand Nov. 2001) § 14 Rn. 15 ff., 29, jeweils mit Blick auch auf die Problematik der Garantenbegründung bei Vertretern; vgl. auch *Jakobs* Strafrecht, Allgemeiner Teil (2. Aufl., 1991) 21/ 11, 7/56 ff.

— *Interne Entscheidungsstrukturen als Maßstab persönlicher strafrechtlicher Haftung*

Die persönliche strafrechtliche Haftung der Mitglieder für die Entscheidung richtet sich dann nach den gremiumsinternen Entscheidungsstrukturen. Für die strafrechtliche Zurechnung von Kollektiventscheidungen gelten dabei die Haftungsgrundsätze der Mittäterschaft.

BGH*St* 37, 106 (124 ff., 129 f.); Schönke/Schröder/*Cramer*/*Perron* § 25 Rn. 76 ff.; Tröndle/*Fischer* § 25 Rn. 8; *Jakobs* FS-Miyazawa (1995), S. 419 ff.

Ausreichend ist, dass die Abstimmenden sich als gleichberechtigte Partner für den Gemeinschaftsbeschluss entscheiden. Entsprechend ist die voll informierte Stimmabgabe notwendige und hinreichende Bedingung für eine ‚mittäterschaftliche‘ Zurechnung. Demnach haftet jeder als ‚Mittäter‘, der mit der Mehrheit für die Ausführung der Tat — hier: der Förderung des Forschungsprojekts — gestimmt hat

BGH*St* 37, 106 (129 f.); Schönke/Schrö-der/*Cramer*/*Perron* § 25 Rn. 76b; Tröndle/*Fischer* § 25 Rn. 8; *Jakobs* FS-Miyazawa (1995), S. 419 (424 ff.); *Puppe* JR 1992, 30 (32).

(Nach den Grundsätzen der ‚Kettenbeteiligung‘ führt diese ‚mittäterschaftliche‘ Haftung der [zustimmenden] Mitglieder des Entscheidungsgremiums im Ergebnis für die einzelnen Mitglieder zur Beihilfehaftung nach § 27 Abs. 1 StGB, da sich der gemeinsame Beschluss auf eine Unterstützungshandlung, die Förderung des Forschungsprojekts, bezog.)

Aus den Prinzipien der Mittäterhaftung ergibt sich dann auch, dass demjenigen das Stimmverhalten der Mehrheit nicht zugerechnet werden kann, der gegen den Beschluss gestimmt hat

Schönke/Schröder/*Cramer*/*Perron* § 25 Rn. 76b;
Tröndle/*Fischer* § 25 Rn. 8; *Jakobs* FS-Miyazawa
(1995), S. 419 (429 f.).

Die für die Zurechnung des Abstimmungsergebnisses notwendige Gemeinsamkeit wird durch das negative Votum
nicht hergestellt; die strafrechtliche Haftung wegen Beihilfe
bleibt damit ausgeschlossen. Anderes gilt, wenn nachträglich der Beschluss von allen gemeinsam, also auch vom Dis-
sentierenden, mitumgesetzt wird.

(2) Strafrechtliche Haftung von (externen) Gutachtern

Werden vom Entscheidungsgremium (externe) Gutachter
eingesetzt, so richtet sich die Reichweite deren strafrechtlicher Haftung wiederum nach dem Umfang der delegierten
Aufgabe. Die unterstützende bzw. vorbereitende Beratung
wie auch das eine Empfehlung für ein Forschungsprojekt
aussprechende Gutachten werden nach den Grundsätzen
der ,Kettenbeteiligung' regelmäßig die Kriterien der Beihilfestrafbarkeit erfüllen.

Ausgeschlossen kann die strafrechtliche Haftung
jedoch dann sein, wenn sich die gutachterliche Stellungnahme auf isolierte technische Einzelheiten, die aus dem
Gesamtkonzept des Forschungsprojekts abgegrenzt wurden, beschränkt und dem Gutachter der Zusammenhang
zum Forschungsprojekt nicht bekannt war

zu den Anforderungen BGH NStZ 2000, 34 f.; mit Bespr.
Wohlers NStZ 2000, 169 [172 ff.]); vgl. auch LK/*Roxin*
§ 27 Rn 17 ff.; *ders.* FS Miyazawa (1995), S. 512 ff.;
Frisch, Tatbestandsmäßiges Verhalten und Zurechnung
des Erfolges (1988), S. 280 ff., 320 ff.; *Jakobs* AT 24/15 ff.

(3) Strafrechtliche Haftung von Gutachtergremien

Werden im Rahmen der Entscheidung über die Förderung
von Forschungsprojekten zusätzlich noch Gutachtergremien
eingesetzt, so gelten auch hier die bisher aufgezeigten
Grundsätze. Es ist zwischen der (organisatorischen) Aufgabenzuweisung zum Gremium als Grundlage der Verantwortungszuschreibung und den konkreten (internen)
Entscheidungsstrukturen als Maßstab der persönlichen
strafrechtlichen Haftung zu unterscheiden. Da solche Gutachtergremien überwiegend mit der Aufgabe betraut werden, einzelne Projekte umfassend zu bewerten, kommt

regelmäßig eine Haftung wegen Beihilfe in Betracht. Für die interne strafrechtliche Zurechnung zu den einzelnen Mitgliedern gilt dann das zur Haftung für Kollektiventscheidungen oben (unter aaa.) Gesagte.

bb) *Mitgliedschaft in Beratungsgremien bzw. Beiräten international agierender Firmen oder anderer Länder*

Lässt man zunächst die Problematik der Auslandstat außer Betracht, so kann grundsätzlich auch die Tätigkeit in Beiräten oder Beratungsgremien die tatbestandlichen Voraussetzungen einer Beihilfehandlung erfüllen. Es gelten auch hier die für Gutachtergremien aufgezeigten Zurechnungsstrukturen. Es ist also zu unterscheiden zwischen der organisatorisch vermittelten Entscheidungskompetenz der Gremien bzw. Aufgabenzuweisung an die Beiräte als Grundlage der strafrechtlichen Verantwortung einerseits und den internen Entscheidungsstrukturen als der konkreter Maßstab für die persönliche strafrechtliche Haftung der einzelnen Mitglieder andererseits. Wegen letzterem, der Bedeutung interner Entscheidungsstrukturen für die strafrechtliche Haftung, kann insgesamt auf die oben ausgewiesenen Grundsätze für die Zurechnung von Kollektiventscheidungen verwiesen werden.

Besonderheiten können sich allerdings ergeben für die organisatorisch vermittelte strafrechtliche Verantwortungszuschreibung, wenn sich die Aufgabe von Beiräten darauf beschränkt, allgemeine technische oder ethische Richtlinien für die Forschung mit embryonalen Stammzellen aufzustellen. Auch wenn diese Richtlinien nicht den deutschen Standards entsprechen, führt dies nicht notwendig zu einer Beihilfehaftung, da nach deutschen Strafrecht gemäß § 27 Abs. 1 StGB die Beihilfe nur als Förderung einer bestimmten Haupttat strafbar ist. Die von der Rechtsprechung an die Bestimmtheit der Tat gestellten Anforderungen sind insgesamt nicht hoch, insbesondere für die Beihilfe nicht von der selben Intensität wie für die Anstiftung

BGH*St* 42, 135 (137 ff.).

Die Tat braucht nicht in allen Einzelheiten ihrer konkreten Ausführung nach bestimmt sein; notwendig ist aber, dass sie als individualisierbares Geschehen hervortritt. Dies ist nicht der Fall, wenn die Tat nur nach der Gattung der in Betracht kommenden Tatobjekte und einer generellen Kennzeichnung der Ausführung umrissen ist

BGH*St* 34, 63 (64 ff.).

Dieser konkrete Bezug auf ein individualisierbares Geschehen kann aber etwa für die Entwicklung allgemeiner (Forschungs-)-Richtlinien durch den Beirat eines Landes oder einer landesweit operierenden Organisation nicht mehr hergestellt werden. Ob eine solche Distanzierung von konkreten Forschungsprojekten auch für den Beirat eines international agierenden Unternehmens möglich ist, wird dann fraglich, wenn sich aus der Unternehmensstrategie schon die Gestalt (zukünftiger) Forschungsprojekte abzeichnet.

c) Genehmigungsvorbehalt

Eine Genehmigung gem. § 6 Abs. 1 StZG ist nach Abs. 4 auf entsprechenden Antrag (unter den formellen Voraussetzungen nach Abs. 2) zu erteilen, wenn die materiellen Voraussetzungen der §§ 4 Abs. 2, § 5 StZG und eine (positive) Stellungnahme der Zentralen Ethik-Kommission für Stammzellenforschung vorliegen. Dabei betrifft § 4 Abs. 2 StZG die zulässigen Voraussetzungen, unter denen die embryonalen Stammzellen gewonnen worden sind (Zeitpunkt [Stichtagregelung], Grundlage, Umstände und Weg der Gewinnung), während § 5 die Anforderungen an das Forschungsprojekt selbst (hochrangige Forschungsziele, Subsidiarität der Verwendung embryonaler Stammzellen) regelt. Zuständige Behörde zur Erteilung der Genehmigung ist nach § 7 Abs. 1 StZG eine durch Rechtsverordnung des Bundesministeriums für Gesundheit zu bestimmende Behörde.

3. Problematik der Auslandstat

Aufgrund der internationalen Kooperationen im Bereich der HES-Forschung ergeben sich besondere Problemlagen, soweit sich deutsche Wissenschaftler an internationalen Projekten im Ausland beteiligen. Anhand der gesetzlichen Regelungen werden im Folgenden die verschiedenen Fallkonstellationen überprüft.

a)   Territorialprinzip: Beschränkung der Strafbarkeit auf Inlandstaten

Nach § 3 StGB gilt das deutsche Strafrecht im Grundsatz nur für im Inland begangene (Haupt-)Taten (sog. Territorialprinzip). Strafrechtlich relevant sind demnach zunächst nur Verstöße gegen § 13 StZG, wenn sich der Tatort (der Haupttat, d. L.: des Forschungsvorhabens) im Inland befindet. Gem. § 9 Abs. 1 StGB ist eine Tat im Inland verübt, wenn entweder der Ort, an dem der Täter gehandelt hat, oder der Ort, an dem der Taterfolg eingetreten ist, in der Bundesrepublik Deutschland liegt. Forschungsvorhaben, die nur im Ausland durchgeführt werden und keinerlei Auswirkungen auf im Inland vorhandene Bestände von embryonalen Stammzellen haben, wären damit als mögliche Haupttat zunächst nicht erfasst. Deutsche Wissenschaftler, die direkt vor Ort im Ausland in Forschungsprojekte eingebunden sind, machten sich, auch wenn die Projekte nicht deutschen Standards entsprechen, nach diesem Grundsatz durch ihre Arbeiten nicht strafbar.

Gesetzlich positivierte Ausnahmen von diesen Grundsatz gelten für Auslandstaten gegen bestimmte unter § 5 Nr. 1 bis 11 und Nr. 15 StGB abschließend aufgezählte inländische Rechtsgüter sowie die in § 6 StGB genannten international geschützten Rechtsgüter; diese Ausnahmen sind hier nicht einschlägig. Für andere im Ausland von Deutschen begangene Taten gilt das deutsche Strafrecht nach § 7 Abs. 2 Nr. 1 StGB, wenn die Tat am Tatort mit Strafe bedroht ist (oder keiner Strafgewalt unterliegt). Bedeutung hätte diese Vorschrift, wenn deutsche Wissenschaftler an nach deutschen Recht unzulässigen Forschungsprojekten mitwirken, die auch am Tatort im Ausland strafbar sind.

Besonderer Erwähnung bedarf in diesem Zusammenhang die in § 5 Nr. 12 StGB erfolgte Durchbrechung des Territorialprinzips zugunsten eines aktiven Personalprinzips für Taten von Amtsträgern oder dem öffentlichen Dienst besonders Verpflichtete.

> Zur Kritik SK/*Samson* (5. Aufl.) § 5 Rn. 20; im Ansatz auch bei SK/*Hoyer* (6. Aufl.) Rn 28.

Für diesen Personenkreis (§ 11 Abs. 1 Nr. 2 und 4 StGB) gelten die Beschränkungen des Territorialprinzips für Auslandstaten während eines dienstlichen Aufenthalts nicht. Relevanz dürfte diese Vorschrift vor allem für an der Universität verbeamtete aber auch angestellte (in der Lehre tätige) Wissenschaftler haben

> zum Angestellten bei der Universität als Beamten im strafrechtlichen Sinne nach § 359 a.F. StGB RG*St* 74, 251 (253 f.), zustimmend nun unter dem Begriff des Amtsträgers i.S.d § 11 Abs. 1 Nr 2c LK/*Gribbohm* § 11 Rn. 58; Schönke/Schröder/*Eser* § 11 Rn. 30.

Soweit diese Wissenschaftler nicht für den Forschungsaufenthalt im Ausland beurlaubt bzw. von ihren Dienstverpflichtungen freigestellt wurden, ihr Aufenthalt damit also, zeitlich betrachtet, ein dienstlicher ist,

> zu den Kriterien LK/*Gribbohm* § 5 Rn. 87; Schönke/Schröder/ *Eser* § 5 Rn. 19; NK/*Lemke* § 5 Rn. 22; SK/*Hoyer* § 5 Rn. 28

kann ihre Arbeit an einem nach deutschem Recht nicht zulässigen Forschungsprojekt über diese Vorschrift strafrechtlich erfasst werden.

b) *Akzessorietätsverzicht: Strafrechtliche Teilnahmehaftung bei Auslandstaten*

aa) *Grundsätze*

Für die Teilnehmerhaftung, d.h. hier hauptsächlich für die strafrechtliche Haftung als Gehilfe nach § 27 Abs. 1 StGB modifiziert § 9 Abs. 2 StGB die Tatortbestimmung zu Lasten des Teilnehmers. Relevanter Tatort kann nach § 9 Abs. 2 Satz 1 StGB nicht nur der Ort der Haupttat – hier also der Ort des Forschungsvorhabens –, sondern auch der Ort der Teilnahmehandlung – hier der Unterstützung etwa durch Beratung – sein. Daraus folgt zunächst im Umkehrschluss, dass eine Unterstützung von ausländischen Forschungsvorhaben, die selbst auch im Ausland stattfindet, nicht erfasst ist. Soweit etwa der Austausch von Methoden, Know-how und Reagenzien im Labor vor Ort im Ausland stattfindet, ergäbe sich keine Strafbarkeit für die daran beteiligten Wissenschaftler. Gleiches gilt für die Arbeit von Gutachtergremien oder Beiräten im Ausland; deren Tätigkeit vor Ort wäre strafrechtlich nicht erfasst.

Strafrechtliche Relevanz erhalten allerdings Forschungsarbeiten im Ausland nach dieser Vorschrift, wenn diese ihrerseits nicht genehmigte Vorhaben im Inland oder eine nicht genehmigte Einfuhr unterstützen.

Für die Teilnahme an Auslandstaten vom Inland aus löst § 9 Abs. 2 Satz 2 StGB die für die Teilnahmestrafbarkeit nach deutschem Recht prinzipiell notwendige (limitierte) Akzessorietät, d.h. die Abhängigkeit der Teilnahmehaftung von einer strafbaren (bzw. wenigstens rechtswidrigen) Haupttat, auf. § 9 Abs. 2 Satz bestimmt:

> „Hat der Teilnehmer an einer Auslandstat im Inland gehandelt, so gilt für die Teilnahme das deutsche Strafrecht, auch wenn die Tat nach dem Recht des Tatorts nicht mit Strafe bedroht ist."

Daraus könnte eine strafrechtliche Haftung für die im Inland geleistete Unterstützung von Forschungsprojekten im Ausland gefolgert werden. Betroffen davon wäre sowohl der Austausch von Methoden, Know-how und Reagenzien wie auch die Beratung durch Gutachter oder Beiräte vom Inland aus.

bb) *Anwendbarkeit des § 9 Abs. 2 Satz 2 StGB als Gegenstand des Gesetzgebungsverfahrens*

Die Anwendbarkeit dieser Vorschrift auf das StZG war Gegenstand von Auseinandersetzungen im Gesetzgebungsverfahren. Während der ursprüngliche Gesetzentwurf vom 27.02.2002 (BT Drucks. 14/8394) keine Regelung zu dieser Frage enthielt, sah die Beschlussempfehlung des federführenden Ausschusses für Bildung, Forschung und Technikfolgenabschätzung vom 23.04.2002 (BT Drucks. 14/8846) für § 13 StZG folgende Ergänzung vor:

> „(3) § 9 Abs. 2 Satz 2 des Strafgesetzbuches findet auf die Strafbarkeit nach den Absätzen 1 und 2 keine Anwendung" (BT Drucks. 14/8846, S. 9).

Zur Begründung hieß es unter anderem:

> „ (...). Die neu eingeführten Strafbestimmungen der Absätze 1 und 2 dürfen jedoch nicht in Verbindung mit § 9 Abs. 2 Satz 2 StGB dazu führen, dass die internationale Zusammenarbeit im Bereich der Forschung mit menschlichen embryonalen Stammzellen generell gefährdet wäre. Deutsche Wissenschaftler könnten sich in allen Fällen strafbar machen, in denen sie sich von Deutschland aus in irgendeiner Form an Forschungsarbeiten beteiligen, bei denen die Forscher im Ausland mit menschlichen embryonalen Stammzellen forschen, die nach den Vorschriften dieses Gesetzes nicht eingeführt und verwendet werden dürfen. Eine solche Regelung ginge über den mit dem Stammzellgesetz verfolgten Schutzzweck hinaus und würde die Forschungsfreiheit unverhältnismäßig beschränken." (BT Drucks., a. a. O., S. 14).

Der Änderungsantrag der Abgeordneten Böhmer, Fischer, von Renesse und Lensing vom 24.04.2002 (BT Drucks. 14/8876) sah wiederum die Streichung des § 13 Abs. 3 StZG vor mit folgender Begründung:

„Die Änderung ergänzt die Strafvorschriften (§ 13 Abs. 1 und 2) im Sinne des in § 1 Nr. 2 des Entwurfs beschriebenen Gesetzeszwecks, indem sie § 9 Abs. 2 Satz 2 Strafgesetzbuch anwendbar macht. Damit bleibt die Strafbarkeit einer in Deutschland begangenen Anstiftung und Beihilfe zu einer im Ausland erfolgten, dort nicht strafbaren Verwendung von embryonalen Stammzellen im Sinne von § 13 des Entwurfs bestehen." (BT Drucks. 14/ 8876, S. 2).

In dieser Fassung ist dann das Gesetz vom Bundestag beschlossen worden (BT-Plenarprotokoll 14/233 vom 25.04.2002, S. 23226C, 23230A und 23231D).

Für mögliche Schlussfolgerungen, die aus dem Verlauf des Gesetzgebungsverfahrens für die Rechtsanwendung zu ziehen sind, ist zunächst festzuhalten, dass das Gesetz in der beschlossenen Fassung mit der ursprünglich im Entwurf vom 27.02.2002 (BT Drucks. 14/8394) eingebrachten identisch ist; der Änderungsantrag vom 24.04.2002 (BT Drucks. 14/8876) stellte somit den ‚status quo ante' wieder her. Die Interpretation des § 13 StZG, und damit die Frage nach den Strafbarkeitsgrenzen steht – nunmehr – ohne Einschränkung unter dem Vorbehalt der Regeln des Allgemeinen Teils des Strafgesetzbuches.

Da der Gesetzeswortlaut sich zur Frage der Strafbarkeit inländischer Unterstützungshandlungen an ausländischen Forschungsvorhaben nicht explizit verhält – durch den Änderungsantrag wurde lediglich, ohne weitere Ergänzung, der Abs. 3 der Beschlussempfehlung des federführenden Ausschusses wieder gestrichen –, muss sich diese Strafbarkeit aus der Systematik des Gesetzes selbst und unter Anwendung allgemeiner strafrechtlicher Zurechnungsstrukturen, hier insbesondere der für § 9 Abs. 2 StGB geltenden Prinzipien ergeben. Dies ist nicht nur Konsequenz des in Art 103 Abs. 2, § 1 StGB (auch Art. 7 Abs. 1 MRK) verankerten Bestimmtheitsgebots,

> zum Zusammenhang von Systematik und Bestimmtheitsgebot ausführlich *Jakobs* AT 4/9, 13, 4/37 ff.; NK/*Hassemer* § 1 Rn. 19 ff., 30 ff., 99; vgl. auch allgemein LK/*Gribbohm* § 1 Rn. 49 f., 84 ff.

sondern auch Folge der die Rechtspraxis normativ leitenden Interpretationsregeln, die – grob unter dem Stichwort des ‚objektivierten' Willen des Gesetzgebers –

> vgl. *Lackner*/Kühl § 1 Rn 6; Tröndle/*Fischer* § 1 Rn 11; BVerfGE 79, 106 (109 ff.); BGH*St* 29, 196 (198)

als Synthese von objektiv-teleologischer und subjektiv-historischer Auslegungsmethode verstanden werden

Schönke/Schröder/*Eser* § 1 Rn. 44; *Jescheck/Weigend*, Lehrbuch des Strafrechts, Allgemeiner Teil (5. Aufl., 1996) § 17 IV 2; *Roxin* Strafrecht, Allgemeiner Teil I (3. Aufl., 1997) § 5 Rn. 32; für ein entscheidendes Gewicht der objektiven Methode SK/*Rudolphi* § 1 Rn. 32 ff.; *Jakobs* AT 4/33 ff.

Für die in der schriftlichen Begründung des Änderungsantrags von den Autoren geäußerte Einschätzung, es *bleibe* damit „die Strafbarkeit einer in Deutschland begangenen Anstiftung und Beihilfe zu einer im Ausland erfolgten, dort nicht strafbaren Verwendung von embryonalen Stammzellen im Sinne von § 13 des Entwurfs bestehen", bedeutet dies zunächst, dass sie sich als Ergebnis einer systematischen Rechtsanwendung auf der Grundlage der allgemeinen Interpretationsgrundsätze ausweisen muss. Kurz formuliert: Der Wille des Gesetzgebers muss im Gesetz selbst Ausdruck gefunden haben

BGH*St* 8, 294 (298); 11, 52 (53); 12, 166 (172); BVerfGE 79, 106 (109).

cc) Der Wille des Gesetzgebers

Gerade aber in diesem Gesetzgebungsverfahren zeigen sich auch die allgemein bekannten Grenzen einer subjektiven Auslegungsmethode, die den ‚Willen' des Gesetzgebers zu ermitteln sucht,

zu den ‚konstruktiven Problemen' NK/*Hassemer* § 1 Rn 117; SK/*Rudolphi* § 1 Rn. 31; Schönke/Schröder/*Eser* § 1 Rn 41; Maurach/*Zipf* AT/1 § 9 Rn 16; BGH*St* 12, 166 (172); ausführlich zur Problematik *Christensen*, Was heißt Gesetzesbindung (1989), S. 44 ff.

da bei den Autoren des Änderungsantrags offensichtlich auch Unklarheiten über den Regelungsgehalt des § 9 Abs. 2 Satz 2 StGB und damit über die inhaltliche Reichweite des eigenen Änderungsantrags bestanden. In der Debatte des Bundestages vom 25.04.2002 führte die Abgeordnete von Renesse stellvertretend für die Mitautoren zur Begründung des Änderungsantrags – unter Hinweis auf eine „verquere Rechtslage, (die) schon für das Embryonenschutzgesetz gilt" – aus:

„Ein deutscher Wissenschaftler, der in Boston Stammzellen kreiert – das heißt, der Embryonen dafür tötet –, bleibt straflos und kann in Anwesenheit von Staatsanwälten darüber berichten, ohne rechtliche Folgen befürchten zu müssen. (...). Ein Professor, der einen Mitarbeiter ins Ausland schickt, ist wegen Anstiftung einer Straftat möglicherweise strafbar, obwohl ich anmerken muss, dass es diesbezüglich noch nie ein Ermittlungsverfahren gegeben hat, weil die Beweislage sehr schwierig sein dürfte. Fährt dieser Professor mit seinem Assistenten nach Boston und führt ihn an Ort und Stelle in seine Arbeit ein, bleiben beide straflos. Wenn der Professor seine Anweisungen von einer Telefonzelle aus drei Schritte hinter der deutschen Grenze – beispielsweise in Dänemark oder in Frankreich – gibt, dann interessiert sich auch dafür kein Staatsanwalt.

(...) Wir wollten dies ändern, aber nicht in Bezug auf das Embryonenschutzgesetz; damit mögen sich andere beschäftigen. So haben wir gedacht. Aber für die erweiterte Strafbarkeit, die insbesondere auch mit Kooperationen im Ausland zu tun hat, wollten wir diesen offensichtlichen Blödsinn abschaffen.

(...) Wir haben jetzt nicht die Zeit, diese Vorschrift allen zu erläutern, obwohl dieser juristische Firlefanz vielen nicht klar ist. (...). Ich sage für mich, dass ich es trotz der Absurdität dieser Rechtslage aufgegeben habe. Der nächste Bundestag mag an § 9 des Strafgesetzbuches gehen, der die Wurzel des Übels ist. Er mag dort Bereinigungen herbeiführen, so dass es endlich zu einer konsistenten Rechtslage kommt. Dieser Paragraph stammt nämlich aus einer Zeit, als am deutschen Wesen noch die Welt genesen sollte. (...)" (BT-Plenarprotokoll 14/233 vom 25.04.2002 S. 23210D ff.; den Ausführungen angeschlossen hat sich der Abgeordnete Lensing, S. 23212A; parallele Ausführungen auch bei der Abgeordneten Böhmer S. 23225D).

Insbesondere die letzten Ausführungen treffen sich zunächst mit auch in der Literatur verbreiteten Bedenken gegen die Vorschrift des § 9 Abs. 2 Satz 2 StGB

vgl. NK/*Lemke* § 9 Rn. 17; *Stratenwerth* AT 4/11; ausführlich *Jung* JZ 1979, 325 (328 ff.); im Ansatz auch bei Schönke/Schröder/*Eser* § 9 Rn. 14.

Die dort in der Literatur gezogenen Konsequenzen weisen allerdings in die dem Änderungsantrag entgegengesetzte Richtung: gefordert wird, wenn nicht gar eine Streichung des § 9 Abs. 2 Satz 2 StGB

NK/*Lemke* § 9 Rn. 17,

so doch eine restriktive Interpretation

Stratenwerth AT 4/11; *Jakobs* AT 5/22; Jescheck/Weigend AT § 18 I 1; *Jung* JZ 1979, 325 (331 ff.).

Die bereichsweise Rücknahme des § 9 Abs. 2 Satz 2 StGB, wie sie in der Beschlussempfehlung des federführenden Ausschusses für Bildung, Forschung und Technikfolgenabschätzung (BT Drucks. 14/8846) ursprünglich mit der Einfügung des § 13 Abs. 3 StZG vorgesehen war, lag damit auf der Linie dieser Literatur. Sie wäre auch der konsequente Ansatz für die im Plenum zur Begründung des Änderungsantrags nun vorgetragenen Kritik an der ‚verqueren Rechtslage' gewesen. Anders jedoch verläuft die Linie der schriftlichen Begründung des Änderungsantrags (BT Drucks. 14/8876); sie zielt gerade, nimmt man sie beim Wort, auf die Herstellung der Rechtslage, die in der mündlichen Begründung des gleichen Antrags vor dem Plenum als ‚verquer' (und ähnlich) gekennzeichnet worden ist.

Vor diesem Hintergrund aber ist die Rekonstruktion eines konsistenten gesetzgeberischen Willens vor nicht überwindbare Schwierigkeiten gestellt. Dies führt im Ergebnis dazu, dass es auf die objektive Auslegung, d. h. die systematische Interpretation des Gesetzes für die Rechtsanwendung ankommt

> vgl. schon Schönke/Schröder/*Eser* § 1 Rn. 44; außerdem *Christensen* Gesetzesbindung S. 44 ff.

Ob und inwieweit die vom Inland ausgehende Unterstützung von nach deutschem Recht unzulässigen Forschungsvorhaben im Ausland über § 9 Abs. 2 Satz 2 StGB als tatbestandsmäßige Beihilfehandlungen erfasst wird, ist abhängig vom nach allgemeinen Grundsätzen zu bestimmenden (territorialen) Schutzbereich des § 13 StZG. Mit anderen Worten: Die Auslandstat, also das Forschungsprojekt im Ausland, muss vom Regelungsbereich des StZG erfasst sein; dem Tatbestand entsprechend müssen beim Forschungsprojekt im Ausland embryonale Stammzellen „ohne Genehmigung (...) verwendet" worden sein.

Damit ergibt sich die Rechtsfolge, dass es zur strafrechtlichen Absicherung im Einzelfall geboten ist, die im Ausland ablaufenden Vorgänge auf ihre Vereinbarkeit mit deutschem Recht zu prüfen.

c) *(Territorialer) Schutzbereich des § 13 Abs. 1 StZG als Ansatz einer systematischen Rechtsanwendung*

Für die strafrechtliche Beurteilung der Auslandstat (dem Forschungsprojekt als Haupttat) ergeben sich unter der tatbestandlichen Perspektive des deutschen Rechts dann zwei Anhaltspunkte: einerseits der formelle Verstoß gegen die Genehmigungspflicht für ein Forschungsvorhaben, andererseits die materiellen (Genehmigungs-)Vorgaben für ein solches Forschungsvorhaben.

Im Ergebnis kann indes nach diesseitiger Auffassung eine Strafrechtswidrigkeit der Auslandstat nach deutschem Recht über diese Ansatzpunkte nicht begründet werden.

aa) *Formelle Genehmigungspflicht nach deutschen Recht (Verwaltungsakzessorietät bei Auslandstaten)*

Aufgrund des Gesetzeswortlauts könnte sich eine Strafbarkeit der Unterstützung von ausländischen Forschungsprojekten schon aus der formellen Tatsache ergeben, dass für diese Projekte eine nach deutschem Recht von der zuständigen deutschen Behörde erteilte Genehmigung (naturgemäß) nicht vorliegt. Eine solche Interpretation widerspräche jedoch den Grundlagen der strafrechtlichen Verwaltungsakzessorität, d.h. den Grundsätzen, nach denen sich die formelle und materielle Relevanz behördlicher Entscheidungen im Strafrecht bemisst: Die formelle Reichweite des strafrechtlichen Genehmigungsvorbehalts wird durch die Regelungskompetenz der zuständigen Behörde begrenzt;

> vgl. zu im Ansatz parallelen Problemen im Umweltstrafrecht *Martin*, Strafbarkeit grenzüberschreitender Umweltbeeinträchtigungen (1989), S. 290 ff., 306 ff.

diese ist aber territorial auf das Gebiet der Bundesrepublik beschränkt und trifft daher nur Forschungsvorhaben im deutschen Inland.

Diese Beschränkung kann auch nicht dadurch umgangen werden, dass man (über § 5 Nr. 12 StGB hinaus) die formelle Notwendigkeit einer Genehmigung auf den Status des jeweiligen Wissenschaftlers als Inländer, d.h. als Deutscher – vergleichbar dem aktiven Personalitätsprinzip – bezieht, dies etwa mit der Folge, dass Wissenschaftler vor jeder Beteiligung an internationalen Kooperationen die Zulässigkeit des Projekts nach deutschen Vorgaben prüfen lassen müssten

> dazu die Abgeordnete von Renesse: „vollends absurd", BT-Plenarprottokoll 14/233, S. 23211A.

Dies wäre nicht nur eine vom Strafrecht nicht gedeckte Lösung vom Territorialprinzip, sondern verfehlte auch die Struktur des Genehmigungsverfahrens. Im Sinne einer präventiven behördlichen Kontrolle bezieht sich dieses auf konkrete Projekte und erst – vermittelt über diese Projekte – auf die daran beteiligten Personen

> dazu BT-Drucks 14/8394, S. 9 (zu § 6 StZG).

Überwiegend wird daher bei Tatbeständen mit verwaltungs-(akts)rechtlicher Akzessorietät – das sind Tatbestände, bei denen die Strafbarkeit vom formellen Vorliegen oder Fehlen eines Verwaltungsakts abhängt – umgekehrt argumentiert: Für die sog. „verwaltungsrechtliche Indizentfrage" – d. h. hier für die Frage einer wirksamen Genehmigung – soll auf das Recht des Handlungsortes abgestellt werden

> NK/*Lemke* Vor §§ 3 bis 7 Rn. 32 f. Schönke/Schröder/*Eser* Vorbem §§ 3 - 7 Rn. 22 ff.; im Ansatz auch bei SK/*Hoyer* Vor § 3 Rn. 43, zu Differenzierungen *Martin* Strafbarkeit S. 290 ff., 306 ff.

Hintergrund dafür ist, wiederum neben der Frage des Bestimmtheitsgrundsatzes, auch die Annahme, dass (der „inländische") Zweck dieser Strafvorschriften die Stärkung der Dispositionsbefugnis des zuständigen Genehmigungsamtsträgers ist

> vgl. SK/*Samson* Vor § 324 Rn. 9,

mit der Folge, dass bei Auslandsbezug dann auf die Dispositionsbefugnis des ausländischen Amtsträgers abzustellen wäre.

Ob diese formale Deutung auch für das durch erhebliche ethische Überfrachtungen gekennzeichnete StZG gilt bzw. als geltend akzeptiert wird, mag nicht zweifelsfrei sein. Konsequenz dieses Ansatzes ist jedenfalls, dass, soweit Genehmigungen für das Forschungsvorhaben nach ausländischen Recht notwendig wären und vorlägen, eine Strafbarkeit der beteiligten Wissenschaftler nach deutschen Recht nicht begründet werden kann.

bb) *Territoriale Beschränkung der materiellen Vorgaben*

Als möglicher weiterer Beurteilungsansatz für die strafrechtliche Relevanz von Auslandstaten im Inland bleiben die im deutschen Recht festgelegten materiellen Vorgaben der Genehmigung. Dann aber kommt entscheidende Bedeutung dem territorialen Schutzbereich des deutschen Straftatbestandes zu

> SK/*Hoyer* Vor § 3 Rn. 31 ff.; Schönke/Schröder/*Eser* Vorbem §§ 3 - 7 Rn. 13 ff.; NK/*Lemke* Vor §§ 3 bis 7 Rn. 23; LK/*Gribbohm* Vor § 3 Rn. 160 ff.; vgl. auch BGHSt 40, 79 (81).

Mit dem territorialen Schutzbereich werden Grenzen einer möglichen Tatbestandsmäßigkeit gekennzeichnet, in denen sich die deutsche Strafrechtsordnung des Schutzes eines im Ausland befindlichen Tatobjektes annimmt. Grundlage einer entsprechenden systematischen Interpretation des Straftatbestandes ist dabei vornehmlich der vom Gesetzgeber festgelegte Zweck des Gesetzes. Dies führt hier für das StZG

– anders als für § 2 Abs. 1 EmbryonenSchG; zur gem. § 9 Abs. 2 S. 2 StGB strafbaren Teilnahme an „verbrauchender Embryonenforschung" im Ausland als „Verwendung" eines menschlichen Embryos i. S. d. § 2 Abs. 1 EmbSchG Keller/ *Günther*/Kaiser EmbSchG Vor § 1 Rn. 10 ff., § 2 Rn. 30 ff. –

zu einer einschränkenden Interpretation der materiell-tatbestandlichen Handlungen des § 13 Abs. 1 StZG dahin, dass die tatbestandsmäßige „Verwendung" von embryonalen Stammzellen auf das Inland beschränkt ist.

*(1)   Verwendung von embryonalen Stammzellen
      nur als Inlandstat*

Der die Tatbestandsgrenzen festlegende Gesetzeszweck ist in § 1 des StZG ausdrücklich benannt:

> „1. die Einfuhr und die Verwendung embryonaler Stammzellen grundsätzlich zu verbieten,
>
> 2. zu vermeiden, dass von Deutschland aus eine Gewinnung embryonaler Stammzellen oder eine Erzeugung von Embryonen zur Gewinnung embryonaler Stammzellen veranlasst wird, und
>
> 3. die Voraussetzungen zu bestimmen, unter denen die Einfuhr und die Verwendung embryonaler Stammzellen ausnahmsweise zu Forschungszwecken zugelassen wird."

Der für die systematische Interpretation der Tathandlung „Verwendung" relevante Gesetzeszweck ergibt sich aus dem unter Nr. 2 herausgestellten Anliegen, die von Deutschland ausgehende „Veranlassung" einer Gewinnung embryonaler Stammzellen zu vermeiden. Nur mit Blick auf den Wortlaut allein könnte allerdings auch eine von Deutschland ausgehende Unterstützung von ausländischen Forschungsprojekten an embryonalen Stammzellen als eine „veranlasste" Gewinnung embryonaler Stammzellen verstanden werden. Aus § 1 Nr. 1 StZG ist jedoch zu ersehen, dass die „Veranlassung" ihrerseits durch Einfuhr und Verwendung embryonaler Stammzellen als tatbestandliche Handlungen bedingt sein muss. Daraus folgt, dass die „Veranlassung" nur insoweit erfasst ist, wie sie sich mit den Regelungsgegenständen des Gesetzes, d. h. der Einfuhr und der Verwendung embryonaler Stammzellen, deckt.

Sowohl aus dem Gesetzgebungsverfahren als auch aus den Gesetzesmaterialien wird deutlich, dass das zentrale

Anliegen des Gesetzgebers das Verbot der „Einfuhr" embryonaler Stammzellen ist. Inhaltliche Grundlage des Gesetzentwurfs vom 27.02.2002 (BT Drucks. 14/8394, S. 2; vgl. auch BT Drucks. 14/8846, S. 2) war der Beschluss des Deutschen Bundestages vom 30.01.2002 zum Import humaner embryonaler Stammzellen entsprechend der Vorlage vom 29.01.2002 (BT Drucks. 14/8102, „Keine verbrauchende Embryonenforschung: Import humaner embryonaler Stammzellen grundsätzlich verbieten und nur unter engen Voraussetzungen zulassen"). Zu den inhaltlichen Vorgaben des Gesetzes stellte der Beschluss folgenden Grundsatz auf:

> „Der Deutsche Bundestag wird umgehend ein Gesetz verabschieden, das dem Verbrauch weiterer Embryonen zur Gewinnung humaner embryonaler Stammzellen entgegenwirkt. Der *Import* humaner embryonaler Stammzellen ist für öffentlich wie privat finanzierter Vorhaben grundsätzlich verboten und nur ausnahmsweise für Forschungsvorhaben unter folgenden Voraussetzungen zulässig. (...)." (BT Drucks. 14/8102, S. 3; Hervorhebung zugefügt).

Die Ausdehnung des im Grundsatz generellen Importverbots (mit Genehmigungsvorbehalt) auf ein gleich gestaltetes Verwendungsverbot erfolgte, vor dem Hintergrund der Stichtagsregelung, um die Forschung an embryonalen Stammzellen in Deutschland an einheitliche Genehmigungsbedingungen zu binden. Anderenfalls wäre eine Forschung an bereits importierten embryonalen Stammzell-Linien (die vom Importverbot noch nicht erfasst wurden) ohne Genehmigungsverfahren möglich erschienen.

> vgl. dazu die Abgeordnete von Renesse: „Wir haben darüber hinaus die Strafbarkeit auf die Verwendung ausgeweitet, weil uns bekannt ist, dass es *in* Deutschland schon Stammzelllinien gibt, die nicht illegal importiert worden sind. Es war uns wichtig, dies auszuschließen. Damit und nicht mit dem Importverbot, mit dem wir den Bundestagsbeschluss voll umgesetzt hätten, entstand das Problem der Auslandstat", (BT-Plenarprotokoll vom 25.04.2002, S. 23210D);

> ebenso die Abgeordnete Böhmer: „(...) wir haben eine Linie gefunden, die Import und Verwendung unter klaren ethischen Prinzipien gemäß dem Gesichtspunkt ‚Keine verbrauchende Embryonenforschung *in* Deutschland' in diesem Gesetz erfasst hat." (BT-Plenar-

protokoll vom 25.04.2002, S. 2325B) (Hervorhebung jeweils hinzugefügt).

Für den Gesetzentwurf blieb aber im Weiteren die grundlegende Orientierung am Importverbot und damit der grundsätzliche Inlandsbezug der Tatbestandsalternativen entscheidend.

vgl. Einzelbegründung zu § 1: „Die Vorschrift bringt (...) die Intention des Gesetzgebers zum Ausdruck, dass jede Veranlassung eines weiteren Verbrauchs von Embryonen zur Gewinnung embryonaler Stammzellen für Forschungszwecke vermieden werden soll. Daraus folgt: Die *Einfuhr* menschlicher embryonaler Stammzellen ist für öffentlich wie privat finanzierter Vorhaben grundsätzlich verboten und nur ausnahmsweise für Forschungsvorhaben nach Maßgabe dieses Gesetzes zulässig. (...)" (BT-Drucks. 14/8394, S. 8; Hervorhebung durch Verf.)

Zu § 2: „Ebenso wie die Einfuhr unterliegt der behördlichen Kontrolle eine *weitere Verwendung bereits eingeführter* embryonaler Stammzellen zu anderen Forschungszwecken oder durch Dritte. Eine etwaige Lagerung bis zur Durchführung des ersten oder weiterer Forschungsvorhaben wird von der jeweiligen Genehmigung mit erfasst." (BT-Drucks., ebd.; Hervorhebung hinzugefügt).

Daraus wird zunächst deutlich, dass die „Veranlassung" i. S. d. § 1 Nr. 2 StZG als eine von Deutschland ausgehende Nachfrage zu verstehen ist

vgl. auch die allgemeine Begründung unter II. „Die in dem Gesetz getroffenen Regelungen, insbesondere die Stichtagregelung, stellen sicher, dass der Verbrauch menschlicher Embryonen nicht von Deutschland aus veranlasst wird und durch die Zulassung der Einfuhr keine Ausweitung der *Nachfrage* nach neuen Stammzellen hervorgerufen wird mit der Folge, dass weitere Embryonen vernichtet werden." (BT-Drucks., ebd.; Hervorhebung hinzugefügt).

Vor diesem Hintergrund kann dann aber die „Verwendung" embryonaler Stammzellen i. S. d. § 13 Abs. 1 StZG auch nur als Inlandstat erfasst sein: Unter gesetzessystematischen Gesichtspunkten muss die „Verwendung" als eine der Einfuhr vergleichbare Tatalternative geeignet sein, von Deutschland aus die Nachfrage nach neuen embryonalen Stammzellen hervorzurufen. Der Schutzbereich des § 13 StZG ist also im ursprünglichen Gesetzesentwurf territorial auf das deutsche Inland beschränkt und erfasst ausländische Forschungsvorhaben an embryonalen Stammzellen nicht.

Dem entspricht auch die Beschlussempfehlung des federführenden Ausschusses für Bildung, Forschung und Technikfolgenabschätzung (BT Drucks. 14/8846, S. 14): Eine aus der „Verbindung" von § 13 StZG mit § 9 Abs. 2 Satz 2 StGB abgeleitete Strafbarkeit jeglicher Beteiligung an (in Deutschland nicht genehmigungsfähigen) Forschungsvorhaben ginge – so die Begründung für die Aufnahme eines § 13 Abs. 3 StZG – „über den mit dem Stammzellgesetz verfolgten Schutzzweck hinaus". Insoweit kam dem vorgeschlagenen § 13 Abs. 3 StZG klarstellende Funktion zu

> dazu auch der Abgeordnete Catenhusen mit Hinweis auf nicht absehbare Praktikabilitätsprobleme (BT-Plenarprotokoll 14/233 vom 25.04.2002, S. 23222D f.).

Damit aber ist die in der Begründung des Änderungsantrags von den Autoren niedergelegte Einschätzung (BT Drucks. 14/8876, S. 2), es *bleibe* „die Strafbarkeit einer in Deutschland begangenen Anstiftung und Beihilfe zu einer im Ausland erfolgten, dort nicht strafbaren Verwendung von embryonalen Stammzellen im Sinne von § 13 des Entwurfs bestehen", grundlegend in Frage gestellt. Sie erfasst nicht den mit dem Änderungsantrag lediglich hergestellten ‚status quo ante', sondern geht über diesen hinaus – ohne dass dies im Gesetzeswortlaut oder in der Gesetzessystematik Niederschlag gefunden hätte.

(2) Nur Individualrechtsgüter als Tatobjekte relevanter Auslandstaten („inländische" Rechtsgüter)

Entscheidende Bedeutung kommt dann in diesem Zusammenhang den in Rechtsprechung und Literatur entwickelten allgemeinen Grundsätzen des Strafanwendungsrechts, das heißt hier: den allgemeinen, vor dem Hintergrund des Territorialprinzips entwickelten Abgrenzungskriterien für straftatbestandlich relevante Auslandstaten zu. Die Entscheidungserheblichkeit dieser Grundsätze ergibt sich nicht zuletzt daraus, dass sie nach herrschender Ansicht als dem sog. Internationalen Strafrecht – und das bedeutet den §§ 3 ff. StGB – vorgelagerte Struktur des Strafanwendungsrechts verstanden werden.

BGHSt 40, 79 (81); 29, 85 (88); Schönke/Schröder/*Eser* Vorbem. §§ 3-7 Rn. 13 f.; NK/*Lemke* Vor §§ 3 bis 7 Rn. 23; *Lackner*/Kühl Vor §§ 3-7 Rn. 9; *Oehler* JR 1978, 381 (382); zur Maßgeblichkeit dieser Grundsätze im Rahmen des § 9 Abs. 2 Satz 2 StGB SK/*Hoyer* § 9 Rn. 13; Jescheck/*Weigend* AT § 18 IV 3.

Diese Grundsätze aber stützen das bisher erarbeitete vorläufige Ergebnis.

Vor dem Hintergrund des Territorialprinzips wird für die Teilhabe ausländischer Tatobjekte am inländischen Rechtsgüterschutz unterschieden zwischen „inländischen" und „ausländischen" Rechtsgütern

BGHSt 21, 277 (280 f.); 29, 85 (88 f.); 40, 79 (81); Schönke/Schröder/*Eser* Vorbem. §§ 3 - 7 Rn. 14 ff.; SK/*Hoyer* Vor § 3 Rn. 32 ff.; LK/*Gribbohm* Vor § 3 Rn. 161 ff.; NK/*Lemke* Vor §§ 3 bis 7 Rn. 23 ff.; Tröndle/*Fischer* Vor § 3 Rn. 8 ff.

„Inländische" Rechtsgüter sind solche, die ohne Rücksicht auf den Tatort oder die Nationalität des Verletzten dem betreffenden Tatbestand unterfallen, wohingegen der Schutz „ausländischer" Rechtsgüter nicht von inländischen Tatbeständen mit übernommen wird, sondern dem Ausland überlassen bleibt

Schönke/Schröder/*Eser* Vorbem. §§ 3 - 7 Rn. 14 f.; SK/*Hoyer* Vor § 3 Rn. 33 f.; LK/*Gribbohm* Vor § 3 Rn. 162; NK/*Lemke* Vor §§ 3 bis 7 Rn. 24, 27.

Eine für in diesem Sinne „inländische" Rechtsgüter kennzeichnende generelle, d. h. auch ausländische Tatobjekte erfassende Schutzwürdigkeit wird dabei allein Individualrechtsgütern zugesprochen, mit der Folge, dass auf Auslandstaten nur solche Straftatbestände anzuwenden sind, die zumindest *auch* den Schutz von Individualrechtsgütern bezwecken

BGHSt 21, 277 (280 f.); 29, 85 (88 f.); Schönke/Schröder/*Eser* Vorbem. §§ 3 - 7 Rn. 15; SK/*Hoyer* Vor § 3 Rn. 33; LK/*Gribbohm* Vor § 3 Rn. 162; NK/*Lemke* Vor §§ 3 bis 7 Rn. 23 ff.

Da aber menschliche embryonale Stammzellen sich nicht zu einem vollständigen menschlichen Individuum entwickeln können, kommt ihnen, anders als dies beim Embryo selbst sein mag,

ausführlich zu den notwendigen Differenzierungen *Heun* JZ 2002, 517 ff.; *Schroth* JZ 2002, 170 (175 ff.); kritisch *Ipsen* JZ 2001, 989 (991 ff.)

ein eigenständiger Individualrechtsschutz bzw. unmittelbarer Grundrechtsschutz nicht zu

so auch BT-Drucks. 14/8394, S. 7; 14/8102, S. 3; *Taupitz* ZRP 2002, 111 (113 f.).

Die Zuweisung eines unmittelbaren Rechts an den embryonalen Stammzellen zu einem individuellen Embryo, das dann als Individualrechtsgut (des Embryos) einer Verwendung entgegenstehen könnte, ist bisher nicht erwogen worden.

Damit erweist sich die strafrechtliche Garantie eines eingeschränkten Umgangs mit embryonalen Stammzellen nicht als eine subjektiv-rechtliche, sondern als eine ordnungsrechtlich flankierende Regelung zum EmbSchG ohne unmittelbaren bzw. eigenständigen Individualrechtsgutsbezug. Die Verwendung embryonaler Stammzellen betrifft also keine Individualrechtsgüter und unterliegt damit auch nicht unter dem Gesichtspunkt des „inländischen" Rechtsguts dem generellen, Auslandstaten erfassenden Strafrechtsschutz. Auch unter dieser Perspektive ergibt sich somit eine Beschränkung des strafrechtlichen Schutzbereichs für § 13 StZG auf das deutsche Inland.

cc) Ergebnis

Konsequenz dieser Überlegungen ist, dass Forschungsvorhaben an embryonalen Stammzellen im Ausland materiell, d.h. auf der Grundlage allgemeiner Grundsätze des deutschen Strafanwendungsrechts, vom Straftatbestand des § 13 Abs. 1 StZG nicht erfasst sind, so dass auch eine strafrechtliche Teilnahmehaftung nach den §§ 27 Abs. 1, 9 Abs. 2 Satz 2 StGB für die Unterstützung solcher Projekte nicht Betracht kommt.

4. Zusammenfassung

a) Nach dem für das deutsche Strafrecht geltenden Territorialprinzip sind Forschungsarbeiten von deutschen Wissenschaftlern an nach deutschem Recht nicht genehmigten bzw. nicht genehmigungsfähigen Forschungsprojekten mit humanen embryonalen Stammzellen im Ausland vor Ort nicht nach § 13 StZG strafbar. Dies ist unabhängig davon, in welcher Art und Weise die Wissenschaftler in das Projekt eingebunden sind, sei es, dass sie unmittelbar an der Durchführung des Vorhabens beteiligt sind oder dieses nur technisch bzw. wissenschaftlich im weiteren Sinn (Austausch von Methoden, Know-how und Reagenzien) unterstützen. Auch die Arbeit von Gutachtern und Beiräten vor Ort ist nach diesen Grundsätzen nicht strafbar.

Eine Ausnahme wird man gem. § 5 Nr. 12 StGB für Wissenschaftler machen müssen, die den Status eines Amtsträgers bzw. eines für den öffentlichen Dienst besonders Verpflichteten innehaben und sich ,während eines dienstlichen Aufenthalts' an nach deutschem Recht nicht zulässigen Forschungsprojekten beteiligen.

b) Strafbar gem. § 13 StZG i. V. m. §§ 27 Abs. 1 (bzw. 26), § 9 Abs. 2 Satz 1 StGB ist allerdings die Beteiligung an Forschungsprojekten im Ausland, wenn dadurch nicht genehmigte Vorhaben im Inland unterstützt werden, oder eine nicht genehmigte Einfuhr embryonaler Stammzellen ermöglicht wird.

c) Die (technische, wissenschaftliche bzw. beratende) Unterstützung nicht genehmigungsfähiger Forschungsprojekte mit humanen embryonalen Stammzellen im Ausland vom Inland aus ist keine strafbare Beihilfe zur verbotenen Verwendung embryonaler Stammzellen nach § 13 Abs. 1 StZG i. V. m. §§ 27 Abs. 1, 9 Abs. 2 S. 2 StGB, da der Schutzbereich des § 13 StZG territorial auf das deutsche Inland beschränkt ist. Weder der formelle Genehmigungsvorbehalt noch die materiellen Vorgaben für die Genehmigung solcher Forschungsvorhaben bieten nach den allgemeinen Grundsätzen des deutschen Strafanwendungsrechts bei Auslandstaten einen Anknüpfungsansatz für das deutsche Strafrecht.

- Die formelle Reichweite des strafrechtlichen Genehmigungsvorbehalts wird nach den Grundsätzen der Verwaltungs(akts)akzessorietät durch die nationale Regelungskompetenz der Zustimmungsbehörde begrenzt; der strafrechtliche Genehmigungsvorbehalt ist damit formell auf Projekte im deutschen Inland beschränkt. Soweit nach ausländischen Rechtsordnungen Genehmigungen notwendig sind und vorliegen, ist eine Strafbarkeit unter diesem Gesichtspunkt ebenfalls ausgeschlossen.

- Soweit auf die materiellen Vorgaben des StZG abzustellen ist, zwingt der positivierte Gesetzeszweck dazu, die tatbestandliche Reichweite des § 13 Abs. 1 StZG auf Tathandlungen im deutschen Inland zu beschränken. Regelungsschwerpunkt des Gesetzes ist, eine von Deutschland ausgehende Nachfrage nach neu zu gewinnenden embryonalen Stammzellen durch eine strenge Reglementierung der Einfuhr zu unterbinden.

Dies aber bedeutet, dass die „Verwendung" von Stammzellen als eine der Einfuhr vergleichbare Tatalternative ebenfalls unter diesem Gesichtspunkt zu bestimmen, also auf das deutsche Inland als potentiell nachfragestiftendes Verhalten zu beschränken ist.

● Die strafrechtlich gesicherte Reglementierung des Umgangs mit embryonalen Stammzellen ist keine Schutzregelung zugunsten von Individualrechtsgütern, sondern eine generalisierte, das EmbSchG flankierende Ordnungsregelung. Ausländische Forschungsvorhaben an embryonalen Stammzellen betreffen daher keine „inländischen" Rechtsgüter einer möglichen Auslandstat.

d) Strafrechtliche Relevanz hat allerdings die Mitwirkung an sog. „verbrauchender Embryonenforschung" zur Gewinnung von embryonalen Stammzellen nach § 2 Abs. 1 EmbSchG i. V. m. §§ 27 Abs. 1 (bzw. § 26), 9 Abs. 2 S. 2 StGB.

Prof. Dr. Dahs   Priv.-Doz. Dr. Müssig
Rechtsanwalt   Rechtsanwalt

Forschung mit humanen embryonalen Stammzellen im In- und Ausland

Rechtsgutachten
zu den strafrechtlichen Grundlagen und Grenzen
der Gewinnung, Verwendung und des Imports
sowie der Beteiligung daran
durch Veranlassung, Förderung und Beratung

vorgelegt von

Albin Eser

Dr. Dr. h.c. mult., M. C. J.
Professor em. Universität Freiburg
Direktor des Max-Planck-Instituts
ausländisches und
internationales Strafrecht

Hans-Georg Koch

Dr. iur.
Privatdozent
Leiter des Referats
„Recht und Medizin"

unter Mitarbeit von
Simone König
Rechtsreferendarin

**Freiburg im Breisgau
Mai 2003**

Inhaltsverzeichnis

I. **Anlaß und Aufgabenstellung** 40
   1. Ausgangssituation und Hintergrund 40
   2. Fragestellungen und Vorgehensweise 42
   3. Beurteilungsgrundlagen 45

II. **Allgemeiner Überblick über die Gesetzeslage**
   und deren Entstehung 46
   1. Grundzüge und Zielsetzungen des Embryonenschutzgesetzes . 46
   2. Neuartige Schutzbedürfnisse und Reformbestrebungen 48
   3. Einführung und Grundzüge des Stammzellgesetzes 51
   4. Zu Unterschieden des Embryobegriffs in Embryonenschutz-
      gesetz und Stammzellgesetz 55

III. **Forschungsaktivitäten und Beteiligungskonstellationen**
   ausschließlich im Inland 67
   1. Gewinnung von Embryonen zur Weiterverwendung
      in der Stammzellforschung 68
   2. Abgabe und Erwerb von in vitro verfügbaren Embryonen . . 71
   3. Herstellen von Embryonen durch Klonen 72
   4. Herstellen von (pluripotenten) Stammzellen aus menschlichen
      Embryonen 73
   5. Erzeugung von embryonalen Stammzellen unter Verwendung
      tierischer Zellen oder Embryonen 74
   6. Einfuhr und Verwendung von embryonalen Stammzellen . . . 79
   7. Kooperation zwischen Forschern auf individueller Ebene . . . 96
   8. Forschungsförderung durch finanzielle Zuwendungen 98
   9. Beratende Mitwirkung in Gremien 99
   10. Zusammenfassung der wichtigsten Ergebnisse 104

IV. **Forschungs- und Beteiligungsaktivitäten ausschließlich im Ausland** 108
 1. Allgemein zur Anwendbarkeit des deutschen Strafrechts auf Auslandstaten 109
 2. Schutzbereich und Strafbarkeit nach dem Embryonenschutzgesetz 112
 3. Schutzbereich und Strafbarkeit nach dem Stammzellgesetz . . 118
 4. Beteiligung an strafbaren Forschungsaktivitäten nach dem ESchG und dem Stammzellgesetz im Ausland . . . 129
 5. Hilfserwägungen bei Annahme von Auslandserstreckung des Stammzellgesetzes 134
 6. Zwischenergebnis 135

V. **Grenzüberschreitende Aktivitäten vom Inland aus ins Ausland** . . 135
 1. Täterschaftliche Beteiligung an grenzüberschreitenden Forschungsvorhaben 136
 2. Inländische Teilnahme an ausländischen Forschungsvorhaben 139
 3. Hilfserwägungen bei Annahme von Auslandserstreckung des Stammzellgesetzes 146

VI. **Grenzüberschreitende Aktivitäten vom Ausland ins Inland** 149
 1. Mittäterschaftliche Beteiligung vom Ausland aus an einer Inlandstat 149
 2. Mittelbar täterschaftliche Einwirkungen vom Ausland auf einen im Inland tätigen Mittelsmann 149
 3. Auslandsteilnahme an inländischer Haupttat 150
 4. Ausländische Haupttat mit inländischer Unterstützung 150

VII. **Besonderheiten bei Amtsträgern oder Verpflichteten** 151
 1. Einschlägige Bereiche und Differenzierungen 151
 2. Forscher als „Amtsträger" 153
 3. Forscher als „für den öffentlichen Dienst besonders Verpflichtete" 158
 4. Tatbegehung mit dienstlichem Bezug 163

VIII.**Zusammenfassung: Die wichtigsten Forschungsschritte und Beteiligungskonstellationen als verboten oder erlaubt oder zumindest mit strafrechtlichem Risiko behaftet** 166

Anhang 179

I. Anlaß und Aufgabenstellung

1. Ausgangssituation und Hintergrund

Bereits durch das „Gesetz zum Schutz von Embryonen (Embryonenschutzgesetz – ESchG)" vom 13. Dezember 1990[1] war die Forschung mit und an
menschlichen Embryonen vom deutschen Gesetzgeber vergleichsweise weitgehend für strafbar erklärt worden. Ohne dabei die Embryonenforschung
ausdrücklich zu erwähnen, ist durch Verbot der Herstellung oder Verwendung der Embryonen zu einem anderen als seiner Erhaltung und Austragung
dienenden Zweck (§ 1 Abs. 1, 2, § 2 ESchG) praktisch jede Forschung mit
Embryonen ausgeschlossen.[2]

Nicht – oder jedenfalls nicht mit letzter Klarheit – ausgeschlossen war
hingegen die in den 90er Jahren aufkommende Forschung mit humanen
embryonalen Stammzellen (HES), soweit diese außerhalb des deutschen Gel-
tungsbereichs des ESchG gewonnen worden waren und nach Import im
Inland verwendet wurden. Je nach der grundsätzlichen Einstellung zugunsten eines umfassenden Embryonenschutzes einerseits oder zugunsten von
Forschungsfreiheit zur Gewinnung neuer medizinischer Erkenntnisse andererseits wurde in dieser Lückenhaftigkeit des ESchG ein zu beseitigendes
Schutzdefizit oder ein offen zu haltender Forschungsfreiraum gesehen und
dementsprechend ein Tätigwerden des Gesetzgebers im Sinne von Lücken-
schließung oder umgekehrt zur klarstellenden Absicherung des gewünschten straffreien Raums gefordert.[3] Nach einer heftig geführten öffentlichen
Debatte, in der – grob vereinfachend ausgedrückt – die für Forschungsfreiheit optierende Wissenschaft einer nach Embryonenschutz drängenden breiten Öffentlichkeit gegenüberstand, hat sich der deutsche Gesetzgeber
schließlich weitgehend mehr der den Embryonenschutz verstärkenden Richtung angeschlossen und durch ein „Gesetz zur Sicherstellung des Embryonenschutzes im Zusammenhang mit Einfuhr und Verwendung menschlicher
embryonaler Stammzellen (Stammzellgesetz – StammzellG)" vom 28. Juni
2002[4] die Einfuhr und Verwendung embryonaler Stammzellen unter einen
strafbewehrten Genehmigungsvorbehalt gestellt (§ 13 StammzellG).[5]

Obgleich sich der Geltungsbereich der vorgenannten Gesetze grundsätzlich auf das Inland beschränkt und dies den Schluß nahelegen könnte,

---

[1] BGBl. I S. 2746.
[2] Zu weiteren Einzelheiten dieses Forschungsverbots vgl. unten III.1 und 4.
[3] Näher dazu unten II.2 und 3.
[4] BGBl. 2002 I, S. 2277–2279.
[5] Zu weiteren Einzelheiten und ergänzenden Vorschriften vgl. unten III.3, insbes. zu
     Fn. 41.

daß die Gewinnung und Verwendung von Stammzellen im Ausland, sofern nicht nach dortigem Recht strafbar, auch durch das ESchG und das Stammzell G nicht verboten sei, kann eine solche Folgerung allenfalls bei ausschließlichem Tätigwerden im Ausland gezogen werden, und selbst dies mit letzter Sicherheit nur insoweit, als es sich bei den Tatbeteiligten um Ausländer handelt und diese zudem auch nicht als Amtsträger oder für den öffentlichen Dienst besonders Verpflichtete im Sinne von § 5 Nr. 13 StGB einschlägig nach dem ESchG oder dem StammzellG tätig werden.[6] Sofern dagegen ein deutscher Forscher im Ausland Embryonen- oder Stammzellforschung betreibt, die auch am Tatort in einer dem ESchG oder StammzellG entsprechenden Weise unter Strafe steht, ist gemäß § 7 Abs. 2 Nr. 1 StGB seine Strafbarkeit nach deutschem Recht nicht von vornherein auszuschließen. Gleiches gilt für den Fall, daß ein – deutscher oder ausländischer – Forscher als Amtsträger oder für den öffentlichen Dienst besonders Verpflichteter nach § 5 Nrn. 12 bzw. 13 StGB im Ausland eine nach dem ESchG oder StammzellG strafbare Forschung betreibt. Ein noch breiteres Strafbarkeitsrisiko kann sich daraus ergeben, daß eine nach dem ESchG oder StammzellG verbotene Embryonen- oder Stammzellforschung, obgleich ausschließlich im Ausland durchgeführt, von deutschem Boden aus veranlaßt, gefördert oder sonstwie daran mitgewirkt wird; denn da auf eine im Inland erfolgte Teilnahme an einer Auslandstat das deutsche Strafrecht selbst dann anzuwenden ist, wenn die Tat nach dem Recht des Tatorts nicht strafbar ist (§ 9 Abs. 2 S. 2 StGB), kann sich der im Inland tätig werdende Veranlasser oder Förderer von Embryonen- oder Stammzellforschung ohne Rücksicht auf das Tatortstrafrecht nach deutschem Recht strafbar machen.

Auch wenn diese grobe Skizzierung des strafrechtlichen Risikos bei Embryonen- und Stammzellforschung bei genauerer Betrachtung noch gewisse Einschränkungen erfahren wird, erscheint es verständlich, daß die infragestehende Gesetzgebung vor allem in Kreisen der betroffenen Wissenschaft Besorgnis und Unsicherheit ausgelöst hat. So sind Einwände namentlich von jenen zu erwarten, die sich im Sinne möglichst unbeschränkter Forschungsfreiheit – gleich ob um neuer wissenschaftlicher Erkenntnisse als solcher willen oder zwecks verbesserter Heilungschancen – weniger weitgehende Behinderungen der Embryonen- und Stammzellforschung gewünscht hätten und daher geneigt sein könnten, die verbleibenden Forschungsmöglichkeiten bis zur Grenze des Zulässigen auszuschöpfen. Doch auch jene Wissenschaftler, welche die Zielsetzungen der infragestehenden Gesetzgebung und der von ihr vorgegebenen Beschränkungen grundsätzlich zu akzeptieren bereit sind, haben ein berechtigtes Interesse daran, so genau wie möglich die Grenzen zu kennen, bis zu denen sie bei ihrer Forschungstätigkeit gehen können, ohne mit dem Strafrecht in Konflikt zu geraten. Ein gleiches Aufklärungsinteresse ist auch von jenen Personen und Institutionen zu erwarten, die in irgendeiner Weise an der Förderung von Embryonen-

---

[6] Näher dazu unten IV-VII.

und Stammzellforschung beteiligt sind oder entscheidend oder beratend dabei mitzuwirken haben. Deshalb kann auch wissenschaftlichen Förderorganisationen und deren Entscheidungsträgern wie auch den Mitgliedern von Beratungsgremien nicht daran gelegen sein, Forschungen zu veranlassen oder zu unterstützen, von denen zu besorgen ist, daß sie die strafrechtlichen Grenzen der Embryonen- und Stammzellforschung überschreiten könnten. Nicht zuletzt haben auch die Bürgerinnen und Bürger unseres Landes ein Recht darauf, die in ihrem Namen und Auftrag getroffene Gesetzgebung klargestellt zu sehen, um sich bei derart essentiellen Grundfragen wie denen des Schutzes von menschlicher Würde wie auch von Leib und Leben ein Urteil bilden und die Grenze zwischen verboten und erlaubt erkennen zu können.

2. Fragestellungen und Vorgehensweise

Vor diesem Hintergrund eines sowohl allgemeinen als auch für die Wissenschaft besonderen Interesses an Rechtsklarheit und Rechtssicherheit hat es die Deutsche Forschungsgemeinschaft (DFG) als eine der größten Wissenschaftsorganisationen, zumal sie bereits mit eigenen Empfehlungen zur Stammzellforschung hervorgetreten war,[7] für erforderlich gehalten, eine rechtsgutachtliche Stellungnahme zu den sich aus der „Gesetzlichen Regelung des Imports humaner embryonaler Stammzellen" ergebenden Folgen einzuholen.[8] Dazu sieht sich die DFG nicht nur deshalb veranlaßt, weil sie durch die finanzielle Förderung von einschlägigen Forschungsprojekten in ihrem eigenen Handeln betroffen sein kann. Vielmehr findet sich die DFG auch durch Anfragen von Wissenschaftlern um Beratung darüber gebeten, wie sie sich verhalten sollten, um bei der Mitwirkung an Forschungsprojekten, wie insbesondere als Sachverständige in Beratungs- und Entscheidungsgremien, nicht mit dem deutschen Strafrecht in Konflikt zu geraten, wobei es nicht zuletzt um grenzüberschreitende Projekte und Beratungstätigkeiten in und aus Ländern geht, die eine weniger strenge Regelung der Embryo- und Stammzellforschung haben. Besonderer Klärungsbedarf wird dabei laut Schreiben des DFG-Präsidenten vom 17.5.2002 hinsichtlich der möglichen Strafbarkeit speziell bei folgenden Fallgestaltungen gesehen:

---

[7] Empfehlungen der Deutschen Forschungsgemeinschaft zur Forschung mit menschlichen Stammzellen vom 3. Mai 2001, abgedruckt in: L. Honnefelder/C. Streffer (Hrsg.), Jahrbuch für Wissenschaft und Ethik, Band 6, Berlin/New York 2001, S. 349–385.
[8] Vgl. DFG-Pressemitteilung Nr. 30 vom 3. Juli 2002 sowie Statement des DFG-Präsidenten zur Jahrespressekonferenz am 4. Juli 2002 in Berlin.

- bei der Mitgliedschaft von Wissenschaftlern in internationalen Beratungsgremien international agierender Firmen, die HES-Forschung betreiben, oder anderer Länder (etwa im Beratungsgremium „Stammzellbank" des MRC in Großbritannien),[9]

- bei der Mitgliedschaft von Wissenschaftlern in Gutachtergremien ausländischer Förderorganisationen, sofern es um die Förderung von HES-Projekten geht,[10]

- bei der Kooperation im Rahmen internationaler Forschungsprojekte, sofern ein Austausch von Know-how, Methoden, Reagenzien, Mitarbeitern, Stipendiaten erfolgt oder sofern ein Kooperationspartner neue HES-Zelllinien herstellt,[11]

---

[9] Dabei geht es beispielsweise um die vom Medical Research Council (MRC) in Großbritannien beschlossene Einrichtung von zwei Gremien, nämlich das National Stem Cell Advisory Committee, das die Einrichtung der geplanten Zellbank begleiten soll, sowie ein weiteres, interdisziplinär besetztes Komitee, das die Stammzellaktivitäten in Großbritannien insgesamt koordinieren soll, wobei es dessen Aufgabe sein wird, die Prinzipien für die Arbeit mit Stammzellen und die geplante Stammzellbank zu entwickeln.

[10] Beispielhaft dafür ist die an einen deutschen Biowissenschaftler gerichtete Bitte, als Sachverständiger im Ethik-Beirat eines international ausgerichteten ausländischen Pharmakonzerns mitzuwirken, wobei der Beirat Projekte, bei denen sich das Unternehmen in verschiedenen Ländern mit HES beschäftigt, nach den jeweiligen landesspezifischen Richtlinien begutachten soll. In einer solchen Situation kann sich für ein Beiratsmitglied die Frage stellen, ob man sich nach deutschem Recht strafbar machen würde, wenn man sich als Sachverständiger für ein Forschungsprojekt mit HES im Ausland ausspricht, das nach deutschen Bestimmungen nicht durchgeführt werden darf. Über diesen Fall der Mitwirkung in einem unternehmenseigenen Ethik-Beirat hinaus stellt sich bei der Mitwirkung im Begutachtungs- und Entscheidungssystem ausländischer Förderorganisationen ganz allgemein die Frage, inwieweit schon die Erstattung eines Gutachtens zu einem nach deutschem Recht verbotenen Projekt und/oder erst die Mitentscheidung bei positiver Bewilligung Strafbarkeit nach deutschem Recht zur Folge haben kann.

[11] Bei einer solchen Kooperation im Rahmen internationaler Forschungsprojekte kann der Austausch von Methoden und Know-how über Verfahren im Umgang mit HES im weiteren Sinne hinaus auch solche zur eventuellen Etablierung neuer HES durch ausländische Kooperationspartner betreffen. Auch könnten Methoden übermittelt werden, die in Deutschland nicht primär für embryonale Stammzellen entwickelt wurden, sich aber auch auf die Etablierung von HES anwenden lassen. Dabei kommt neben der mündlichen oder schriftlichen Methodenübermittlung wegen der diffizilen Methoden als häufige Praxis auch die Übermittlung in Form von Gastaufenthalten in den jeweiligen Labors in Betracht. Beim Austausch von Reagenzien kann es sowohl um Bestandteile der embryonalen Stammzellen (DNA, RNA, Proteinextrakte oder sonstige Bestandteile einer Zelle), die für weitere Versuche eingesetzt werden könnten, gehen als auch um Antikörper, die gegen Teile der embryonalen Zellen hergestellt wurden, sowie schließlich auch um sogenannte Zellkulturüberstände. Bei letzteren handelt es sich um die bei einem Wechsel des Nährmediums von den Zellen abpipettierte, verbrauchte Nährflüssigkeit, in die von den Zellen auch bisher nicht bekannte Signalstoffe abgegeben werden, die ihrerseits andere Zellen zum Wachstum anregen, weswegen diese Überstände

43

● bei Aufenthalten von DFG-Stipendiaten in Laboreinrichtungen im Ausland, die HES-Projekte, die nach deutschem Recht unzulässig sind, bearbeiten.

Um diese teils schon recht speziellen Fragen sachgerecht und nach Möglichkeit auch in einer für Forscher als juristische Laien verständlichen Weise zu beantworten, wird man nicht umhin können, sie in einen größeren Zusammenhang zu stellen und dabei vom allgemeinen zum besonderen hin anzugehen. Auch wenn dabei die grenzüberschreitenden Fragen besonders drängend erscheinen mögen, wird deren Beantwortung angesichts der alsbald zutage tretenden Komplexität der internationalstrafrechtlichen Anwendungsregeln kaum verständlich zu machen sein, ohne zunächst die Grenzen zwischen verbotener und erlaubter Forschung in dem hier infragestehenden Bereich dargetan zu haben. Auch wird es dabei, selbst wenn letztlich nur nach den Grenzen straffreier Stammzellforschung gefragt ist, nicht genügen können, sich auf die Prüfung des Stammzellgesetzes zu beschränken. Vielmehr werden auch etwaige Beschränkungen, die sich bereits aus dem Embryonenschutzgesetz ergeben, in den Blick zu nehmen sein. Dies soll jedoch nicht, wie es aus dem professionellen Blickwinkel eines juristischen Betrachters naheliegen könnte, in der Weise geschehen, daß ausgehend von den betreffenden Gesetzen jeweils getrennt die sich aus dem ESchG und dem StammzellG ergebenden Straftatbestände aufgelistet werden. Vielmehr soll, indem der Blickwinkel des Forschers eingenommen wird, von den einzelnen Forschungsschritten und möglichen Beteiligungskonstellationen ausgegangen werden, um diese im Hinblick auf ihre Zulässigkeit oder Strafbarkeit nach den einschlägigen Gesetzen zu beleuchten. Um diese Sicht nicht sogleich durch grenzüberschreitende Besonderheiten ausländischen Rechts zu verstellen, empfiehlt es sich, die infragestehenden Forschungsaktivitäten und Beteiligungskonstellationen zunächst allein für den Fall eines rein inländischen Handelns zu beurteilen, um auf der Grundlage der damit allgemein abgesteckten Strafbarkeitsgrenzen mögliche grenzüberschreitende Abweichungen in den Blick zu nehmen.

Um diesen Gesichtspunkten Rechnung zu tragen, erscheint folgende Vorgehensweise angebracht: Beginnend mit der Differenzierung wesentlicher Forschungsschritte und Beteiligungsaktivitäten und deren strafrechtlicher Beurteilung bei Handeln ausschließlich im Inland (III), soll sich im Gegenzug die Betrachtung bei Handeln ausschließlich im Ausland anschließen (IV). Damit ist die Grundlage gelegt, um nach den strafrechtlichen Besonderheiten bei grenzüberschreitenden Aktivitäten vom Inland aus ins Ausland (V) bzw. umgekehrt vom Ausland aus ins Inland (VI) zu fragen.

---

anderen Zellen in frischer Nährflüssigkeit verdünnt zugesetzt werden. Festzuhalten bleibt, daß es sich bei diesen Reagenzien nicht mehr um lebende Zellen handelt; gleichwohl ist ihnen gemeinsam, daß über den Austausch von Reagenzien Informationsmaterial oder Produkte auch von solchen Zellen verwendet werden könnten, deren Import selbst nicht erlaubt wäre.

Schließlich bleiben noch Besonderheiten bei Forschern als Amtsträgern oder für den öffentlichen Dienst besonders Verpflichteten zu betrachten (VII). Den Abschluß bildet eine Zusammenfassung der wichtigsten Forschungsschritte und Beteiligungskonstellationen als verboten oder erlaubt bzw. als mit strafrechtlichem Risiko behaftet (VIII). Vor diesen Einzelbetrachtungen scheint jedoch zunächst ein allgemeiner Überblick über die Gesetzeslage und deren Entstehung angebracht (II).

3. Beurteilungsgrundlagen

Soweit es um naturwissenschaftliche Grundlagen geht, können die Verfasser als Juristen keine eigene Sachkunde für sich in Anspruch nehmen. Deshalb müssen mögliche Mißverständnisse der verwendeten Literatur oder von herangezogenen Auskünften vorbehalten bleiben.

Soweit es um Vorgänge geht, die für die Auftragserteilung durch die DFG mitbestimmend waren, konnten diese nur insoweit berücksichtigt werden, als sie uns übermittelt wurden.

Bei der Beurteilung der Rechtslage ist hinsichtlich des ESchG festzustellen, daß es dazu neben verschiedenen Einzelbeiträgen, die – soweit für die Beurteilung hier wesentlich erscheinend – nachfolgend belegt sind, als umfassenderes Erläuterungswerk bisher praktisch nur den Kommentar von Keller/Günther/Kaiser gibt.[12]

Zu dem erst vor kurzem in Kraft getretenen StammzellG findet sich – außer einigen ersten kleineren Beiträgen – verständlicherweise noch keine umfassendere Literatur. Auch konnte zur Interpretation dieses Gesetzes im wesentlichen nur auf die einschlägigen Gesetzesmaterialien zurückgegriffen werden.[13]

Im übrigen stand eine von der Rechtsanwaltskanzlei Redeker, Sellner, Dahs & Widmaier (Bonn/Karlsruhe) vorgelegte „Rechtliche Stellungnahme zur Gesetzlichen Regelung des Imports humaner embryonaler Stammzellen" (ausgearbeitet von PD Dr. Müssig und Prof. Dr. Dahs) zur Verfügung.[14]

Schließlich sei noch folgender Vorbehalt erlaubt: Da bei Embryonen- und Stammzellforschung Fragen der Menschenwürde und des Lebens-

---

[12] Rolf Keller/Hans-Ludwig Günther/Peter Kaiser, Embryonenschutzgesetz. Kommentar, Stuttgart 1992.

[13] Vgl. insbes. BT-Drs. 14/6551 vom 4.7.2001, BT-Drs. 14/8102 vom 29.1.2002, BT-Drs. 14/8394 vom 27.2.2002, BT-Drs. 14/8846 vom 23.4.2002, BT-Drs. 14/8896 vom 24.4.2002, BT-Drs. 14/8925 vom 25.4.2002, BT-Plenarprotokoll 14/233 vom 25.4.2002, S. 23209–23255, BR-Plenarprotokoll 776 vom 31.5.2002, S. 286 (A), 319–320.

[14] Nachfolgend abgekürzt als Müssig/Dahs-Gutachten.

schutzes berührt werden, bei deren Beurteilung Recht und Ethik auseinandergehen können, legen wir Wert auf die Klarstellung, daß es sich hier um eine gutachtliche Stellungnahme aus rein rechtlichem Blickwinkel handelt. Deshalb sei durch die Feststellung, daß eine bestimmte Forschungsaktivität oder eine Beteiligung daran nicht strafbar oder gar erlaubt sei, nicht ausgeschlossen, daß das betreffende Verhalten aus ethischer Sicht gleichwohl bedenklich sein könnte. Auch in rechtspolitischer Hinsicht war Zurückhaltung geboten, da es hier lediglich die derzeitige Rechtslage zu beurteilen galt.

II. Allgemeiner Überblick über die Gesetzeslage und deren Entstehung

Bei der rechtspolitischen Auseinandersetzung um das Stammzellgesetz konnte man den Eindruck haben, als sei unerwünschten Auswüchsen der Stammzellforschung überhaupt erst mit einem neuen Gesetz beizukommen. In Wirklichkeit ist jedoch der zu ihrer Vernichtung führende „Verbrauch" von Embryonen zur Stammzellgewinnung bereits durch das ESchG erfaßbar. Deshalb werden die in Teil III im einzelnen zu betrachtenden Forschungsaktivitäten teils vom einen und teils vom anderen Gesetz abgedeckt. Um dieses Ergänzungsverhältnis der beiden Gesetze besser verstehen zu können, scheint es angebracht, zunächst kurz deren Entstehungsgründe und Zielsetzungen zu beleuchten.

1. Grundzüge und Zielsetzungen des Embryonenschutzgesetzes

Für das auf Vorarbeiten der nach ihrem Vorsitzenden so genannten „Benda-Kommission"[15] zurückgehende ESchG[16] ist zweierlei charakteristisch: Zum einen beschränkt es sich nicht nur auf den Schutz von Embryonen, sondern will auch Vorkehrungen gegen bestimmte unerwünscht erscheinende Formen der Fortpflanzung treffen, so daß es genau besehen als ein Gesetz zum Schutz sowohl *von* als auch *vor* Embryonen zu verstehen ist.[17] Und

---

[15] Dokumentiert in: In-vitro-Fertilisation, Genomanalyse und Gentherapie. Bericht der Gemeinsamen Arbeitsgruppe des Bundesministers für Forschung und Technologie und des Bundesministers der Justiz, München 1985.

zum anderen hat der deutsche Gesetzgeber mit dem ESchG den Weg des Strafrechts gewählt und dabei vor allem in den Kategorien von „erlaubt" und – mehr noch – von „verboten" gedacht. Obwohl als ein eigenständiges Gesetz konstruiert, handelt es sich daher beim ESchG der Sache nach um einen Abschnitt des Besonderen Teils des Strafgesetzbuchs, ohne jedoch in dieses formell integriert zu sein.

Wenn man die im Hinblick auf die Forschung mit Embryonen bedeutsamen *Grundgedanken* des ESchG in wenigen Punkten zusammenfassen will, so erscheinen schlagwortartig folgende Positionen charakteristisch:

● Grundsätzliche Akzeptanz der In-vitro-Verfahren der medizinisch unterstützten Fortpflanzung,

– jedoch unter grundsätzlicher Beschränkung auf das homologe System (zwischen Ehepartnern) durch entsprechende Beschränkungen im ärztlichen Berufsrecht[18] und im Recht der sozialen Krankenversicherung.[19]

● Regulative Vorkehrungen gegen das Entstehen „überzähliger" Embryonen (§ 1 Abs. 1 Nrn. 3 und 5 ESchG);

– kommt es „planwidrig" dennoch dazu, so wird die ansonsten verpönte Embryospende toleriert.

● Verboten bleibt aber insbesondere

– die („verbrauchende") Verwendung von Embryonen zu Forschungszwecken (§ 1 Abs. 1 Nr. 2, § 2 Abs. 1 ESchG),

– die gezielte Keimbahnintervention (§ 5 ESchG),

– das Klonen (§ 6 ESchG) und

---

[16] Wobei jedoch das ESchG bemerkenswerterweise gerade im Bereich der Embryonenforschung eine strengere Linie eingenommen hat, als sie von der Benda-Kommission vorgeschlagen worden war. Zu Einzelheiten vgl. Albin Eser, Forschung mit Embryonen in rechtsvergleichender und rechtspolitischer Sicht, in: Hans-Ludwig Günther/Rolf Keller (Hrsg.), Fortpflanzungsmedizin und Humangenetik – Strafrechtliche Schranken?, 2. Aufl. Tübingen 1992, S. 273–292. – Zu einer Einschätzung des EschG aus derzeitiger Sicht vgl. u.a. den kritischen Überblick von Neidert (Fn. 16), ZRP 2002, S. 467–471, wo sich allerdings die hier interessierenden Strafrechtsfragen nur sporadisch angesprochen finden.

[17] Vgl. Albin Eser/Hans-Georg Koch, Rechtsprobleme biomedizinischer Fortschritte in vergleichender Perspektive. Zur Reformdiskussion um das deutsche Embryonenschutzgesetz, in: Gedächtnisschrift für Rolf Keller (hrsg. von den Strafrechtsprofessoren der Tübinger Juristischen Fakultät und vom Justizministerium Baden-Württemberg), Tübingen 2003, S. 15–36 (28). Vgl. auch die von Neidert (Fn. 16), ZRP 2002, S. 470 konstatierten „Pflichten zur Tötung des Embryos nach dem Gesetz".

[18] Vgl. zuletzt: Richtlinien der Bundesärztekammer zur Durchführung der assistierten Reproduktion, Deutsches Ärzteblatt 1998, S. C-2230 – C-2235.

[19] Vgl. § 27a Abs. 1 Nr. 3 und 4 Sozialgesetzbuch (SGB) V.

– die Erzeugung von Mensch-Tier-Mischwesen durch Bildung von Chimären oder Hybriden (§ 7 ESchG).

● Als „Embryo" im Sinne dieses Gesetzes gilt (§ 8 Abs. 1 ESchG)

> bereits die befruchtete, entwicklungsfähige, menschliche Eizelle vom Zeitpunkt der Kernverschmelzung an, ferner jede einem Embryo entnommene totipotente Zelle, die sich bei Vorliegen der dafür erforderlichen weiteren Voraussetzungen zu teilen oder zu einem Individuum zu entwickeln vermag.

Um als Embryo schutzwürdig zu sein, muß es sich somit um eine „menschliche Eizelle" handeln, die befruchtet wurde und entwicklungsfähig ist, wobei, wie sich aus dem Erfordernis noch gegebener „Totipotenz" ergibt, die Fähigkeit zu weiterer Teilung und Entwicklung zu einem Individuum gemeint ist und als frühester Zeitpunkt dafür auf die Kernverschmelzung abgehoben und in § 8 Abs. 2 ESchG für die ersten 24 Stunden nach der Kernverschmelzung eine widerlegliche Vermutung zugunsten der Entwicklungsfähigkeit statuiert wird.[20]

Soweit es um die modernsten Entwicklungen im Bereich der Reproduktionsmedizin und Humangenetik geht, sind manche Verfahren im ESchG noch gar nicht ausdrücklich erfaßt. Dies gilt insbesondere für den Umgang mit (nicht mehr totipotenten) embryonalen Stammzellen. So ist bezeichnenderweise dem umfassenden Kommentar von Keller/Günther/Kaiser aus dem Jahr 1992[21] der Terminus „Stammzellen" offenbar noch unbekannt.

2. Neuartige Schutzbedürfnisse und Reformbestrebungen

Erste Lücken im umfassend angelegten Schutzkonzept des ESchG traten spätestens mit der Geburt des Klonschafes „Dolly" zutage. „Klonen" wurde hier durch Transfer einer somatischen Zelle eines anderen Schafes in eine vorher entkernte Eizelle bewerkstelligt. Eine interministerielle und interdisziplinäre Arbeitsgruppe legte im Juni 1998 einen *„Bericht zur Frage eines gesetzgeberischen Handlungsbedarfs beim Embryonenschutzgesetz aufgrund der beim Klonen von Tieren angewandten Techniken und der sich abzeichnenden weiteren Entwicklung"*[22] vor. Darin wird die Möglichkeit, aus extrakorporal erzeugten menschlichen Embryonen embryonale Stammzellinien bzw. (pluripotente) embryonale Stammzellen (ES-Zellen) herzustellen, erwähnt, jedoch nicht hinsichtlich etwaiger rechtlicher Konsequenzen

---

[20] Zu weiteren Einzelfragen des Embryobegriffs vgl. unten II.4 sowie III. 4.
[21] Vgl. oben Fn. 12.
[22] BT-Drs. 13/11263. Der Bericht wird hier abgekürzt als „Klonbericht" zitiert.

weiter verfolgt, und zwar wohl deshalb nicht, weil es nach den Feststellungen der Arbeitsgruppe „trotz vielfältiger Bemühungen bisher noch nicht gelungen (ist), ES-Zellen bei anderen Spezies als der Maus sicher zu etablieren",[23] und weil im übrigen hinsichtlich der Gewinnung von ES-Zellen aus frühen menschlichen Embryonen ein Verstoß gegen das ESchG auf der Hand lag.[24]

Bezüglich der Gewinnung und Verwendung embryonaler Stammzellen, die aus primordialen Keimzellen foetalen Abortmaterials abgeleitet werden, begnügte sich die Arbeitsgruppe mit der Feststellung, die weitere Entwicklung werde aufmerksam zu beobachten sein; auch werde es „darauf ankommen, die Grenze zu ziehen zwischen ethisch vertretbaren und gesundheitspolitisch erwünschten Entwicklungen einerseits und unvertretbaren Manipulationsmöglichkeiten andererseits."[25]

Die Dynamik der medizinisch-naturwissenschaftlichen Entwicklung und die mit ES-Zellen verbundenen Zukunftshoffnungen haben jedoch spätestens zur Jahrtausendwende die Frage aufgeworfen, inwieweit bezüglich Gewinnung und Verwendung solcher Zellen rechtspolitischer Handlungsbedarf besteht. Diese Frage stellte sich um so dringlicher, als Forscher ihr Interesse an der Einfuhr im Ausland erzeugter menschlicher ES-Zellen zu erkennen gaben und die DFG sich vor die konkrete Frage gestellt sah, unter welchen rechtlichen Voraussetzungen bzw. in welchen rechtlichen Grenzen sie Forschungsvorhaben, auch und insbesondere solche, die in internationaler Zusammenarbeit geschehen, unterstützen kann.

Angesichts dieser und weiterer ethisch brisanter Fragestellungen, wie sie mit der modernen Medizin verbunden sind, entschloß sich der *Deutsche Bundestag* am 24.3.2000 mit Zustimmung aller Fraktionen, eine Enquete-Kommission „*Recht und Ethik der modernen Medizin*" einzusetzen.[26] Diese bestand aus jeweils 13 Parlamentariern und Sachverständigen, die weder dem Deutschen Bundestag noch der Bundesregierung angehören durften und die von den im Deutschen Bundestag vertretenen Parteien benannt worden waren. Ihr Auftrag war es,

> „unter Berücksichtigung ethischer, verfassungsrechtlicher, sozialer, gesetzgeberischer und politischer Aspekte die Fortschritte der Medizin, die Forschungspraxis sowie die daraus resultierenden Fragen und Probleme zu untersuchen, und grundlegende und vorbereitende Arbeiten für notwendige Entscheidungen des Deutschen Bundestages zu leisten".[27]

---

[23] Klonbericht (Fn. 22), S. 9.

[24] So kommt bei Abspaltung einer totipotenten Zelle § 6 Abs. 1 in Verbindung mit § 8 Abs. 1 EschG in Betracht (vgl. Klonbericht (Fn. 22), S. 24) bzw. bei Abspaltung einer (nur noch) pluripotenten Zelle § 2 Abs. 1 EschG (mißbräuchliche Verwendung eines Embryos).

[25] Klonbericht (Fn. 22), S. 24. – Auf Fragen im Zusammenhang mit adulten Stammzellen bezog sich der Auftrag der Arbeitsgruppe nicht.

[26] BT-Drs. 14/3011.

[27] Vgl. Enquete-Kommission Recht und Ethik der modernen Medizin. Schlußbericht,

Auf Wunsch des Deutschen Bundestages[28] befaßte sich die Enquete-Kommission vorrangig mit der Stammzell-Problematik. In ihrem am 12.11.2001 vorgelegten Zwischenbericht zur Stammzellforschung[29] hat sie sich dafür ausgesprochen, das hohe Schutzniveau des Embryonenschutzgesetzes beizubehalten, und mehrheitlich gegen jeden Import embryonaler Stammzellen votiert. Die notwendige Grundlagenforschung könne mit Stammzellen anderer Herkunft (wie embryonale Stammzellen von Primaten, Nabelschnurblut-Stammzellen, adulte Stammzellen) in ausreichendem Maße verfolgt werden, ohne das Tor für die Verwendung von menschlichen Embryonen öffnen zu müssen.[30] Eine Minderheit von Mitgliedern vertrat die Auffassung, es sei zweifelhaft, ob ein vollständiges Verbot des Imports menschlicher embryonaler Stammzellen, die im Ausland aus Embryonen gewonnen wurden, verfassungs- und europarechtlich begründet werden könne. Der Import sei daher unter engen Voraussetzungen zu tolerieren. Insbesondere müsse er auf die derzeit bereits vorhandenen, aus kryokonservierten und im Rahmen fortpflanzungsmedizinischer Behandlungen nicht mehr benötigten („überzähligen") Embryonen gewonnenen embryonalen Stammzellinien beschränkt bleiben, die Geeignetheit, Notwendigkeit und Verhältnismäßigkeit des Forschungsprojekts dargetan und geprüft sowie ein qualifizierter informed consent der genetisch Beteiligten nachgewiesen werden.[31]

Auch seitens der *Bundesregierung* wurde in Gestalt des *Nationalen Ethikrates* durch die Bundesregierung ein Gremium einberufen, das

„den interdisziplinären Diskurs von Naturwissenschaften, Medizin, Theologie und Philosophie, Sozial- und Rechtswissenschaften bündeln und zu ethischen Fragen neuer Entwicklungen auf dem Gebiet der Lebenswissenschaften sowie zu deren Folgen für Individuum und Gesellschaft Stellung nehmen"

soll und dessen bis zu 25 Mitglieder in besonderer Weise naturwissenschaftliche, medizinische, theologische, philosophische, soziale, rechtliche, ökologische und ökonomische Belange repräsentieren.[32] Wiederum wegen der gegebenen Aktualität befaßte sich die erste offizielle Stellungnahme dieses Gremiums mit dem Problemkreis HES-Zellen, jedoch (im Unterschied zur Enquete-Kommission) beschränkt auf Fragen des Imports. Mit seiner Stellungnahme vom 20.12.2001,[33] die sich auf Fragen des Imports von Stammzel-

---

BT-DRs. 14/9020, auch abgedruckt in: Zur Sache 2/2002 (Deutscher Bundestag – Referat Öffentlichkeitsarbeit), S. 13 mit genauerer Umschreibung.

[28] Vgl. BT-Drs. 14/7546.

[29] BT-Drs. 14/7446, auch abgedruckt in: Enquete-Kommission Recht und Ethik der modernen Medizin, Stammzellforschung und die Debatte des Deutschen Bundestages zum Import von menschlichen embryonalen Stammzellen, in: Zur Sache 1/2002 (Deutscher Bundestag – Referat Öffentlichkeitsarbeit).

[30] In: Zur Sache 1/2002 (Fn. 29), S. 136.

[31] Enquete-Kommission, in: Zur Sache 2/2002 (Fn. 27), S. 137.

[32] Näher dazu: Kabinettsvorlage vom 25.4. 2001 „Einrichtung eines Nationalen Ethikrates".

[33] Der Nationale Ethikrat, Stellungnahme zum Import menschlicher embryonaler

len aus „überzähligen" Embryonen beschränkte, trug der Nationale Ethikrat insgesamt 20 Argumente für und gegen einen Import zusammen und arbeitete vier Bewertungsoptionen heraus, die von unter gewissen Bedingungen (auch im Inland) vertretbarer Gewinnung – unter Ablehnung eines Stichtages, vor dem die Stammzellinien, aus denen die zu importierenden Stammzellen gewonnen wurden, entstanden sein müssen – über die Empfehlung eines befristeten Moratoriums bis zur Bewertung des Imports von Stammzellen als ethisch unzulässig reichten. Unter Hinweis darauf, daß sich der Nationale Ethikrat noch zu den grundsätzlichen Fragen der Stammzellforschung äußern wird, hat sich eine Mehrheit von 15 seiner Mitglieder für einen befristeten und an strenge Bedingungen gebundenen Import embryonaler Stammzellen ausgesprochen; 10 Mitglieder votierten für ein Moratorium, darunter 4, die den Import für ethisch generell unzulässig ansahen.

3. Einführung und Grundzüge des Stammzellgesetzes

Ausgestattet mit den Vorarbeiten der Enquete-Kommission und des Nationalen Ethikrates votierte der Deutsche Bundestag durch seinen Beschluß vom 30.1.2002[34] mit deutlicher Mehrheit (339 Abgeordnete) dafür, alsbald eine gesetzliche Regelung für den Import von HES-Zellen zu erarbeiten, wobei ein „Nein, es sei denn-Modell" nach dem Vorbild des Minderheitsvotums der Enquete-Kommission zugrunde zu legen sei, während 266 Parlamentarier ein ausnahmsloses Verbot des Imports embryonaler Stammzellen befürworteten.[35] Zur Umsetzung dieses richtungsweisenden Mehrheitsbeschlusses wurde aus der Mitte des Bundestages – das heißt ohne förmliche Beteiligung der einzelnen Fraktionen – ein Gesetzentwurf eingebracht.[36] Nach den prozedural üblichen Ausschußberatungen[37] wurde vom Plenum des Deutschen Bundestages am 25.4.2002 in dritter Lesung – unter Ablehnung verschiedener Änderungsanträge[38] – eine Regelung verabschiedet, die auf dem Mehrheitsbeschluß vom 30.1.2002 basiert, jedoch außer der „Einfuhr" auch die „Verwendung" embryonaler Stammzellen zum Gegenstand hat.

Stammzellen vom 20.12.2001
(http://www.nationaleretikrat.de/mitteilung20dez01.htm).
[34] BT-Drs. 14/8102. Vgl. dazu auch Jochen Taupitz, Import embryonaler Stammzellen, Zeitschrift für Rechtspolitik (ZRP) 2002, S. 111–115.
[35] Eine detaillierte Wiedergabe des Ergebnisses der einschlägigen Abstimmungen findet sich in: Zur Sache 1/2002 (Fn. 29), S. 334 ff.
[36] BT-Drs. 14/8394.
[37] Vgl. Beschlußempfehlung und Bericht des Ausschußes für Bildung, Forschung und Technikfolgenabschätzung vom 23.4.2002, BT-Drs. 14/8846.
[38] BT-Drs. 14/8869, 14/8922 und 14/8925.

Für die nachfolgend zu beurteilenden Fragestellungen erscheint zu Inhalt und Struktur des StammzellG folgendes hervorhebenswert:[39]

- Der *Zweck des Gesetzes* wird in § 1 StammzellG darin gesehen,

    im Hinblick auf die staatliche Verpflichtung, die Menschenwürde und das Recht auf Leben zu achten und zu schützen und die Freiheit der Forschung zu gewährleisten,

    1. die Einfuhr und die Verwendung embryonaler Stammzellen grundsätzlich zu verbieten und

    2. zu vermeiden, daß von Deutschland aus eine Gewinnung embryonaler Stammzellen oder eine Erzeugung von Embryonen zur Gewinnung embryonaler Stammzellen veranlaßt wird,

    3. die Voraussetzungen zu bestimmen, unter denen die Einfuhr und die Verwendung embryonaler Stammzellen ausnahmsweise zu Forschungszwecken zugelassen sind.

    Leitmotiv der den Gesetzesbeschluß tragenden Abgeordneten war insbesondere, daß für deutsche Forschung kein Embryo sein Leben solle lassen müssen.[40]

- *Stammzellen* im Sinne des StammzellG sind (§ 3 Nr. 1 StammzellG)

    alle menschlichen Zellen, die die Fähigkeit besitzen, in entsprechender Umgebung sich selbst durch Zellteilung zu vermehren, und die sich selbst oder deren Tochterzellen sich unter geeigneten Bedingungen zu Zellen unterschiedlicher Spezialisierung, nicht jedoch zu einem Individuum zu entwickeln vermögen (pluripotente Stammzellen).

- *Gesetzestechnisch* ist die Einfuhr und Verwendung menschlicher embryonaler Stammzellen als ein „Verbot mit Erlaubnisvorbehalt" konstruiert (§ 4 StammzellG). Einer behördlichen Genehmigung (§§ 6, 7) fähig sind nach Einholung einer Stellungnahme der Zentralen Ethikkommission für Stammzellforschung (§§ 8, 9) nur wissenschaftlich hochrangige Vorhaben (§ 5), die sich embryonaler Stammzellen bedienen, die vor dem 1. Januar 2002 gewonnen wurden (§ 4 Abs. 2 Nr. 1a).

- Als *Embryo* im Sinne des StammzellG gilt laut § 3 Nr. 4 StammzellG

    bereits jede menschliche totipotente Zelle, die sich bei Vorliegen der dafür erforderlichen weiteren Voraussetzungen zu teilen und zu einem Individuum zu entwickeln vermag.

---

[39] Vgl. zur Einführung auch Markus Gehrlein, Das Stammzellgesetz im Überblick, NJW 2002, S. 3680–3682, ohne daß aber die strafrechtlichen Fragen näher angesprochen wären.

[40] So namentlich Margot v. Renesse, BT-Prot. 14/23210 (B).

Im Unterschied zu § 8 EschG fehlt in dieser Begriffsbestimmung die Bezugnahme auf eine „Befruchtung".[41] Neben weiteren Voraussetzungen aber müssen die Embryonen, aus denen die Stammzellen gewonnen wurden, im Wege der medizinisch unterstützten extrakorporalen Befruchtung zum Zweck der Herbeiführung einer Schwangerschaft erzeugt worden und „überzählig" geworden sein (§ 4 Abs. 2 Nr. 1 b).

- Die in § 13 StammzellG vorgesehene *Strafvorschrift* hat folgenden Wortlaut:

  (1) Mit Freiheitsstrafe bis zu drei Jahren oder mit Geldstrafe wird bestraft, wer ohne Genehmigung nach § 6 Abs. 1 embryonale Stammzellen einführt oder verwendet. Ohne Genehmigung im Sinne des Satzes 1 handelt auch, wer auf Grund einer durch vorsätzlich falsche Angaben erschlichenen Genehmigung handelt. Der Versuch ist strafbar.

  (2) Mit Freiheitsstrafe bis zu einem Jahr oder mit Geldstrafe wird bestraft, wer einer vollziehbaren Auflage nach § 6 Abs. 6 Satz 1 oder 2 zuwiderhandelt.

Außerdem sind in § 14 StammzellG noch folgende *Bußgeldvorschriften* vorgesehen:

  (1) Ordnungswidrig handelt, wer
  1. entgegen § 6 Abs. 2 S. 2 eine dort genannte Angabe nicht richtig oder nicht vollständig macht oder
  2. entgegen § 12 S. 1 eine Anzeige nicht, nicht richtig, nicht vollständig oder nicht rechtzeitig erstattet.
  (2) Die Ordnungswidrigkeit kann mit einer Geldbuße bis zu fünfzigtausend Euro geahndet werden.
- Im Hinblick auf die Mitwirkung an Forschungsvorhaben im Ausland hatte der Ausschuß für Bildung, Forschung und Technikfolgenabschätzung empfohlen, folgende spezielle Bestimmung als § 13 Abs. 3 StammzellG aufzunehmen:

  (3) § 9 Abs. 2 Satz 2 des Strafgesetzbuchs[42] findet auf die Strafbarkeit nach den Absätzen 1 und 2 keine Anwendung.

Zur Begründung wurde insbesondere angeführt, die neu eingeführten Strafbestimmungen der Absätze 1 und 2 dürften nicht dazu führen, daß die internationale Zusammenarbeit im Bereich der Forschung mit menschlichen embryonalen Stammzellen generell gefährdet wäre. Deutsche Wissenschaftler könnten sich in allen Fällen strafbar machen, in denen sie sich von Deutschland aus in irgendeiner Form an Forschungsarbeiten beteiligen, bei denen die Forscher im Ausland mit menschlichen embryonalen Stammzellen

---

[41] Vgl. dazu oben zu II.1 bzw. unten zu II.4.
[42] Voller Wortlaut in Anhang D.

forschen, die nach den Vorschriften dieses Gesetzes nicht eingeführt und verwendet werden dürfen. Eine solche Regelung ginge über den mit dem Stammzellgesetz verfolgten Schutzzweck hinaus und würde die Forschungsfreiheit unverhältnismäßig beschränken.[43]

Die Initiatoren des Gesetzentwurfs selbst waren es, die im weiteren Verlauf des Gesetzgebungsverfahrens die Streichung des vorgeschlagenen § 13 Abs. 3 aus dem Entwurf betrieben haben.[44] Ihre Begründung: „Die Änderung ergänzt die Strafvorschriften (§ 13 Abs. 1 und 2) im Sinne des in § 1 Nr. 2 des Entwurfs beschriebenen Gesetzeszwecks, indem sie § 9 Abs. 2 S. 2 StGB anwendbar macht. Damit bleibt die Strafbarkeit einer in Deutschland begangenen Anstiftung und Beihilfe zu einer im Ausland erfolgten, dort nicht strafbaren Verwendung von embryonalen Stammzellen im Sinne von § 13 des Entwurfs bestehen."[45]

Die Mehrheit der Abgeordneten des Deutschen Bundestages ist nicht der Empfehlung des Ausschusses, sondern dem Änderungsantrag gefolgt. Sie hat damit den „status quo ante" wiederhergestellt,[46] wie er sich aus dem ursprünglichen Gesetzentwurf vom 27.2.2002[47] ergibt. Die sich daraus ergebenden Fragen werden in diesem Gutachten unter IV. bis VII. näher zu erörtern sein.

- Das *Embryonenschutzgesetz* blieb im Zuge der Stammzell-Gesetzgebung unverändert.

- In *Ergänzung* zu dem am 1. Juli 2002 in Kraft getretenen StammzellG wurde am 18.7.2002 aufgrund der Ermächtigung durch §§ 7 Abs. 1 S. 1 und 8 Abs. 4 StammzellG durch das Bundesministerium für Gesundheit die „Verordnung über die Zentrale Ethikkommission für Stammzellforschung und über die zuständige Behörde nach dem Stammzellgesetz (ZES-Verordnung – ZESV)"[48] erlassen, in der unter anderem das Robert Koch Institut als Genehmigungsbehörde bestimmt wurde (§ 1 ZESV).

---

[43] Ausschußbericht BT-Drs. 14/8846, S. 14 (Begründung zu § 13 Abs. 3 neu).
[44] BT-Drs. 14/8876.
[45] BT-Drs. 14/8876, S. 2. – Bereits an dieser Stelle sei angemerkt, daß diese Begründung nicht überzeugt. Denn § 1 Abs. 2 StammzellG will „vermeiden, daß von Deutschland aus eine *Gewinnung* embryonaler Stammzellen oder eine *Erzeugung* von Embryonen zur Gewinnung embryonaler Stammzellen veranlaßt wird." Von *Verwendung* ist in § 1 Abs. 1 Nr. 2 StammzellG nicht die Rede.
[46] So zutreffend Müssig/Dahs-Gutachten, s. o. S. 22.
[47] BT-Drs. 14/8394.
[48] BGBl. 2002 I, S. 2663–2665. – Vollständiger Wortlaut in Anhang C.

4. Zu Unterschieden des Embryobegriffs in Embryonenschutzgesetz und Stammzellgesetz

Bevor auf Einzelfragen der beiden Gesetze eingegangen werden kann, denen im Rahmen dieses Gutachtens vorrangige Bedeutung zukommt, erscheint es angebracht, einige Überlegungen zu einem Zentralbegriff beider Regelwerke anzustellen, nämlich dem des Embryos. Dabei geht es zum einen darum, welches Verständnis vom Embryo dem ESchG und dem StammzellG jeweils zugrunde liegt (a), zum zweiten darum, wie sich beide Begriffsverständnisse angesichts gewisser Inhaltsunterschiede zueinander verhalten (b), schließlich aber auch – nicht ohne rechtspolitischen Unterton – um die insbesondere für die Beurteilung des sogenannten therapeutischen Klonens und damit auch für Aspekte der Stammzellforschung erhebliche Frage, welche Bedeutung der Entwicklungsfähigkeit in Relation zu anderen Faktoren, wie insbesondere der genetischen „Grundausstattung", für die Zuschreibung der Eigenschaft, ein Embryo im Rechtssinne zu sein, beigemessen werden sollte (c).

a) Ein nicht unerhebliches Problem besteht bereits darin, wie sich die explizite „Begriffsbestimmung" für den „Embryo" in § 8 ESchG und die Tatbestandsmerkmale des § 6 ESchG miteinander harmonisieren lassen.

In § 8 ESchG wird statuiert:

(1) Als Embryo im Sinne dieses Gesetzes gilt bereits die befruchtete, entwicklungsfähige menschliche Eizelle vom Zeitpunkt der Kernverschmelzung an, ferner jede einem Embryo entnommene totipotente Zelle, die sich bei Vorliegen der dafür erforderlichen weiteren Voraussetzungen zu teilen und zu einem Individuum zu entwickeln vermag.

(2) In den ersten vierundzwanzig Stunden nach der Kernverschmelzung gilt die befruchtete menschliche Eizelle als entwicklungsfähig, es sei denn, daß schon vor Ablauf dieses Zeitraums festgestellt wird, daß sich diese nicht über das Einzellstadium hinaus zu entwickeln vermag.

(3) [Keimbahnzellen]...

Vergleicht man diese Begriffsbestimmung mit dem Klonverbot des § 6 Abs. 1 ESchG:

Wer künstlich bewirkt, daß ein menschlicher Embryo mit der gleichen Erbinformation wie ein anderer Embryo, ein Foetus, ein Mensch oder ein Verstorbener entsteht, wird mit Freiheitsstrafe bis zu fünf Jahren oder mit Geldstrafe bestraft,

so ist festzustellen, daß einerseits in § 8 Abs. 1 ESchG die erfolgte *Befruchtung* als entscheidend für das Entstehen eines Embryos erklärt wird, während demgegenüber die Mehrzahl der Tatvarianten des Klonierungsverbots – künstliches Bewirken der Entstehung eines Embryos mit gleichem Erbgut wie ein Foetus, ein Mensch oder ein Verstorbener – gar nicht im Wege einer Befruchtung realisiert werden kann.[49] Zur Lösung dieser unverkennbaren Friktion wurde vorgeschlagen, an dem Wort „bereits" in § 8 ESchG anzusetzen und die Definition als nicht abschließend, sondern auch für andere Entstehungsformen offen zu erklären.[50] Damit ist jedoch keineswegs impliziert, jede totipotente Zelle müsse allein schon wegen ihrer Entwicklungsfähigkeit als „Embryo" verstanden werden;[51] vielmehr stellt sich die auch und gerade für die Stammzellforschung relevante Frage, ob weitere Kriterien (und wenn ja, welche) erfüllt sein müssen, um überhaupt von einem „Embryo" sprechen zu können.[52]

Für das StammzellG hat der Gesetzgeber diese Frage in einem sehr weitgehenden Sinne entschieden: Gemäß der erst während der Beratungen des federführenden Ausschusses eingefügten Legaldefinition in § 3 Nr. 4 StammzellG ist

---

[49] Dies wird offenbar von Thomas Gutmann, Auf der Suche nach einem Rechtsgut: Zur Strafbarkeit des Klonens von Menschen, in: Claus Roxin/ Ulrich Schroth (Hrsg.), Medizinstrafrecht, 2. Aufl., Stuttgart 2001, S. 353–379 (S. 354 f.; 355 f.), übersehen.

[50] Vgl. etwa Albin Eser/Wolfgang Frühwald/Ludger Honnefelder/Hubert Markl/ Johannes Reiter/Widmar Tanner/Ernst-Ludwig Winnacker, Klonierung beim Menschen. Biologische Grundlagen und ethisch-rechtliche Bewertung, in: Jahrbuch für Wissenschaft und Ethik, Band 2, (Berlin/New York 1997), S. 357–373, 369; Detlev v. Bülow, Dolly und das Embryonenschutzgesetz, Deutsches Ärzteblatt 1997, S. C 536-C-540, C-538; Rolf Keller, Klonen, Embryonenschutzgesetz und Biomedizin-Konvention, in: Albin Eser/Ulrike Schittenhelm/Heribert Schumann (Hrsg.), Festschrift für Theodor Lenckner zum 70. Geburtstag, München 1998, S. 477–494, 486 f.; Jürgen Simon, Rechtliche Regulierung des Klonens von Menschen in Deutschland, Ländern der EU und den USA, in: Nikolaus Knoepffler/Anja Haniel (Hrsg.), Menschenwürde und medizinethische Konfliktfälle, Stuttgart/Leipzig 2000, S. 25–47 (26 f.); Klonbericht (Fn. 22), S. 14; Hans-Georg Koch, Rechtliche Voraussetzungen und Grenzen der Forschung an Embryonen: Nationale und internationale Aspekte, Geburtshilfe und Frauenheilkunde (GebFra) 2000, S. M 67-M 72, M 69; Wolfgang Heinz, Der gesetzliche Embryonenschutz in Deutschland nach gegenwärtigem und künftigem Recht, in: Dieter Lorenz (Hrsg.), Rechtliche und ethische Fragen der Reproduktionsmedizin, Baden-Baden 2003, S. 190–225 (197). Ablehnend Gutmann (Fn. 49), S. 355; Johanna Raasch, Das Stammzellengesetz – ein beladenes Gesetzesvorhaben, Kritische Justiz (KJ) 2002, S. 285–296, S. 287; kritisch Eric Hilgendorf, Klonverbot und Menschenwürde – Vom Homo sapiens zum Homo xerox? Überlegungen zu § 6 Embryonenschutzgesetz, in: Max-Emanuel Geis/Dieter Lorenz (Hrsg.), Staat – Kirche – Verwaltung, Festschrift für Hartmut Maurer zum 70. Geburtstag, München 2001, S. 1147–1164 (1162 f.).

[51] So aber z.B. DFG-Empfehlungen 2001 (Fn. 7), S. 367. Im Ansatz wie hier gegen eine Gleichsetzung von „totipotenter Zelle" und „Embryo" dagegen Hilgendorf (FN. 50), S. 1163 f.

[52] Vgl. dazu Klonbericht (Fn. 22), S. 14 f.

im Sinne dieses Gesetzes Embryo bereits jede menschliche totipotente Zelle, die sich bei Vorliegen der dafür erforderlichen weiteren Voraussetzungen zu teilen und zu einem Individuum zu entwickeln vermag.

In einem entsprechenden Sinne hatte sich bereits die Begründung des Gesetzentwurfs geäußert,[53] eine Legaldefinition aber offenbar für entbehrlich gehalten. Hiernach kommt es allein auf die *Entwicklungsfähigkeit* an. Weder ein bestimmter *Entstehungsvorgang* (wie bei der Befruchtung) noch ein Zusammenhang mit der Verwendung von *Keimzellen* (wie mit dem Erfordernis der Befruchtung implizit zum Ausdruck gebracht) wird verlangt. Bei einer Reprogrammierung von somatischen Zellen zur Totipotenz würden somit Embryonen jedenfalls im Sinne des StammzellG geschaffen.[54]

b) Würde man dieses weite Verständnis vom Embryo auf das ESchG übertragen,[55] so wären damit insbesondere Techniken zur Herstellung von Stammzellen aus Körperzellen, bei denen mit einer Reprogrammierung zur Totipotenz gerechnet werden müßte, als Klonen durch § 6 ESchG mit Strafe bedroht.[56]

Damit stellt sich die Frage, ob die Begriffsbestimmung des Embryos in § 3 Nr. 4 StammzellG inhaltlich auf das Embryoverständnis des ESchG übertragen werden kann. Dies ist aus mehreren Gründen zu verneinen.[57]

---

[53] BT-Drs. 14/8394, S. 9.

[54] Dies entspricht dem ausdrücklichen Wunsch des Stammzell-Gesetzgebers, vgl. BT-Drs. 14/8846 (Ausschußbericht), S. 12 f. (Begründung zu § 3 Nr. 4 neu). Vgl. dazu auch unten III.4 sowie Eser/Koch, in: Keller-GS (Fn. 17), S. 28.

[55] In diesem Sinne noch Eser et al. (Fn. 50), S. 370; DFG-Empfehlungen 2001 (Fn. 7), S. 365, sowie – ohne Begründung und lediglich implizit – Hans Lilie/Dietlinde Albrecht, Strafbarkeit im Umgang mit Stammzellinien aus Embryonen und damit in Zusammenhang stehender Tätigkeiten nach deutschem Recht, NJW 2001, S. 2774–2776, S. 2775 („oder anderen totipotenten Zellen"); Taupitz (Fn. 34), ZRP 2002, S. 111 („Als Embryo gilt auch jede einzelne Zelle, die [totipotent] ist ...").

[56] So z.B. – ohne nähere Begründung – auch Jochen Taupitz, Der rechtliche Rahmen des Klonens zu therapeutischen Zwecken, Neue Juristische Wochenschrift (NJW) 2001, S. 3433–3440, 3434.

[57] Wie hier für einen engeren Embryo-Begriff im Rahmen des ESchG offenbar auch Ulrich Schroth, Forschung mit embryonalen Stammzellen und Präimplantationsdiagnostik im Lichte des Rechts, JZ 2002, S. 170–179 (171), der (unter II.1. seines Beitrags) für die Entstehung eines Embryos einen Zusammenhang mit einer Befruchtung fordert, sich aber mit den hier angesprochenen Fragen nicht weiter befaßt. Im Widerspruch dazu formuliert Schroth wenig später unter Ziff. II 7 allerdings sehr viel weitergehend, „totipotente Zellen" seien über das ESchG geschützt, um wiederum einige Passagen weiter unten (Ziff. 9, S. 172) unter Berufung auf Gutmann (Fn. 49) unter der Überschrift „Reprogrammierung von Zellen" in Zweifel zu ziehen, daß die „Dolly-Methode" des Zellkerntransfers von § 6 ESchG erfaßt sei. Demgegenüber werden hier unter „Reprogrammieren" nur Verfahrensweisen ohne Zellkerntransfer verstanden.

- Zum einen sprechen schon rein formale Gründe gegen eine solche Übertragung: Mit § 8 ESchG einerseits und § 3 Nr. 4 StammzellG andererseits hat der Gesetzgeber sehenden Auges zwei wortlautverschiedene Begriffsbestimmungen geschaffen, mit denen jeweils der Embryo „im Sinne dieses Gesetzes" definiert wird. Allein schon die Tatsache, daß der Gesetzgeber in unterschiedlichen, aber sachverwandten Regelwerken verschiedene Begriffsbestimmungen gebraucht, spricht für das Bestehen sachlicher Unterschiede.

- Des weiteren läßt die Entstehungsgeschichte des StammzellG Klarheit in der Argumentation zu der hier anstehenden Frage vermissen. Ursprünglich war im StammzellG keine Definition des Embryos vorgesehen. In den Leitanträgen, über die am 30.1.2002 vom Deutschen Bundestag abgestimmt wurde, findet sich das Problem nicht ausdrücklich angesprochen. Jedoch wird dem Kontext zumindest der beiden in der Abstimmung unterlegenen Anträge zu entnehmen sein, daß nur an eine Entstehung von Embryonen im Wege der Befruchtung gedacht war. In der parlamentarischen Debatte vom 30.1.2002 wurde von etlichen Abgeordneten die Frage des Lebensbeginns angesprochen und zumindest implizit mit dem Embryo-Begriff verbunden. Einige Abgeordnete hielten demgegenüber den Rekurs auf die genetische Abstammung für zu kurz gegriffen, weil die Verbindung des entstehenden Lebens mit der Mutter wesentlich sei.[58] Bei anderen Abgeordneten wurde jedenfalls deutlich, daß sie nur solche Methoden der Erzeugung embryonaler Stammzellen ins Blickfeld genommen haben, bei denen Keimzellen Verwendung finden.[59]

Soweit von Abgeordneten – vereinzelt – das „therapeutische Klonen" überhaupt in den Blick genommen wurde, geschah dies in kontroverser Weise.[60] Jedenfalls ist in den Leitanträgen vom 30.1.2002 im Hinblick auf die Handhabung totipotenter Zellen, die nicht von durch Befruchtung entstandenen Embryonen stammen, eine klare Zielvorgabe nicht zu erkennen.

In Beschlußempfehlung und Bericht des Ausschusses für Bildung, Forschung und Technikfolgenabschätzung wird zur Begründung von § 3 Nr. 4 StammzellG ausgeführt, die Begriffsbestimmung knüpfe inhaltlich an die

---

[58] Exemplarisch Wolfgang Schäuble (CDU/CSU) in der 214. BT-Sitzung vom 30.1.2002, Plenarprotokoll 14/214 (abgedruckt in Zur Sache 1/2002, S. 225–408): „Ich kann mir menschliches Leben in seiner Einzigartigkeit nicht ohne die Mutter denken ... Weil der Mensch mehr ist als die Summe seiner Gene, ist das Einzigartige des Menschen eben mehr als nur die genetische Definition des Individuums" (S. 323).
[59] Vgl. etwa Petra Bläss (PDS), in: Zur Sache 1/2002, S. 277: „Vernutzung der Eizelle".
[60] Vgl. etwa die Stellungnahmen (zitiert nach Zur Sache 1/2002) von Maria Böhmer (CDU/CSU), S. 243–244; Ernst Dieter Rossmann (SPD), S. 290 bzw. Heinz Schemken (CDU/CSU), S. 305 f. Auch in der Plenardebatte vom 25.4.2002 (BT-Plenarprotokoll 14/233, S. 23209–23255) hat sich kein Abgeordneter in dem Sinne geäußert, die in das StammzellG eingefügte Embryo-Definition solle sinngemäß auch für das ESchG gelten.

Definition des ESchG in § 8 Abs. 1, Alt. 2 an. Sie stelle sicher, daß die in Zukunft vermutlich mögliche Stammzellgewinnung aus Embryonen bzw. totipotenten Zellen, die durch „therapeutisches Klonen" – also durch Übertragung eines somatischen Zellkerns in eine zuvor entkernte Eizelle – entstanden sind, entsprechend der zu § 6 Abs. 1 ESchG herrschenden Auslegung ebenfalls vom Regelungsbereich des Gesetzes erfaßt werden. In Verbindung mit § 4 Abs. 1 StammzellG ergebe sich die Unzulässigkeit der Einfuhr und der Verwendung von Stammzellen dieser Herkunftsart, da die Voraussetzungen nach § 4 Abs. 2 Nr. 1 b StammzellG – nämlich Gewinnung der Stammzellen aus Embryonen, die zum Zweck der Herbeiführung einer Schwangerschaft erzeugt worden sind – hier von vornherein nicht erfüllt werden könnten.[61] Diese Argumantation nimmt zwar auf das ESchG Bezug, ist aber auf die Auslegung und Handhabung des StammzellG hin orientiert. Soweit dabei auf die „herrschende Meinung" zum ESchG rekurriert wird, ist dies angesichts der geringen Zahl einschlägiger Stellungnahmen nicht unproblematisch. Vor allem aber wird die „herrschende Meinung" explizit nur für jene Varianten des Klonens in Anspruch genommen, bei denen mit der entkernten Eizelle immerhin noch *eine* Keimzelle Verwendung findet. Zur Bedeutung des „Reprogrammierens" somatischer Zellen bis hin zur Totipotenz fehlt hingegen jede Aussage.

Dies gilt auch für die Empfehlung der Enquete-Kommission „Recht und Ethik der modernen Medizin", auf die sich der Ausschuß bezieht.[62] Diese Empfehlung geht dahin, im StammzellG eine Legaldefinition des Begriffs „Embryo" in folgender Weise vorzunehmen:

> Als Embryo sollte neben der im ESchG vorgenommenen Definition jede auch auf andere Weise hergestellte totipotente Zelle definiert werden.

Zur Begründung wird ausgeführt:

> Damit sollen Stammzellen aus Embryonen, die nicht durch die Verschmelzung von Ei- und Samenzelle, sondern durch Zellkerntransfer (sog. „therapeutisches" Klonen) hergestellt wurden,[63] in die Definition mit eingeschlossen werden.

Auch die Enquete-Kommission scheint demnach davon auszugehen, daß sich die Definition des ESchG nicht auf jede totipotente Zelle bezieht; auch diese Kommission hat jedoch die Variante des Reprogrammierens somatischer Zellen ohne Kerntransfer nicht im Blickfeld.

Nachdem in diesen Stellungnahmen bereits eine substantielle Begründung dafür, *warum* die beabsichtigte Gleichstellung von herkömmlichen, durch Befruchtung entstanden Embryonen einerseits und durch Kerntransfer in eine entkernte Eizelle erzeugten andererseits erfolgen sollte, zu ver-

---

[61] Ausschußbericht BT-Drs. 14/8846, S. 12 f.

[62] Vgl. – auch zum folgenden – Ausschußbericht BT-Drs. 14/8846, S. 11.

[63] Um Mißverständnisse zu vermeiden sei angemerkt, daß die Anwendung der Methode des Zellkerntransfers nicht zwangsläufig den Ausschluß einer reproduktiven Verwendung bedeuten muß.

missen ist, wäre eine solche erst recht für die normative Gleichsetzung von durch Befruchtung erzeugten Embryonen mit durch Reprogrammierung zur Totipotenz gebrachten somatischen Zellen zu erwarten gewesen. Wenn es andererseits – wie in der Ausschußbegründung und in der Stellungnahme der Enquete-Kommission zum Ausdruck gebracht – Ziel sein soll, (nur) totipotente Zellen *nach Zellkerntransfer in eine Eizelle* als Embryonen zu erfassen, fragt es sich, warum dann eine Definition formuliert wurde, die in ihrem Wortlaut viel weiter reicht und *jede* totipotente Zelle (ohne Rücksicht auf eine bestimmte Herstellungsmethode bzw. auf ein bestimmtes Ausgangsmaterial) zum Embryo erklärt.

- Die Vorgehensweise, den Begriff des „Embryos" so weit, wie im StammzellG geschehen, zu definieren, begegnet im Hinblick auf die Glaubwürdigkeit des Lebensschutzes erheblichen Bedenken. Ein solcher Einwand betrifft indes bereits das ESchG. Wenn in dessen § 6 implizit geklonte Entitäten zu Embryonen erklärt werden, so mag dies für das Verfahren des künstlichen „Embryo-Splittings" noch angemessen sein, weil dieses als Ausnahme vom natürlichen Regelfall, in dem die Befruchtung einer Eizelle (lediglich) eine Einlingsbildung zur Folge hat, auch ohne menschliches Zutun gelegentlich vorkommt. Für die Methode des Zellkerntransfers ist eine solche Deklarierung jedoch keineswegs vorgegeben, sondern bei näherem Hinsehen sogar gänzlich unangebracht: Gerade, wenn immer wieder betont wird, menschliches Leben nehme seinen Anfang mit der Befruchtung, läge es nahe, in Zweifel zu ziehen, das Ergebnis von Verfahrensweisen, bei denen – anders als im Falle einer Befruchtung – keine Neukombination von Erbmaterial unterschiedlicher geschlechtlicher Herkunft stattfindet, begrifflich identisch zu kennzeichnen. Dies gilt insbesondere dann, wenn man solchen Entitäten den Lebensschutz abspricht, wie dies im Ergebnis durch das Transferverbot des § 6 Abs. 2 ESchG geschieht.[64] Die Vermengung unterschiedlicher Entitäten, die teils Lebensschutz genießen sollen, teils – wenn verbotswidrig erzeugt – gleichsam einem Vernichtungsgebot[65] ausgesetzt sind, in ein und denselbem, mit dem Lebensschutz so eng verflochtenen Begriff wie dem des Embryos kann dem Schutz des ungeborenen Lebens nicht dienlich sein, sondern allenfalls zu dessen (weiterer) Relativierung beitragen. Die Einbeziehung von durch Zellkerntransfer in eine Keimzelle geschaffenen Klonen in das Tatbestandsmerkmal „Embryo" des § 6 ESchG über die (nicht abschließende) Begriffsbestimmung des § 8 ESchG hinaus mag

---

[64] Natürlich läßt sich auch die Angemessenheit dieses Transferverbotes in Zweifel ziehen (vgl. dazu schon Klonbericht (Fn. 22), S. 20). Möglicherweise – dies ist im gegebenen Rahmen nicht weiter zu verfolgen – wäre es sachgerecht, durch Embryosplitting erzeugte Mehrlinge (die eineiigen Zwillingen entsprechen) vom Transferverbot des § 6 Abs. 2 EschG auszunehmen.

[65] Kritisch zu § 6 Abs. 2 ESchG auch Hilgendorf (Fn. 50), S. 1161 f.; Schroth (Fn. 57), JZ 2002, S. 172 (dort Fn. 10).

de lege lata angesichts des klaren Gesetzeswortlauts (siehe auch unten II.4.c und III.3 zu den Klonierungsarten) unvermeidlich sein, sachgerecht ist sie nicht.

Mit der im Vergleich zu § 8 ESchG noch weiteren Definition von „Embryo" in § 3 Nr. 4 StammzellG wird somit auf einem Weg fortgeschritten, der schon für das Embryonenschutzgesetz als verfehlt anzusehen ist. Für das dem Lebensschutz nur indirekt verpflichtete StammzellG[66] mag dies noch angehen – ohne daß damit etwas darüber gesagt sein soll, ob die auf diese Weise der Forschung auferlegten Beschränkungen sachgerecht sind (vgl. dazu unten III.5) –, wenngleich es auch insoweit vorzugswürdig wäre, den Embryobegriff nicht zu überfrachten. Über den Umweg der für den Anwendungsbereich des StammzellG geschaffenen Rechtslage noch weitere Entitäten zu „Embryonen" im Sinne des ESchG zu erklären, deren Verwendung zur Herbeiführung einer Schwangerschaft als nicht akzeptabel erscheint, ist – nicht erst im Sinne einer rechtspolitischen Forderung, sondern bereits als Auslegungsergebnis – abzulehnen.

● Gemäß § 4 Abs. 2 Nr. 1 b StammzellG kommen für eine genehmigungsfähige Einfuhr bzw. Verwendung nur solche Embryonen als „Stammzell-Lieferanten" in Betracht, die im Wege der medizinisch unterstützten extrakorporalen[67] Befruchtung zum Zwecke der Herbeiführung einer Schwangerschaft erzeugt worden sind – eine Voraussetzung, die durch Kerntransfer oder Reprogrammierung totipotent gemachte Zellen von vornherein nicht erfüllen können. Durch die erweiterte Embryo-Definition des StammzellG wollte der Gesetzgeber expressis verbis Einfuhr und Verwendung von Stammzellen, die aus solchen Entitäten gewonnen wurden, (weil nicht genehmigungsfähig) verhindern.[68] Gerade wenn man im Wege von Kerntransfer oder Reprogrammierung erzeugte totipotente Zellen als Embryonen verstehen will, hätte sich indes die Frage aufdrängen müssen, ob diese nicht mindestens in gleichem, wenn nicht sogar in erweitertem Umfang als Ausgangsmaterial für die Stammzellforschung in Betracht kommen sollen wie herkömmliche Embryonen. Zumindest wäre nach der immanenten Logik des StammzellG auf erstere ebenfalls die Stichtags-Regelung und das Genehmigungs-Erfordernis (§ 6 StammzellG) zu erstrecken gewesen. Bekanntlich läßt das ESchG für verwaiste herkömmliche In-vitro-Embryonen implizit eine Embryo-Spende zu.[69] Es erscheint unverständlich, eine (wegen des Transferverbots in § 6 Abs. 2 ESchG) durch das ESchG weniger geschützte Embryonen-Art hinsichtlich

---

[66] Vgl. oben II.3 zu § 1 StammzellG.
[67] Kritisch zum damit erfolgten Ausschluß von Embryonen, die nach intrakorporaler künstlicher Befruchtung der Frau vor der Nidation entnommen wurden, Raasch (Fn. 50), KJ 2002, S. 294.
[68] Vgl. Ausschußbericht BT-DRs. 14/8846, S. 12 f. (Zitat oben bei Fn. 61).
[69] Vgl. Günther, in: Keller/Günther/Kaiser (Fn. 12), II vor § 1 Rn. 79 (S. 142); Keller, in: Keller/Günther/Kaiser (Fn. 12), § 1 Abs. 1 Nr. 1 Rn. 9 f. (S. 150).

Einfuhr und Verwendung von aus ihnen gewonnenen Stammzellen strengeren, ja absoluten Restriktionen zu unterwerfen.

Jedenfalls für das geltende Recht ist somit davon auszugehen, daß der Embryobegriff im ESchG und im StammzellG nicht deckungsgleich ist. Den „neuen" Embryobegriff des StammzellG mit seiner Einbeziehung auch reprogrammierter somatischer Zellen in das ESchG zu übernehmen, dazu hätte es einer expliziten Änderung des § 8 ESchG bedurft. Entsprechende Vorschläge, wie sie bereits in die politische Debatte eingebracht worden waren,[70] hat der Gesetzgeber anlässlich der Schaffung des StammzellG aber gerade nicht aufgegriffen (und sollte sie angesichts der hier formulierten Bedenken auch de lege ferenda nicht im Sinne einer Angleichung des ESchG an das StammzellG aufgreifen). Nach der hier vertretenen Auffassung ist de lege lata jedenfalls die Reprogrammierung somatischer Zellen zur Totipotenz nicht als Verstoß gegen das ESchG strafbar,[71] da damit (noch) kein Embryo im Sinne *dieses* Gesetzes zur Entstehung gebracht wird. Gleichwohl könnten solche Stammzellen nicht im Sinne des Stammzellgesetzes eingeführt und verwendet werden; denn da sie nicht gemäß § 4 Abs. 2 Nr. 1 b) StammzellG

> aus Embryonen gewonnen wurden, die im Wege der medizinisch unterstützten extrakorporalen Befruchtung zum Zwecke der Herbeiführung einer Schwangerschaft erzeugt wurden,

ist ihre Einfuhr bzw. ihre Verwendung nicht genehmigungsfähig nach § 6 StammzellG.[72] Wer gleichwohl mit solchen Stammzellen forscht, macht sich strafbar gemäß § 13 Abs. 1 StammzellG.

- Dem klaren Gesetzeswortlaut des StammzellG zufolge ist entscheidendes Embryo-Kriterium die Entwicklungsfähigkeit; hinsichtlich der Herkunft ist es notwendig, aber auch hinreichend, daß es sich um eine *menschliche* Zelle handelt, die das Stadium der Totipotenz erreicht. Wenn es biologisch nicht prinzipiell ausgeschlossen ist, daß auch somatische Zellen (ohne Zellkerntransfer)[73] eine zur Totipotenz führende Reprogrammie-

---

[70] Vgl. Klonbericht (Fn. 22), S. 15.

[71] Anderer Ansicht Taupitz (Fn. 56), NJW 2001, S. 3434.

[72] Vgl. dazu auch unten III.6.a). Die Frage, ob eine Ausfuhr möglich (oder ob darin eine genehmigungspflichtige, aber nicht genehmigungsfähige Verwendung zu sehen) wäre, wird man wohl zu verneinen haben: Wäre die Ausfuhr eine Verwendung im Sinne des StammzellG, müßte dies auch für die Einfuhr gelten und deren gesonderte Erwähnung würde sich erübrigen.

[73] Den DFG-Empfehlungen 2001 (Fn. 7, S. 359) zufolge sind seit „Dolly" auch Zellkerne aus adulten Zellen in den totipotenten Zustand überführt worden; ihre Entwicklungsfähigkeit zu einem kompletten Organismus setzt jedoch (bislang) den Transfer in eine entkernte Eizelle voraus (S. 381). Es erscheint prinzipiell vorstellbar, die entsprechenden Faktoren des Eizellplasmas zu identifizieren und künstlich (in der adulten Zelle) zu substituieren, so daß sich dieser Transfer als entbehrlich erweisen könnte. Die hier zum Reprogrammieren adulter Zellen angestellten

rung erfahren können, so müßte dies in seinen rechtlichen Konsequenzen auch für die Forschung mit „adulten" Stammzellen bedacht werden: Angenommen, bei der Forschung mit „adulten" Stammzellen würde (wenn auch nur für eine einzelne Zelle) das Stadium der Totipotenz erreicht, so müßte nach den Wertungen, die dem StammzellG zugrunde liegen, dieses Verfahren konsequenterweise ebenfalls mit einem rechtlichen Verdikt (entsprechend § 6 ESchG)[74] belegt werden.[75] Demgegenüber war aber gerade die Förderung der Forschung mit adulten Stammzellen ein wesentliches Anliegen des Gesetzgebers.[76]

c) Die in der öffentlichen Diskussion vorzufindende *Unterscheidung zwischen* „*reproduktivem" und „therapeutischem" Klonen* beschreibt Unterschiede hinsichtlich der Zielsetzung,[77] nicht (notwendig) des angewendeten Verfahrens.[78] Dabei wird in der politischen Auseinandersetzung ein wertungsmäßiger Unterschied teils postuliert, teils negiert: Wer Freiräume argumentativ einfordert, geht von einem reduzierten Status des Embryos vor der Nidation[79]

---

rechtspolitischen Überlegungen geschehen gleichsam im gedanklichen Vorgriff auf eine solche Möglichkeit.

[74] So auch DFG-Empfehlungen 2001 (Fn. 7), S. 365.

[75] Das StammzellG wäre erst tangiert, wenn und soweit gerade die zur Totipotenz gebrachten somatischen Zellen zur Gewinnung von Stammzellen verwendet würden; nur insoweit würde eine Gewinnung aus Embryonen im Sinne des StammzellG erfolgen und es sich um *embryonale* Stammzellen im Sinne des StammzellG handeln. Unabhängig von der Stichtagsfrage wären Einfuhr und Verwendung solcherweise gewonnener Stammzellen wegen § 4 Abs. 2 Nr. 1 b StammzellG nicht genehmigungsfähig.

[76] Vgl. dazu die Begründung des Gesetzentwurfs der Abgeordneten Maria Böhmer u.a., BT-Drs. 14/8394, S. 7.

[77] Da es für § 6 Abs. 1 ESchG auf diese Unterschiede nicht ankommt, kann nicht darauf abgehoben werden, § 6 ESchG regele nur den Tatbestand des reproduktiven Klonens – so aber DFG-Empfehlungen 2001 (Fn. 7), S. 367.

[78] Vgl. dazu Taupitz (Fn. 56), NJW 2001, S. 3433, T. Rendtorff/E.-L. Winnacker/H. Hepp/P.H. Hofschneider/W. Korff/N. Knoepffler/C. Kupatt/A. Haniel, Das Klonen von Menschen – Überlegungen und Thesen zum Problemstand und zum Forschungsprozess, in: Knoepffler/Haniel (Fn. 50), S. 9–24, S. 15; DFG-Empfehlungen 2001 (Fn. 7), S. 360.

[79] In diesem Sinne etwa – mit unterschiedlichen Akzentuierungen und aus unterschiedlichen fachlichen Blickwinkeln – Horst Dreier, Stufungen des vorgeburtlichen Lebensschutzes, Zeitschrift für Biopolitik 2002, Nr. 2, S. 4–11 = ZRP 2002, S. 377–383, Matthias Herdegen, Die Menschenwürde im Fluß des bioethischen Diskurses, Juristen-Zeitung (JZ) 2001, S. 773–779, 773 f.; Eric Hilgendorf, Biostrafrecht als neue Disziplin? Reflexionen zur Humanbiotechnik und ihrer strafrechtlichen Begrenzung am Beispiel der Ektogenese, in: Carl-Eugen Eberle u. a. (Hrsg.), Der Wandel des Staates vor den Herausforderungen der Gegenwart, Festschrift für Winfried Brohm zum 70. Geburtstag, München 2002, S. 387–404 (393 f.); Dieter Lorenz, Die verfassungsrechtliche Garantie der Menschenwürde und ihre Bedeutung für den Schutz menschlichen Lebens vor der Geburt, Zeitschrift für Lebensrecht 2001, S. 38–49 (45); Neidert (Fn. 16), S. 471; ders., Zunehmendes Lebensrecht. Genetische Untersuchungen am Embryo in vitro im medizinischen und juristischen Kontext, Deutsches Ärzteblatt 2000, S. C-2605–2608; Julian Nida-Rümelin, Humanismus ist

bzw. Individuation[80] aus,[81] wofür neben der gesetzlichen Wertung in § 218 Abs. 1 S. 2 StGB vor allem und speziell für die Anwendung von In-vitro-Techniken auch darauf zu verweisen wäre, daß vor dem Transfer für die weitere Entwicklung des Embryos wichtige, von der Mutter stammende epigenetische Faktoren diesem noch nicht zur Verfügung stehen,[82] und daß – wohl noch bedeutsamer – für die Realisierung des Transfers erst noch eine vom ESchG als solche nicht eingeforderte[83] menschliche Tätigkeit entfaltet wer-

nicht teilbar, Süddeutsche Zeitung v. 3./4. 2. 2001, S. 17; Taupitz (Fn. 56), NJW 2001, S. 3438; ders. (Fn. 34), ZRP 2002, S. 113 f.; Wilhelm Vossenkuhl, Der ethische Status von Embryonen, in: Fuat S. Oduncu/Ulrich Schroth/Wilhelm Vossenkuhl (Hrsg.), Stammzellforschung und therapeutisches Klonen, Göttingen 2002, S. 163–169. Weitergehend (Embryonen generell keine Träger subjektiver Grundrechte) Reinhard Merkel, Verbrauchende Embryonenforschung und Grundgesetz, in: Thomas Hillenkamp (Hrsg.), Medizinrechtliche Probleme der Humangenetik, Berlin/Heidelberg 2002, S. 35–84.

[80] So Werner Heun, Embryonenforschung und Verfassung – Lebensrecht und Menschenwürde des Embryos, JZ 2002, S. 517–524, S. 522 f., der zusätzlich der Ausdifferenzierung in Trophoblast und Embryoblast statusbegründende Bedeutung zuschreibt. Ähnlich Holger Haßmann, Embryonenschutz im Spannungsfeld internationaler Menschenrechte, staatlicher Grundrechte und nationaler Regelungsmodelle zur Embryonenforschung, Berlin/Heidelberg 2003, S. 101 ff. Vgl. demgegenüber auch Christian Starck, Verfassungsrechtliche Grenzen der Biowissenschaft und Fortpflanzungsmedizin, JZ 2002, S. 1065–1072 (1068).

[81] Nur Auffassungen zur Frage von Differenzierungen in diesem frühen Embryonalstadium sind hier von Interesse, nicht dagegen solche, die für den noch nicht geborenen Menschen generell einen – wie auch immer gearteten – reduzierten Grundrechtsstatus annehmen; vgl. dazu exemplarisch Kyrill-A. Schwarz, „Therapeutisches" Klonen – ein Angriff auf Lebensrecht und Menschenwürde des Embryos?, Kritische Vierteljahresschrift für Gesetzgebung und Rechtswissenschaft 2001, S. 183–210 (204 ff.).

[82] Vgl. näher Taupitz (Fn. 56), NJW 2001, S. 3438. Zu grundsätzlichen methodischen Fragen jeder Differenzierung vgl. eingehend Klaus Lüderssen, Der Schutz des Embryos und das Problem des naturalistischen Fehlschlusses – Skizze einer Zwischenbilanz, in: Eva Graul/Gerhard Wolf (Hrsg.), Gedächtnisschrift für Dieter Meurer, Berlin 2002, S. 209–235.

[83] Vgl. dazu auch Tatjana Hörnle, Präimplantationsdiagnostik als Eingriff in das Lebensrecht des Embryos?, Goltdammer's Archiv für Strafrecht (GA) 2002, S. 659–665 (662 ff.). – Der eigenmächtige Embryo-Transfer durch einen Arzt ist nicht nur als Körperverletzung (§ 223 StGB) strafbar, sondern auch und insbesondere durch § 4 Abs. 1 Nr. 2 EschG pönalisiert; vgl. dazu auch Neidert (Fn.16), ZRP 2002, S. 470 f.: „Überlegt es sich die Frau vor dem Transfer anders, gibt ihm das Gesetz keine Chance." Anderer Ansicht offenbar Starck (Fn. 80), JZ 2002, S. 1067, der – auch wenn man seinem Ansatz („strenges Konnexitätsverhältnis zwischen In-vitro-Fertilisation und Einpflanzung der so erzeugten Embryonen in die Gebärmutter") folgen würde – darüber hinaus in unzulässiger Weise Sollen (geforderter Transfer) und Sein (In-vitro-Dasein mit gewisser Aussicht auf Transfer wiederum ungewissen Nidations-Erfolgs) zu vermengen scheint und sich zudem fragen lassen muss, ob er dieses Konnexitätsverhältnis auch für verbotswidrig erzeugte Klon-Embryonen im Sinne des geltenden EschG annehmen würde (und dann konsequenterweise das Transferverbot des § 6 Abs. 2 EschG für verfassungswidrig halten müßte).

den müßte[84] Die hier gemachten Ausführungen zur Problematik des Embryobegriffs erlauben gegenüber dieser herkömmlichen Argumentationsweise –
auf die hier nicht näher einzugehen ist – eine differenziertere Sicht der
Dinge: Bevor man darüber urteilen kann, unter welchen Voraussetzungen
welche Formen des Umgangs mit Embryonen zulässig sind (oder sein sollen),
gilt es die Frage zu beantworten, durch welche Prozeduren überhaupt ein
Embryo im Rechtssinne zur Entstehung gebracht werden kann. Dabei ist es
– wie oben II.4.b) dargelegt – keineswegs zwingend[85] (sondern im Gegenteil
zumindest mißverständlich), als Embryonen sowohl solche Entitäten zu
bezeichnen, deren Existenz (und Entwicklung) unter rechtlichen Schutz
gestellt werden soll, als auch solche, *vor* deren Entstehung (und Entwicklung) zu schützen als Aufgabe des Rechts (insbesondere in Gestalt des
ESchG) verstanden wird.[86] „Reserviert" man demgegenüber den Embryobegriff (und damit den Embryonenschutz) für Entitäten, die dem Menschenbild
unserer Kultur (und damit auch dem des Grundgesetzes) entsprechend für
die menschliche Fortpflanzung in Betracht kommen sollen, so wird man –
neben Gattungszugehörigkeit des Erbmaterials zur Spezies Mensch und Entwicklungsfähigkeit – vom Leitbild der zufälligen Vermischung haploider
Chromosomensätze gemischt-geschlechtlicher menschlicher Herkunft als zu
schützenden natürlichen „Kern" menschlicher Fortpflanzung[87] auszugehen
haben,[88] einschließlich des sogenannten Embryo-Splittings als von der
Natur vorgegebenem Ausnahmefall. Dies ist nicht als „Tabuschutz" zu verstehen, dem der Vorhalt der Irrationalität entgegengebracht werden könnte,
sondern vielmehr als rechtliche Gewährleistung der Option, dem entstehenden neuen Menschen dem Prinzip der Evolution gemäß alle Chancen und
Risiken einer zufälligen genetischen Grundausstattung mit auf den Weg zu
geben – in dessen Interesse wie in dem der Gattung „Mensch".

---

[84] Näher dazu Hans-Georg Koch, Zum Status des Embryos in vitro aus rechtlicher und
rechtsvergleichender Sicht, in: Bernhard Moser/Reinhard Peter (Hrsg.), 1. Österrei-
chische Bioethik-Konferenz, Report, Wien, 2001, S. 52–61 und 114–116 (57 f.)
(http://www.modernpolitics.at/publikationen/ bookshop/download/bioethikreport.-
pdf); Eser/Koch, in: Keller-GS (Fn. 17), S. 29 f. Vgl. auch Michael Kloepfer, Humangenetik als Verfassungsfrage, JZ 2002, S. 417–428 (420 f.).

[85] Zumindest zweifelnd etwa Jens Reich, Grenzziehungen der forschenden Biomedizin, in: Dietrich Arndt/Günter Obe (Red.), Fortpflanzungsmedizin in Deutschland,
Baden-Baden 2001, S. 27–31 (30).

[86] Zu dieser Doppelfunktion des ESchG vgl. oben II.1 sowie Eser/Koch, in: Keller-GS
(Fn. 17), S. 18.

[87] Näher dazu Koch (Fn. 84), S. 13 ff.; vgl. auch Eser/Koch, in: Keller-GS (Fn. 17), S. 28.

[88] Hierin liegt der zutreffende Kern des bereits durch v. Bülow (Fn. 50), Deutsches
Ärzteblatt 1997, S. C-539 zur Diskussion gestellten (vgl. auch Klonbericht (Fn. 22),
S. 19) Verbots, das Entstehen eines menschlichen Embryos zu bewirken, ohne
daß es dabei zu einer Befruchtung einer menschlichen Eizelle durch eine menschliche Samenzelle kommt. Nach der hier entwickelten Auffassung bestünde der
eigentliche „fortpflanzungsmedizinische Sündenfall" in diesen Fällen hingegen
erst darin, durch einen Transfer auf eine Frau eine Schwangerschaft auslösen zu
wollen, vgl. Koch (Fn. 84), S. 14 f.

Nach der hier zugrundegelegten Auffassung vom rechtlichen Status des Embryos sollten entwicklungsfähige menschliche Entitäten, die durch Zellkerntransfer oder durch Reprogrammieren einer somatischen Zelle hervorgebracht werden, den rechtlichen Status eines Embryos somit nicht schon aufgrund ihrer Entwicklungsfähigkeit erhalten,[89] sondern erst dadurch und für den Fall, daß sie (nach allgemeiner Auffassung allerdings verbotenerweise) zur Einnistung in die Gebärmuter einer Frau gebracht werden. Das geltende ESchG läßt sich jedenfalls für den Fall des Reprogrammierens in diesem Sinne interpretieren. Hält man bereits die Herstellung solcher Entitäten für verbotswürdig, so wäre dies als Gefährdungstatbestand im Hinblick auf die Unerwünschtheit einer späteren reproduktiven Verwendung[90] zu begreifen, wobei entsprechende Verbotstatbestände nicht auf das Tatbestandsmerkmal „Embryo" zurückgreifen sollten. Von einem solchen Verbot – wie auch dem der späteren Verwendung zu Forschungszwecken – im Interesse hochrangiger Forschungsziele Ausnahmen zuzulassen, erschiene nicht generell ausgeschlossen, sondern sogar noch eher vertretbar als hinsichtlich der Verwendung „verwaister" (Fortpflanzungs-) Embryonen. Das sogenannte „therapeutische Klonen" bedarf daher unter diesen Prämissen einer differenzierteren Betrachtung,[91] ist es doch keineswegs zwingend mit einer „Instrumentalisierung von Embryonen"[92] verbunden. Der Anwendung der

---

[89] Im Ergebnis ähnlich wohl Herdegen (Fn. 79), JZ 2001, S. 776, der schon für das Klonen mittels Zellkerntransfer der Auffassung ist, die fundamentale Abweichung von natürlichen Befruchtungsprozessen bei gleichzeitigem Verzicht auf jegliche menschliche Entwicklungsperspektive dränge zu großer Zurückhaltung bei der Annahme einer Würdeverletzung im Sinne von Art. 1 GG. Diese Einschätzung muß um so mehr für das Reprogrammieren somatischer Zellen zur Totipotenz gelten, da hierbei eine noch fundamentalere Abweichung im Sinne von Herdegen vorliegen würde. Zweifel an der überkommenen Position klingen auch in den DFG-Empfehlungen 2001 (Fn. 7) an, wenn dort formuliert wird, man werde (qua Zellkerntransfer) totipotenten Zellen einen Status wie einem Embryo zuerkennen müssen, sofern (Hervorhebung hier hinzugefügt) am Kriterium der Totipotenz in Verbindung mit dem Kriterium der Gattungszugehörigkeit festgehalten werde (S. 378). Noch weitergehend liest man – allerdings im Zusammenhang mit der Totipotenz von Zellkernen – auf S. 359, es könne die Eigenschaft der Totipotenz an sich noch nicht als Rechtfertigung für juristischen oder moralischen Schutz herangezogen werden.

[90] Vgl. auch Taupitz (Fn. 56), NJW 2001, S. 3433 zum (zweifelhaften) Argument der „schiefen Ebene": Würde man therapeutisches Klonen erlauben, wäre auf längere Sicht das Verbot des reproduktiven Klonens nicht zu halten.

[91] Dies gilt auch gegenüber den Empfehlungen der Deutschen Forschungsgemeinschaft zur Forschung mit menschlichen Stammzellen vom Mai 2001 (oben Fn. 7), S. 349, Ziff. 4 (sowie an verschiedenen Stellen der Erläuterungen), soweit dort therapeutisches Klonen in eine entkernte Eizelle pauschal als „ethisch nicht zu verantworten und daher rechtlich nicht statthaft" bezeichnet wird. Dieses kategoriale Verdikt wird im übrigen in den Empfehlungen selbst nicht durchgehalten (vgl. Ziff. 5.3, S. 360, am Ende, wo maßgeblich auf den Vorrang der Klärung im tierischen System abgehoben wird).

[92] So Taupitz (Fn. 56), NJW 2001, S. 3438), der aber gleichwohl gesetzgeberischen

Klonierungstechnik des Zellkerntransfers in eine entkernte Eizelle mit dem Ziel, eine entwicklungsfähige Entität herzustellen, steht nach den oben II.4.b) gemachten Ausführungen unter derzeitiger Rechtslage das ESchG entgegen, nicht jedoch der Reprogrammierung somatischer Zellen mit gleicher Zielsetzung.[93] Das bestehende ausnahmslose Verbot der Einfuhr und Verwendung von Stammzellen, die aus bis zur Totipotenz reprogrammierten somatischen Zellen gewonnen wurden, wäre de lege ferenda zu überdenken. Es ist nicht zu begründen, den Umgang mit diesen rechtlich strenger zu bewerten als Einfuhr und Verwendung von Stammzellen, die aus „fortpflanzungsgeeigneten" Embryonen gewonnen wurden.

III. Forschungsaktivitäten und Beteiligungskonstellationen ausschließlich im Inland

Obgleich in den öffentlichen Auseinandersetzungen um die Stammzellforschung die Problematik grenzüberschreitender Kooperation im Vordergrund stand, erscheint es angebracht, zunächst einmal den Blick auf das Inland zu beschränken und danach zu fragen, inwieweit typische Forschungsaktivitäten und Beteiligungskonstellationen nach deutschem Recht erlaubt oder verboten sein könnten. Auf diese Weise sollen die strafrechtlichen Grundlagen und Grenzen der Gewinnung, der Verwendung und des Imports von HES-Zellen sowie der Beteiligung daran durch Veranlassung, Förderung und Beratung im Hinblick auf den rein inländischen Anwendungsbereich abgeklärt werden, ohne durch etwaige Besonderheiten im Falle von grenzüberschreitenden oder ausschließlich im Ausland ablaufenden Aktivitäten verkompliziert zu werden. Bei diesem Überblick sollen auch, wie schon eingangs zur Vorgehensweise (I.2) angedeutet, bewußt nicht nach üblicher juristischer Manier der möglicherweise unterschiedliche Standort der einschlägigen strafrechtlichen Verbote in verschiedenen Gesetzen (wie vor allem im EschG und StammzellG) und deren etwaige Tatbestandsreihungen als Leitlinie genommen werden, zumal diese mit den tatsächlichen Forschungsabläufen nicht notwendigerweise konform zu gehen brauchen; vielmehr soll aus dem Blickwinkel der Forschung von deren typischen Untersuchungsschritten und möglichen Beteiligungskonstellationen ausgegangen

---

Handlungsspielraum sieht (S. 3440). Vgl. auch Starck (Fn. 80), JZ 2002, S. 1067; Schroth (Fn. 57), JZ 2002, S. 171.

[93] Dem Grundgedanken des § 6 Abs. 2 ESchG folgend erschiene es konsequent, auch den (bisher von diesem Tatbestand nicht erfaßten) Transfer von zur Totipotenz reprogrammierten somatischen Zellen auf eine Frau unter Strafe zu stellen.

werden, um deren Zulässigkeit oder Strafbarkeit anhand der einschlägigen Gesetze festzustellen.

Dazu bleibt noch auf zwei Ein- und Ausgrenzungen hinzuweisen: Zum einen geht es – der spezifischen Zielsetzung dieses Gutachtens entsprechend – nicht um jegliche Art von Strafbarkeit, in die auch Forscher verwickelt sein können, sondern lediglich um spezielle auf den Umgang mit Embryonen oder embryonalen Stammzellen gerichtete Straftatbestände;[94] ausgeblendet bleiben deshalb hier aus diesem Blickwinkel „unspezifische" Delikte wie Betrug, Urkundenfälschung oder auch Körperverletzung, wie sie natürlich auch bei Gelegenheit von Forschungsaktivitäten mit embryonalen Stammzellen begangen werden können. Zum anderen kann es in diesem Rahmen auch nicht um eine kommentarmäßige Ausleuchtung aller möglicherweise einschlägigen Straftatbestände gehen, sondern lediglich darum, die zu beachtenden Tatbestände aufzuzeigen und auf Punkte hinzuweisen, die für das Verhalten des Forschers von Belang sein können.

1. Gewinnung von Embryonen zur Weiterverwendung in der Stammzellforschung

a) *Embryonengewinnung durch In-vitro-Befruchtung*

Solchen reproduktiven Verfahren wurden bereits mit dem ESchG durch zwei Verbotsnormen Grenzen gesetzt:

- In dem mit „Mißbräuchliche Anwendung von Fortpflanzungstechniken" überschriebenen § 1 ESchG[95] wird nach Abs. 1 Nr. 2 – unter anderem – mit Freiheitsstrafe bis zu drei Jahren oder mit Geldstrafe bestraft,

> wer es unternimmt, eine Eizelle zu einem anderen Zweck künstlich zu befruchten, als eine Schwangerschaft der Frau herbeizuführen, von der die Eizelle stammt.

Indem somit das ESchG die künstliche Befruchtung einer Eizelle nur zu dem Zweck zuläßt, eine Schwangerschaft der Frau herbeizuführen, von der die Eizelle stammt, wird einer Zeugung von Embryonen zu anderen, und zwar insbesondere auch zu Forschungszwecken, ein genereller Riegel vorgeschoben.[96]

---

[94] Unberücksichtigt bleiben auch weitgehend die Bußgeldvorschriften des § 14 StammzellG, vgl. dazu oben II.3.

[95] Vollständiger Wortlaut des ESchG in Anhang A.

[96] Vgl. nur DFG-Empfehlungen 2001 (Fn. 7), S. 362; Heinz (Fn. 50), S. 201. – Unter verfassungsrechtlichen Aspekten gegen die Zulässigkeit der Erzeugung von Embryonen für die Stammzellforschung z.B. Herdegen (Fn. 79), JZ 2001, S. 776.

Allerdings muß es sich dabei um eine „künstliche Befruchtung" handeln, womit nach den Gesetzesmotiven jede Befruchtung erfaßt wird, „die nicht durch Geschlechtsverkehr herbeigeführt wird und zu deren Erreichung technische Hilfsmittel eingesetzt werden",[97] ohne daß es aber dabei auf eine bestimmte Art von In-vitro-Technik ankäme.[98] Sollte also ein Forscher einen Embryo oder eine diesem gleichgestellte[99] totipotente Zelle auf anderem Wege als durch eine Befruchtung herstellen können, so würde dies jedenfalls nicht dem § 1 Abs. 1 Nr. 2 EschG unterfallen.[100]

Im übrigen bleibt bei diesem Verbotstatbestand zu beachten, daß er als sogenanntes „Unternehmensdelikt" (§ 11 Abs. 1 Nr. 6 StGB)[101] ausgestaltet ist. Das bedeutet, daß schon der bloße Versuch (§ 22 StGB)[102], eine Eizelle zu Forschungszwecken künstlich zu befruchten, und selbst wenn letztlich erfolglos, wie ein vollendetes Delikt bestraft wird. Das hat beispielsweise zur Folge, daß ein den § 1 Abs. 1 Nr. 2 EschG mißachtender Forscher nicht etwa deswegen milder oder gar nicht bestraft würde, weil die von ihm in die Wege geleitete Befruchtung letztlich ausgeblieben ist.

● Desgleichen wird nach § 1 Abs. 2 EschG bestraft,

> wer künstlich bewirkt, daß eine menschliche Samenzelle in eine menschliche Eizelle eindringt, oder eine menschliche Samenzelle in eine menschliche Eizelle künstlich verbringt, ohne eine Schwangerschaft der Frau herbeiführen zu wollen, von der die Eizelle stammt.

Auf diese Weise wird das Befruchtungsverbot des § 1 Abs. 1 Nr. 2 EschG ergänzt, indem der Strafrechtsschutz auf Vorstadien des menschlichen Lebens ausgedehnt wird.[103] Wenn also § 1 Abs. 1 Nr. 2 EschG noch einen gewissen Raum für die Erzeugung von totipotenten Zellen ohne Befruchtung ließ, wird dies, sofern man § 1 EschG nicht insgesamt auf Befruchtungshandlungen beschränkt sieht,[104] durch § 1 Abs. 2 EschG weiter eingeschränkt.

So sehr damit Embryonenforschung erschwert sein mag, bleibt festzustellen, daß es sich dabei nicht um einen deutschen Alleingang handelt, stößt doch das Verbot der Erzeugung von Embryonen zu anderen Zwecken

---

[97] Regierungsentwurf eines Gesetzes zum Schutz von Embryonen (Embryonenschutzgesetzes – EschG) vom 25.10.1989, BT-Drs. 11/5460 S. 8.
[98] Günther, in: Keller/Günther/Kaiser (Fn. 12), § 1 Abs. 1 Nr. 2 Rn. 12f. (S. 156).
[99] Vgl. oben II.1 und 4.
[100] Vgl. aber oben II.4.a sowie unten III.3 zu verbotenem Herstellen von Embryonen durch Klonen nach § 6 EschG.
[101] Wortlaut in Anhang D.
[102] Wortlaut in Anhang D.
[103] Vgl. Günther, in: Keller/Günther/Kaiser (Fn. 12), § 1 Abs. 2 Rn. 1 (S. 186).
[104] Wie offenbar von Günther, in: Keller/Günther/Kaiser (Fn. 12), § 1 Abs. 1 Rn. 1 (S. 186) verneint.

als denen der Herbeiführung einer Schwangerschaft auf breiten – wenn auch nicht uneingeschränkten – internationalen Konsens.[105]

b) Embryonengewinnung durch Entnahme eines noch nicht eingenisteten Embryos aus dem Körper einer Frau

- Bei solchen Verfahren macht sich nach § 1 Abs. 1 Nr. 6 ESchG strafbar,

  wer einer Frau einen Embryo vor Abschluß seiner Einnistung in der Gebärmutter entnimmt, um diesen auf eine andere Frau zu übertragen oder ihn für einen nicht seiner Erhaltung dienenden Zweck zu verwenden.

Zu den damit verbotenen Verwendungszwecken würde auch wiederum die Forschung oder die Herstellung embryonaler Stammzellen zu zählen sein.[106]

Auch hier ist schon der Versuch mit entsprechender Transfer- oder Verwendungsabsicht strafbar (§ 1 Abs. 4 ESchG).

c) Vorfeldhandlungen

Über die vorgenannten Tatbestände hinaus will der deutsche Gesetzgeber auch noch verhindern, daß es gleichsam nebenbei zur Entstehung überzähliger Embryonen kommt.

- Diesem Ziel dient insbesondere § 1 Abs. 1 Nr. 5 ESchG, wonach sich strafbar macht,

  wer es unternimmt, mehr Eizellen einer Frau zu befruchten, als ihr innerhalb eines Zyklus übertragen werden sollen.

Trotzdem kann es natürlich in der fortpflanzungsmedizinischen Praxis dazu kommen, daß in vitro erzeugte Embryonen übrig bleiben, insbesondere weil nach der Befruchtung ein Transfer kurzfristig unmöglich wird. Wiederum im Unterschied zu zahlreichen anderen Ländern dürfen nach deutschem Recht in-vitro-Embryonen auch dann nicht zu Forschungszwecken

---

[105] Vgl. Art. 18 Abs. 2 des Europäischen Übereinkommens über Menschenrechte und Biomedizin (E-MRÜ) vom 4.4.1997 (dem die Bundesrepublik Deutschland allerdings bislang noch nicht beigetreten ist), sowie den Überblick bei Eser/Koch, in: Keller-GS (Fn. 17), S. 25 ff., 36.

[106] Vgl. Keller, in: Keller/Günther/Kaiser (Fn. 12), § 1 Abs. 1 Nr. 6 Rn. 1f. (S. 173), Rn. 17 ff. (S. 177).

verwendet werden, wenn ihr Transfer endgültig nicht mehr in Betracht kommt.[107]

Auch dieser Verbotstatbestand ist wiederum als Unternehmensdelikt ausgestaltet, so daß auch ein erfolgloser Übertragungsversuch strafbar macht.[108]

2. Abgabe und Erwerb von in vitro verfügbaren Embryonen

Gemäß § 2 Abs. 1 ESchG wird ebenfalls mit Freiheitsstrafe bis zu drei Jahren oder mit Geldstrafe bestraft,

> wer einen extrakorporal erzeugten oder einer Frau vor Abschluß seiner Einnistung in der Gebärmutter entnommenen menschlichen Embryo veräußert oder zu einem nicht seiner Erhaltung dienenden Zweck abgibt, erwirbt oder verwendet.

Wiederum ist auch hier bereits die versuchte Tatbegehung durch § 2 Abs. 3 ESchG für strafbar erklärt.

Abgabe und Erwerb – einschließlich des Imports[109] – von in vitro verfügbaren Embryonen (sowie diesen gleichgestellten totipotenten Zellen)[110] sind damit eigens unter Strafe gestellt. Wer etwa als Stammzellforscher einen Gynäkologen dazu bewegen würde, eine in vitro befruchtete Eizelle für ihn „abzuzweigen", wäre nicht nur wegen Anstiftung zu dessen Tat strafbar, sondern selbst Täter eines verbotenen „Erwerbs" im Sinne von § 2 Abs. 1 ESchG. Auch ist es nicht nötig, daß für den Besitzwechsel eine (insbesondere finanzielle) Gegenleistung erbracht wird; entscheidend ist vielmehr der Übergang des Gewahrsams.[111] Nach einer in der Kommentarliteratur vorzufindenden Meinung wäre sogar eine Wegnahme ohne den Willen des bisherigen Gewahrsamsinhabers durch § 2 Abs. 1 ESchG erfaßt.[112]

---

[107] Vgl. Koch (Fn. 50), GebFra 2000, S. M 68; Günther, in: Keller Günther/Kaiser (Fn. 12), § 2 Rn. 50 ff. (S. 207 f.).

[108] Vgl. oben Text zu Fn. 101.

[109] DFG-Empfehlungen 2001 (Fn. 7), S. 366; Taupitz (Fn. 56) NJW 2001, 3434; Schroth (Fn. 57) JZ 2002, 171; vgl. auch Lilie/Albrecht (Fn. 55), NJW 2001, S. 2774.

[110] Vgl. oben II.1 und 4, ferner Neidert (Fn. 16), ZRP 2002, S. 470. – Zu Unsicherheiten bei der Grenzziehung zwischen Totipotenz und Pluripotenz vgl. etwa Henning Beier, Zur Problematik von Totipotenz und Pluripotenz, in: Bundesministerium für Bildung und Forschung, Statusseminar: Die Verwendung humaner Stammzellen in der Medizin – Perspektiven und Grenzen – am 29.3.2000 in Berlin, S. 53–65, sowie die diesbezügliche Diskussion.

[111] Günther, in: Keller/Günther/Kaiser (Fn.12), § 2 Rn. 29 (S. 201).

[112] Günther, in: Keller/Günther/Kaiser (FN. 12), § 2 Rn. 29 (S. 201).

3. Herstellen von Embryonen durch Klonen

Gemäß § 6 Abs. 1 ESchG wird – noch schärfer – mit Freiheitsstrafe bis zu fünf Jahren oder Geldstrafe bestraft,

> wer künstlich bewirkt, daß ein menschlicher Embryo mit der gleichen Erbinformation wie ein anderer Embryo, ein Foetus, ein Mensch oder ein Verstorbener entsteht.

Auch insoweit ist der Versuch strafbar (§ 6 Abs. 2 ESchG).

Dieser Tatbestand wirft einige Probleme auf. So ist beispielsweise angesichts des – wenn auch geringen – Anteils mitochondrialer DNA[113] in Zweifel gezogen worden, ob beim Klonen durch Zellkerntransfer („Dolly-Methode") überhaupt noch davon gesprochen werden könne, daß ein genetisch *gleiches* Wesen entstehe.[114] Von der überwiegend vertretenen Auffassung wird indes weniger ein mathematisches als vielmehr ein rechtliches Verständnis von Gleichheit im Rahmen von § 6 ESchG postuliert, so daß der Strafbarkeit des Anwendens dieser Methode das Fehlen einer Kopie auch der mitochondiralen DNA, weil unerheblich, nicht entgegensteht.[115] Nicht mehr strafrechtlich erfaßt ist dagegen der Fall, daß in Verbindung mit der Anwendung von Techniken des Zellkerntransfers[116] die Vornahme erheblicherer genetischer Veränderungen kombiniert werden.[117]

Wie oben II.4. b) und c) näher ausgeführt, erfaßt dieser Straftatbestand de lega lata neben dem sogenannten Embryo-Splitting[118] auch den Zellkern-

---

[113] Zu den medizinisch-biologischen Grundlagen vgl. z.B. Klonbericht (Fn. 22), S. 7 f.; Eckhard Wolf, Kerntransfer und Reprogrammierung, in: Statusseminar (Fn. 110), S. 76–84; DFG-Empfehlungen 2001 (oben Fn. 7), Ziff. 5 (S. 358 f.).

[114] Verneinend z.B. Gutmann (FN. 49,) S. 354 f.; vgl. auch Taupitz (Fn. 56), NJW 2001, S. 3434.

[115] Vgl. etwa Eser et al. (Fn. 50), S. 368 f.; DFG-Empfehlungen 2001 (Fn. 7), S. 368 f.; Hilgendorf (Fn. 50), S. 1160; Koch (Fn. 50), GebFra 2000, S. M 69.; Taupitz (Fn. 56), NJW 2001, S. 3434; Rüdiger Wolfrum, Welche Möglichkeiten und Grenzen bestehen für die Gewinnung und Verwendung humaner embryonaler Stammzellen aus juristischer Sicht?, in: Arndt/Obe (Fn.85), S. 235–242 (238); Heinz (Fn. 50), S. 207 f.; Haßmann (Fn. 80), S. 211. Vgl auch schon Klonbericht (Fn. 22), S. 13. Zweifelnd Keller (Fn. 50), S. 487 f.

[116] Bzw. mit der Reprogrammierung somatischer Zellen zur Totipotenz, soweit man dieses Verfahren – im Gegensatz zu der hier vertretenen Position, vgl. oben II.4. c) – als durch § 6 ESchG erfaßt ansieht, vgl. Klonbericht (Fn. 22), S. 13 f.; DFG-Empfehlungen 2001 (Fn. 7), S. 365.

[117] Vgl. v. Bülow, (Fn. 50), Deutsches Ärzteblatt 1997, S. C 538; Keller (Fn. 50), S. 488 f.; Klonbericht (Fn. 22), S. 17 f.; Hilgendorf (Fn. 50), S. 1160; Taupitz (Fn. 56), NJW 2001, S. 3434; Heinz (Fn. 50), S. 208 f.; Haßmann (Fn. 80), S. 212.

[118] Daß diese Klonierungsvariante durch § 6 ESchG untersagt ist, entspricht einhelliger Auffassung, vgl. nur Günther, in: Keller/Günther/Kaiser (Fn. 12), § 6 Rn. 2 (S. 235); Taupitz (Fn. 56), NJW 2001, S. 3434.

transfer in eine entkernte Eizelle,[119] während die Reprogrammierung somatischer Zellen zur Totipotenz straflos bleibt.[120]

4. Herstellen von (pluripotenten) Stammzellen aus menschlichen Embryonen

Soweit es sich als „Ausgangsmaterial" um Embryonen im Sinne des ESchG handelt, ist das Herstellen von Stammzellen aus ihnen rechtlich als ein durch § 2 ESchG mit Strafe bedrohtes „Verwenden zu einem nicht seiner Erhaltung dienenden Zweck" zu verstehen.[121] Dies wird man wohl auch dann zu bejahen haben, wenn es möglich sein sollte, Stammzellen aus Embryonen zu gewinnen, ohne daß diese dadurch vernichtet oder in ihrer Entwicklung beeinträchtigt würden.[122] In diesem Zusammenhang verdient Beachtung, daß das ESchG nicht die Vernichtung von Embryonen als solche mit Strafe bedroht; da im schlichten „Beseitigen", insbesondere im Absterbenlassen, nach überwiegend vertretener Meinung keine „Verwendung" im Sinne von § 2 ESchG liegt.[123] Nach der hier vertretenen Auffassung wäre allerdings, wie oben dargelegt, die Entwicklung von Stammzellen aus zuvor zur Totipotenz gebrachten somatischen Zellen nicht strafbar, und zwar weder nach dem ESchG, da es sich insoweit nicht um Embryonen im Sinne

---

[119] Ebenso (teils mit gegenüber hier abweichender rechtspolitischer Bewertung) Günther, in: Keller/Günther/Kaiser (Fn. 12), § 6 Rn. 2 (S. 235), Taupitz (Fn. 56), NJW 2001, S. 3434; Schwarz (Fn. 81), KritV 2001, S. 187; anderer Ansicht (ohne Begründung und mit unzutreffendem Verweis auf Taupitz aaO) Raasch (Fn. 50), KJ 2002, S. 287.

[120] Anderer Ansicht Taupitz (Fn. 56), NJW 2001, S. 3434.

[121] Vgl. oben II.1. Im gleichen Sinne DFG-Empfehlungen 2001 (Fn. 7), S. 362; Taupitz (Fn. 56), NJW 2001, S. 3434; ders. (Fn. 34), ZRP 2002, S. 111; Lilie/Albrecht (Fn. 55), NJW 2001, S. 2775; Schroth (Fn. 57), JZ 2002, S. 171; Schwarz (Fn. 81), KritV 2001, S. 187. Vgl. auch Herdegen (Fn.79), JZ 2001, S. 776, der unter verfassungsrechtlichen Aspekten „nach dem gegenwärtigen Erkenntnisstand über das noch ungewisse Potential von Chancen und Risiken wohl ein gesetzliches Moratorium" für gerechtfertigt hält.

[122] Vgl. DFG-Empfehlungen 2001 (Fn. 7), S. 362; Taupitz (Fn. 56), NJW 2001, S. 3434; Heinz (Fn. 50), S. 213 f.; Joachim Renzikowski, Die strafrechtliche Beurteilung der Präimplantationsdiagnostik, NJW 2001, S. 2753–2758 (2756).

[123] So – implizit – DFG-Empfehlungen 2001 (Fn. 7), S. 362, sowie – ausdrücklich – Eser/Koch, in: Keller-GS (Fn. 17), S. 30; Heinz (Fn. 50), S. 206; Walter Gropp, Der Embryo als Mensch – Überlegungen zum pränatalen Schutz des Lebens und der körperlichen Unversehtheit, Goltdammers Archiv für Strfrecht 2000, S. 1–18 (6). Vgl. auch Günther, in: Keller/Günther/Kaiser (Fn. 12), § 2 Rn. 34 (S. 202); Hans-Ludwig Schreiber, Von richtigen rechtlichen Voraussetzungen ausgehen, Deutsches Ärzteblatt 2000, S. A-1135–1136 (A-1136).

dieses Gesetzes handelt, noch nach dem StammzellG, da dieses nicht das „Herstellen" unter Strafe stellt, sondern nur „Einfuhr" und „Verwendung".[124]

Wiederum ist auch hier schon die lediglich *versuchte* Tat mit Strafe bedroht (§ 2 Abs. 3 ESchG). Für das dafür erforderliche „unmittelbare Ansetzen" zur Tatbestandsverwirklichung (§ 22 StGB) wird jedoch nicht schon die bloße Erarbeitung theoretischer Grundlagen genügen,[125] ganz abgesehen davon, daß man für das Stadium der Planung zumindest dann noch nicht von einem Tatentschluß wird sprechen können, wenn für den Forscher die Realisierbarkeit seiner Ideen noch in unbestimmter Ferne liegt.[126]

5. Erzeugung von embryonalen Stammzellen unter Verwendung tierischer Zellen oder Embryonen

Soweit Stammzellen unter Verwendung tierischer Zellen oder Embryonen, aber auch menschlichen Erbguts erzeugt werden sollen, sieht sich der Forscher mit Beschränkungen sowohl aus dem ESchG als auch aus dem StammzellG konfrontiert.

a) Nach § 7 ESchG ist wegen *Chimären- und Hybridbildung* strafbar,

(1) Wer es unternimmt,
1. Embryonen mit unterschiedlichen Erbinformationen unter Verwendung mindestens eines menschlichen Embryos zu einem Zellverband zu vereinigen,
2. mit einem menschlichen Embryo eine Zelle zu verbinden, die eine andere Erbinformation als die Zellen des Embryos enthält und sich mit diesem weiter zu differenzieren vermag, oder
3. durch Befruchtung einer menschlichen Eizelle mit dem Samen eines Tieres oder durch Befruchtung einer tierischen Eizelle mit dem Samen eines Menschen einen differenzierungsfähigen Embryo zu erzeugen.
(2) Ebenso wird bestraft, wer es unternimmt,
1. einen durch eine Handlung nach Abs. 1 entstandenen Embryo auf
   a) eine Frau oder
   b) ein Tier
zu übertragen, oder
2. einen menschlichen Embryo auf ein Tier zu übertragen.

---

[124] Vgl. oben II.3 sowie unten III.6.
[125] Ebenso Lilie/Albrecht (Fn. 55), NJW 2001, S. 2775.
[126] Zum bedingten Tatentschluß vgl. Eser, in: Schönke/Schröder, Strafgesetzbuch, Kommentar, 26.Aufl. München 2001, § 22 Rn. 18f.

Durch die Ausgestaltung als „Unternehmensdelikt"[127] ist auch hier die versuchte Tatbegehung der vollendeten in den Rechtsfolgen gleichgestellt.

b) Aus dem *StammzellG* ist auch hier die Beschränkung des *§ 4 Abs. 2 Nr. 1b* einschlägig, wonach Einfuhr und Verwendung nur solcher embryonaler Stammzellen genehmigungsfähig ist, deren Ursprungs-Embryonen

> im Wege der medizinisch unterstützten extrakorporalen Befruchtung zum Zwecke der Herbeiführung einer Schwangerschaft erzeugt worden sind …

Allerdings findet das StammzellG nur Anwendung auf *„menschliche"* *Stammzellen*. Denn nach der Begriffsbestimmung in § 3 Nr. 1 StammzellG sind im Sinne dieses Gesetzes

> Stammzellen alle menschlichen Zellen, die die Fähigkeit besitzen, in entsprechender Umgebung sich selbst durch Zellteilung zu vermehren, und die sich selbst oder deren Tochterzellen sich unter geeigneten Bedingungen zu Zellen unterschiedlicher Spezialisierung, nicht jedoch zu einem Individuum zu entwickeln vermögen.

Für Stammzellen, die aus einer Verbindung menschlicher und tierischer Zellen herrühren, stellt sich somit die Frage, inwieweit es sich dabei um „menschliche" Zellen handelt.[128] Nur soweit dies zu bejahen wäre, ist der Anwendungsbereich des StammzellG überhaupt eröffnet. Andere Arten von Stammzellen unterliegen nicht der Kontrolle durch das StammzellG und Einfuhr bzw. Verwendung auch nicht dem Genehmigungserfordernis des § 6 Abs. 1 StammzellG.

c) Soweit es um den Transfer menschlichen Erbguts in tierische Zellen und umgekehrt geht, wird dies derzeit vom Verbot des § 7 ESchG nicht erfaßt,[129] da Chimären- und Hybridbildung die Verwendung von menschlichen Embryonen (Abs. 1 Nrn. 1 und 2) oder zumindest einer menschlichen Keimzelle (Abs. 1 Nr. 3) voraussetzt. Somit ist das Einbringen von Material aus menschlichen *somatischen* Zellen in tierische totipotente Zellen oder Embryonen nicht strafbar.

Sollten künftig derartige Methoden im Zusammenhang mit der Gewinnung von Stammzellen Bedeutung erlangen können, wäre als rechtlicher Befund wiederum festzuhalten: Die Herstellungsprozedur ist straflos, da das ESchG insoweit nicht eingreift; eine rechtskonforme Verwendung unter den Voraussetzungen des StammzellG wäre jedoch wegen des oben erwähnten § 4 Abs. 2 Nr. 2 StammzellG ausgeschlossen, weil und soweit es am Kriterium der Gewinnung aus Embryonen fehlt, die im Wege der medizinisch unterstützten extrakorporalen Befruchtung erzeugt wurden. Allerdings stellt sich

---

[127] Vgl. oben Text zu Fn. 101.
[128] Siehe dazu unten III.5.c.
[129] Vgl. ausführlich Taupitz, (Fn. 56), NJW 2001, S. 3434 f.; Haßmann (Fn. 80), S. 212 f. sowie schon Klonbericht (Fn. 22), S. 21 f.; Wolfrum (Fn. 115), S. 238.

insoweit das weitere Problem, inwieweit das zur Stammzellgewinnung erzeugte „Zwischenprodukt" überhaupt als „Embryo" im Sinne des StammzellG angesehen werden kann. Wenn § 3 Nr. 4 StammzellG von einer „menschlichen" totipotenten Zelle spricht, wirft dies – beispielsweise – die Frage auf, ob eine tierische entkernte Eizelle, in die das Erbgut einer menschlichen somatischen Zelle eingebracht wurde und die als totipotent angesehen werden kann, nun eine *menschliche* Zelle ist. Die Entscheidung, ob es sich bei diesen Mischformen um *menschliche* Zellen handelt, dürfte wohl davon abhängig zu machen sein, welches Erbgut (überwiegend) verwendet wird.[130] Folgt man dieser Auffassung, so wäre im genannten Beispielsfall das Vorliegen einer menschlichen Zelle zu bejahen. Dann wäre ein weiterer Fall dafür gegeben, daß trotz fehlender Strafbarkeit nach dem ESchG eine Verwendung im Rahmen der Stammzellforschung aus Rechtsgründen (StammzellG) ausschiede. Soweit man hingegen das Vorliegen einer *menschlichen* Zelle verneinen würde, wäre das StammzellG mit seinen Restriktionen nicht einschlägig.

Schließlich sei noch die Fallstruktur angesprochen, daß in eine entkernte tierische (pluripotente) embryonale Stammzelle ein menschlicher adulter Zellkern eingesetzt wird. Sofern bei dieser Konstellation das Stadium der Totipotenz vermieden wird, kommt es in keiner Phase der Durchführung zum Entstehen oder zur Verwendung eines (menschlichen oder tierischen) Embryos. Schon aus diesem Grund scheidet eine Strafbarkeit wegen Verstoßes gegen § 7 ESchG aus. Selbst wenn man die aus dieser Vorgehensweise resultierenden Stammzellen bzw. Stammzellinien entsprechend der oben entwickelten Auffassung als *menschliche* ansehen würde, handelt es sich jedenfalls *nicht* um *embryonale* Stammzellen im Sinne des StammzellG, da sie nicht aus Embryonen im Sinne von § 3 Nr. 4 StammzellG gewonnen wurden. Auch die Restriktionen des StammzellG stünden daher einer solchen Vorgehensweise nicht entgegen.

d) Im Rahmen einer Gesamtschau der unter 4. und 5. behandelten Konstellationen drängt sich die grundsätzliche Frage auf, ob und inwieweit es *verfassungsrechtlich* haltbar erscheint, die Forschungsfreiheit hinsichtlich der Verwendung solcher „Ausgangsmaterialien" zu beschränken, die des strafrechtlichen Lebens- und Integritätsschutzes – einschließlich des ESchG – nicht teilhaftig sind. Dies gilt auch, soweit man das Vorliegen eines Embryos mit gleicher Erbinformation im Sinne von § 6 ESchG bejaht, da solche „Quasi-Embryonen" gemäß § 6 Abs. 2 ESchG nicht zur Herbeiführung einer Schwangerschaft verwendet werden dürfen. Man könnte argumentieren, im Hinblick auf den grundrechtlichen Schutz der Forschungsfreiheit[131] sei es verfassungswidrig, die Forschung unter Verwendung solcher Entitäten

---

[130] So auch Klonbericht (Fn. 22), S. 21; anders Wolfrum (Fn. 115), S. 238 für die Parallelproblematik im Rahmen des ESchG.
[131] Wie auch im Hinblick auf das Wohl künftiger Generationen: vgl. Taupitz (Fn. 56), NJW 2001, S. 3436 f.

generell zu verbieten, da zugunsten letzterer entsprechende grundrechtlich geschützte Gegenrechte nicht bestünden.[132] Aus diesem Grund wird denn auch die Verfassungswidrigkeit eines völligen Importverbots (auch von Stammzellen aus bereits existierenden Kulturen pluripotenter Zellen) angenommen.[133] In diesem Zusammenhang könnte es auch als inkonsequent erscheinen, einerseits die *faktische* Nichtverwendbarkeit von Embryonen im Rahmen medizinisch unterstützter Fortpflanzung zur Genehmigungsvoraussetzung zu erheben (wie dies § 6 in Verbindung mit § 4 Abs. 2 Nr. 1b StammzellG tut), andererseits bei *normativer* Unmöglichkeit einer solchen Verwendung zu Fortpflanzungszwecken (wie sie sich aus § 6 Abs. 2 ESchG ergibt, es aber durchaus denkbar erscheint, daß solche Entitäten im Ausland den dortigen rechtlichen Anforderungen entsprechend erzeugt werden können) eine Genehmigungsfähigkeit von Einfuhr und Verwendung daraus gewonnener Stammzellen auszuschließen. Allerdings wird zu bedenken sein, daß in die Beurteilung der Frage einer etwaigen Verfassungswidrigkeit auch noch andere Aspekte einzugehen haben, aus denen sich die Zulässigkeit gesetzlicher Restriktionen in Abwägung mit der Forschungsfreiheit ergeben könnte.[134]

Da die Frage, ob das StammzellG insofern als verfassungswidrig anzusehen ist, als es mangels Genehmigungsfähigkeit bestimmter Vorhaben[135] die Forschungsfreiheit über Gebühr einschränkt, nicht Gegenstand des Gutachtenauftrages ist, sei hier lediglich kurz skizziert, auf welchen Verfahrenswegen die Frage einer etwaigen Verfassungswidrigkeit einer förmlichen Prüfung und Entscheidung zuzuführen wäre.

● Zum einen könnte der Forscher einen Genehmigungsantrag stellen, wohl wissend, daß sein Vorhaben die Voraussetzungen, wie sie im StammzellG niedergelegt sind, nicht erfüllt. Er würde dann aller Voraussicht nach[136] einen ablehnenden Bescheid erhalten, gegen den er (nach erfolg-

---

[132] Schon für die Gewinnung von Stammzellen aus überzähligen Embryonen im Ausland meint Herdegen (Fn. 79), JZ 2001, S. 776, die Rückbindung an Art. 1 Abs. 1 GG sei durch die extraterritoriale Komponente wohl so stark ausgedünnt, daß sie hinter den Grundrechten aus Art. 2 Abs. 2 S. 1 und Art. 5 Abs. 3 S. 1 GG zurücktreten müsse.

[133] Vgl. etwa Taupitz (Fn. 34), ZRP 2002, S. 113.

[134] Vgl. dazu Heun (Fn. 80), JZ 2002, S. 523.

[135] Auch die verfassungsrechtliche Haltbarkeit der Stichtagsregelung (§ 4 Abs. 2 Nr. 1a StammzellG) wird bezweifelt, vgl. Raasch (Fn. 50), KJ 2002, S. 294.

[136] Ob Verwaltungsbehörden in Bezug auf von ihnen anzuwendende Rechtsnormen eine prüfungs- und Verwerfungskompetenz zusteht, oder ob sie solche Vorschriften auch dann anzuwenden haben, wenn sie diese für nichtig halten, diese Nichtigkeit aber noch nicht verbindlich festgestellt wurde, ist in Rechtsprechung und verwaltungsrechtlicher Fachliteratur lebhaft umstritten. Zum Meinungsstand vgl. etwa Ferdinand Kopp, Das Gesetzes- und Verordnungsprüfungsrecht der Behörden, Deutsches Verwaltungsblatt 1983, S. 821–829. Nach wohl herrschender Auffassung ist bezüglich einer solchen Normenkontrolle der Verwaltung zwischen förmlichen Gesetzen und nachrangigen Rechtsquellen zu unterscheiden (vgl. etwa Helmuth

losem Widerspruch)[137] im Wege der Anfechtungsklage vorgehen kann. Wird seine Auffassung vom angerufenen Verwaltungsgericht geteilt, so kann dieses wiederum nicht selbst die Norm für verfassungswidrig erklären, sondern muß das Verfahren aussetzen um die Frage gemäß Art. 100 GG dem Bundesverfassungsgericht vorzulegen.

- Ein Anrufen des Bundesverfassungsgerichts durch den Betroffenen im Wege der Verfassungsbeschwerde ist nach herrschender Auffassung in aller Regel[138] erst nach Erschöpfung des vorgenannten Rechtswegs möglich,[139] also wenn das angerufene Verwaltungsgericht und etwaige Rechtsmittelinstanzen des Verwaltungsrechtswegs das StammzellG für verfassungsmäßig erachtet und die Anfechtungsklage abgewiesen haben.

- Schließlich könnte der Forscher versucht sein, die Voraussetzungen des StammzellG aus seiner Überzeugung heraus schlicht zu negieren und darauf zu hoffen, im damit provozierten Strafverfahren wegen Verstoßes gegen § 13 StammzellG eine Vorlage gemäß Art. 100 GG durch das Strafgericht (nicht schon durch die ermittelnde Staatsanwaltschaft) und im Anschluß daran eine für sich günstige verfassungsgerichtliche Entscheidung zu erreichen bzw. im Falle seiner Verurteilung mit einer dagegen möglichen Verfassungsbeschwerde Erfolg zu haben. Eine eigenständige „Verwerfungskompetenz" hat auch das Strafgericht nicht selbst.

Schulze-Fielitz, in Horst Dreier (Hrsg.), Grundgesetz-Kommentar, Band II, Tübingen 1998, Art. 20, Rn. 89 ff. mit weiteren Nachweisen). Jedenfalls an erstere (zu letzteren vgl. auch Bundesverwaltungsgericht, Natur und Recht 2001, S. 391–395, insbesondere S. 393 f.) ist die vollziehende Verwaltung gebunden, selbst wenn sie sie für verfassungswidrig hält. Ihr ist es verwehrt, selbst die Verfassungswidrigkeit einer Vorschrift formeller Prüfung zuzuführen, wie dies Gerichten im Wege des Vorlagebeschlusses gemäß Art. 100 GG möglich ist Sie könnte nur auf verwaltungsinternem Wege versuchen, die dazu befugten Staatsorgane zu veranlassen, ein verfassungsgerichtliches Normenkontrollverfahren einzleiten (vgl. Schulze-Fielitz, Art. 20 Rn. 89). Es wäre reine Spekulation anzunehmen, das Robert Koch Institut (RKI) als Genehmigungsbehörde könnte eine solche Position beziehen.

[137] Da es sich bei RKI um eine Bundesoberbehörde handelt, ist diese selbst Widerspruchsbehörde (vgl. § 73 Abs. 1 Nr. 2 VWGO).

[138] Ausnahme: Dem Betroffenen würde durch Verweisung auf den Rechtsweg ein schwerer und unabwendbarer Nachteil entstehen (vgl. § 90 Abs. 2 S. 2 BVerfGG).

[139] Grundlegend BVerfGE 43 (1976), S. 108–125 (117) sowie zuletzt BVerfGE 101 (1999), S. 54–105 (74). Vgl. auch Andreas Voßkuhle, in: Hermann v. Mangoldt/ Friedrich Klein/Christian Starck (Hrsg.), Das Bonner Grundgesetz, 4. Aufl. München 2001, Art. 93 Abs. 1 Nr. 4 a Rn. 186 ff.

6. Einfuhr und Verwendung von embryonalen Stammzellen

Embryonale Stammzellen (a) dürfen nur unter bestimmten Voraussetzungen nach Genehmigung (b) eingeführt und verwendet werden. Die Strafvorschrift des § 13 StammzellG (c) nimmt somit auf ein sachliches – es muß sich um embryonale Stammzellen handeln – und ein formales Element – das Fehlen einer behördlichen Genehmigung – Bezug:

> (1) Mit Freiheitsstrafe bis zu drei Jahren oder mit Geldstrafe wird bestraft, wer ohne Genehmigung nach § 6 Abs. 1 embryonale Stammzellen einführt oder verwendet. Ohne Genehmigung im Sinne des Satzes 1 handelt auch, wer auf Grund einer durch vorsätzlich falsche Angaben erschlichenen Genehmigung handelt. Der Versuch ist strafbar.
>
> (2) Mit Freiheitsstrafe bis zu einem Jahr oder mit Geldstrafe wird bestraft, wer einer vollziehbaren Auflage nach § 6 Abs. 6 Satz 1 oder 2 zuwiderhandelt.

a) Allgemeines zum Schutzbereich

Dem vorgenannten grundsätzlichen Einfuhr- und Verwendungsverbot unterfallen nur *embryonale* Stammzellen. Diese sind selbst keine Embryonen,[140] da das StammzellG in § 3 Nr. 1 (Wortlaut siehe oben II.3) nur solche menschliche Zellen als Stammzellen definiert, die sich nicht zu einem Individuum entwickeln können. Mit dem Beiwort „embryonal" wird auf die Herkunft dieser Zellen von einem Embryo hingewiesen – im Gegensatz insbesondere zu sogenannten adulten Stammzellen, die zwar nicht unbedingt vom erwachsenen Menschen herrühren, wie man bei wörtlicher Übersetzung von „adult"[141] annehmen könnte, wohl aber zumindest vom soeben geborenen Menschen (neonatale Stammzellen, AS-Zellen).[142] Hinsichtlich ihrer „Abstammung" vom Embryo macht das StammzellG sogar noch eine weitere, für den Schutzbereich erhebliche Einschränkung: Gemäß der Legaldefinition des *§ 3 Nr. 2 StammzellG*

---

[140] Vgl. auch Gesetzentwurf der Abgeordneten Böhmer u.a., BT-Drs. 14/8394, Begründung, S. 9; MdB Werner Lensing in der Debatte vom 30.1.2002, zitiert nach: Zur Sache 1/2002, S. 279; DFG-Empfehlungen 2001 (oben Fn. 7), Ziff. 7 (S. 350); Raasch (Fn. 50), KJ 2002, S. S87; ausführlich Taupitz (Fn. 56), S. 3434 sowie Haßmann (Fn. 80), S. 209 f.

[141] Vom lateinischen „adultus" = erwachsen.

[142] Zur Terminologie vgl. den Gesetzentwurf der Abgeordneten Böhmer u.a., BT-Drs. 14/8394, Begründung, S. 7. Vgl. auch Eser/Koch, in: Keller-GS (Fn 17), S. 25.

sind embryonale Stammzellen alle aus Embryonen, die extrakorporal erzeugt und nicht zur Herbeiführung einer Schwangerschaft verwendet worden sind oder einer Frau vor Abschluß ihrer Einnistung in der Gebärmutter entnommen wurden, gewonnenen pluripotenten Stammzellen.

Für den Umgang mit embryonalen Stammzellen im Sinne der soeben zitierten Definition ist – da der Gewinnungsprozeß abgeschlossen ist – nicht mehr das ESchG,[143] sondern allein das StammzellG einschlägig. Dies führt zu einer dritten Unterscheidung: Während die Definition der embryonalen Stammzellen in § 3 Nr. 2 StammzellG nicht verlangt, daß die „Ausgangs-Embryonen" im Rahmen eines fortpflanzungsmedizinischen Vorhabens erzeugt wurden, können gemäß § 4 Abs. 2 Nr. 1 b StammzellG nur embryonale Stammzellen bestimmter Herkunft für eine Einfuhr und Verwendung in Betracht kommen, nämlich solche, bei denen

> die Embryonen, aus denen sie gewonnen wurden, im Wege der medizinisch unterstützten extrakorporalen Befruchtung zum Zweck der Herbeiführung einer Schwangerschaft erzeugt worden sind, sie endgültig nicht mehr für diesen Zweck verwendet wurden und keine Anhaltspunkte dafür vorliegen, daß dies aus Gründen erfolgte, die an den Embryonen selbst liegen.

Nimmt man noch die Legaldefinition des „Embryos" im Sinne von § 3 Nr. 4 StammzellG hinzu, so ergeben sich im Hinblick auf den Schutz- bzw. Anwendungsbereich des StammzellG folgende Unterscheidungen:

• Auf adulte Stammzellen sowie auf Stammzellen, die aus abgegangenen Foeten oder solchen nach Schwangerschaftsabbrüchen gewonnen wurden (EG-Zellen), bezieht sich das StammzellG nicht; sie können ohne die Beschränkungen durch das StammzellG eingeführt und verwendet werden.[144]

• Einfuhr und Verwendung von Stammzellen, die aus Embryonen gewonnen wurden, die *nicht* im Wege der medizinisch unterstützten extrakorporalen Befruchtung bzw. zwar im Wege der extrakorporalen Befruchtung, aber nicht zur Herbeiführung einer Schwangerschaft erzeugt worden sind, ist nach dem Stammzellgesetz nicht genehmigungsfähig und kann daher nicht erfolgen.[145] Dieser Ausschluß betrifft sowohl jene Fälle, in denen die betreffenden Embryonen durch „fortpflanzungsfremde" Befruch-

---

[143] Zu dessen Bedeutung im Zusammenhang mit der Gewinnung embryonaler Stammzellen vgl. oben III.4.

[144] Vgl. BT-Drs. 14/8394, S. 8. – Rechtsfragen des Umgangs mit solchen Stammzellen sind hier nicht zu erörtern. Einschlägige spezialgesetzliche Regelungen sind bislang nicht ergangen. Vgl. dazu die ärztlich-berufsständischen Richtlinien zur Verwendung fetaler Zellen und fetaler Gewebe der Zentralen Kommission der Bundesärztekammer zur Wahrung ethischer Grundsätze in der Reproduktionsmedizin, Forschung an menschlichen Embryonen und Gentherapie, Deutsches Ärzteblatt 1991, S. C-2360–2363.

[145] Es sei denn, der Genehmigungsbehörde unterliefe ein Fehler, vgl. dazu unten IV.3 bei Fn. 328.

tung entstanden sind, als auch – wegen § 3 Nr. 4 StammzellG – Stammzellen, die aus durch ein Klonierungsverfahren (Embryo-Splitting, Zellkerntransfer, Reprogrammierung somatischer Zellen) geschaffenen totipotenten Entitäten, die als „Embryo" im Sinne von § 3 Nr. 4 StammzellG[146] anzusehen sind, erzeugt wurden.

● Einfuhr und Verwendung von Stammzellen, die aus Embryonen gewonnen wurden, die im Wege der medizinisch unterstützten extrakorporalen Befruchtung zum Zweck der Herbeiführung erzeugt worden sind, dafür aber nicht mehr verwendet wurden, ist zulässig, wenn dafür eine Genehmigung im Sinne von § 6 Abs. 1 StammzellG erteilt wurde.

b) Genehmigungserfordernis

Gemäß § 6 StammzellG ist jede Einfuhr und jede Verwendung von einer Genehmigung abhängig. Jedes „Einführen" oder „Verwenden" ohne Genehmigung ist gemäß § 13 StammzellG[147] mit Strafe bedroht.

● Über die Genehmigung entscheidet auf Antrag das *Robert Koch Institut* (RKI) als zuständige Behörde[148] nach Stellungnahme der Zentralen Ethik-Kommission für Stammzellfragen.[149]

● Genehmigungsfähig sind nur Vorhaben, die den Voraussetzungen der §§ 4 bis 6 StammzellG entsprechen. Diese Voraussetzungen betreffen gewisse Modalitäten der Stammzellgewinnung (i), Anforderungen an die Qualität des Forschungsvorhabens (ii) sowie Formerfordernisse (iii).

(i) Was zunächst die *Modalitäten der Stammzellgewinnung* betrifft, so muß gemäß § 4 Abs. 2 StammzellG

    1. zur Überzeugung der Genehmigungsbehörde feststehen, daß

        a) die embryonalen Stammzellen in Übereinstimmung mit der Rechtslage im Herkunftsland dort vor dem 1. Januar 2002 gewonnen wurden und in Kultur gehalten werden oder im Anschluß daran kryokonserviert gelagert werden (embryonale Stammzell-Linie),

        b) die Embryonen, aus denen sie gewonnen wurden, im Wege der medizinisch unterstützten extrakorporalen Befruchtung

---

[146] Nicht unbedingt auch als Embryo im Sinne von § 8 EschG, vgl. oben II. 4.
[147] Wortlaut von § 13 Abs. 1 StammzellG siehe Anhang B.
[148] Vgl. § 1 der Verordnung vom 28.6.2002 (Fn. 48).
[149] Kritisch im Hinblick auf die von ihr vermutete Kontrollineffizienz dieses Verfahrens Raasch (Fn. 50), KJ 2002, S. 293.

zum Zwecke der Herbeiführung einer Schwangerschaft erzeugt worden sind, sie endgültig nicht mehr für diesen Zweck verwendet wurden und keine Anhaltspunkte dafür vorliegen, daß dies aus Gründen erfolgte, die an den Embryonen selbst liegen,

c) für die Überlassung der Embryonen zur Stammzellgewinnung kein Entgelt oder sonstiger geldwerter Vorteil gewährt oder versprochen wurde und

2. der Einfuhr oder Verwendung der embryonalen Stammzellen sonstige gesetzliche Vorschriften, insbesondere solche des Embryonenschutzgesetzes, nicht entgegenstehen.

● An den Nachweis dafür, daß die embryonalen Stammzellen in Übereinstimmung mit der Rechtslage im Herkunftsland dort vor dem 1. Januar 2002 gewonnen wurden, wird man keine allzu hohen Anforderungen stellen dürfen. So wird man beispielsweise fordern dürfen, daß eine Kopie des behördlichen Genehmigungsbescheids vorgelegt wird, wenn im Herkunftsland die Stammzellgewinnung rechtlich von einer solchen Genehmigung abhängig war. Demgegenüber erschiene es überzogen zu verlangen, daß der Nachweis der einzelnen (ausländischen) Genehmigungsvoraussetzungen auch gegenüber der deutschen Genehmigungsbehörde (nochmals) erbracht wird. Vielmehr erscheint es insoweit angemessen, darauf zu vertrauen, daß die jeweilige ausländische Genehmigungsbehörde im Rahmen des dortigen Genehmigungsverfahrens die Genehmigungsvoraussetzungen korrekt geprüft hat. Auch wird man „Herkunftsland" wohl im Sinne von „Ursprungsland" zu verstehen haben: Nach Sinn und Zweck der Vorschrift kann es im Fall der Einfuhr aus einem Drittland – wo vielleicht ähnlich wie in Deutschland die Gewinnung von HES-Zellen generell untersagt ist, nicht aber deren Einfuhr und Verwendung – nicht auf die dortige Rechtslage ankommen.

● Die Genehmigung für Einfuhr und Verwendung ist durch das RKI zu versagen (§ 4 Abs. 3 StammzellG),

wenn die Gewinnung der embryonalen Stammzellen offensichtlich im Widerspruch zu tragenden Grundsätzen der deutschen Rechtsordnung erfolgt ist. Die Versagung kann nicht [schon] damit begründet werden, daß die Stammzellen aus menschlichen Embryonen gewonnen wurden.

● Als Versagungsgrund ist insbesondere der Widerspruch der Gewinnung von HES-Zellen zu „tragenden Grundsätzen der deutschen Rechtsordnung" genannt. Dies sind vor allem solche, die sich aus den Grundrechten ergeben.[150] Eine weitere Präzisierung ist den Gesetzesmaterialien nicht zu entnehmen. Auch ein Blick auf vergleichbare „ordre public-Klauseln" in

---

[150] Ausschußbericht (BT-Drs. 14/8846), Begründung S. 13 zu § 4 Abs. 3 – neu.

anderen Gesetzen führt nur begrenzt weiter. Wenn etwa nach dem sachverwandten § 12 Abs. 1 S. 4 TransplantationsG[151]

> nur Organe vermittelt werden (dürfen), die im Einklang mit den am Ort der Entnahme geltenden Rechtsvorschriften entnommen worden sind, so weit deren Auslegung nicht zu einem Ergebnis führt, das mit wesentlichen Grundsätzen des deutschen Rechts, insbesondere mit den Grundrechten, offensichtlich unvereinbar ist,

so soll damit z. B. die Vermittlung von Organen hingerichteter Strafgefangener ausgeschlossen sein, nicht jedoch diejenige von Organen aus Ländern wie Belgien oder Österreich, die für die Entnahme von Organen nicht zwingend eine zu Lebzeiten abgegebene Einwilligung des Spenders voraussetzen.[152]

Oder wenn in allgemeinerer Form durch Art. 6 EGBGB[153] bestimmt wird:

> Eine Rechtsnorm eines anderen Staates ist nicht anzuwenden, wenn ihre Anwendung zu einem Ergebnis führt, das mit wesentlichen Grundsätzen des deutschen Rechts offensichtlich unvereinbar ist. Sie ist insbesondere nicht anzuwenden, wenn die Anwendung mit den Grundrechten unvereinbar ist,

so wird zu dieser im internationalen Privatrecht bedeutsamen Bestimmung von der Rechtsprechung und Kommentarliteratur deren Ausnahmecharakter betont, der eine enge Auslegung verlange.[154] Insbesondere müsse der zu beurteilende Tatbestand eine genügende Inlandsbeziehung aufweisen.[155] Auch widerspreche dem ordre public nicht jede Rechtsanwendung, die bei einem reinen Inlandsfall grundrechtswidrig wäre.[156]

Überträgt man diese Grundsätze auf den Anwendungsbereich des StammzellG, so wird man in der Gewinnung embryonaler Stammzellen im Ausland nur einen allenfalls schwach ausgeprägten Inlandsbezug erblicken können, zumal diese Gewinnung angesichts der übrigen Erfordernisse des StammzellG praktisch kaum von einer Einflußnahme aus Deutschland begleitet worden sein dürfte. Auch wenn man über den Gesetzeswortlaut des StammzellG hinaus die Erzeugung der zur Stammzellgewinnung herangezogenen Embryonen in die Vereinbarkeitsprüfung einbezieht, werden sich kaum praktische Anwendungsfälle finden lassen. Bezeichnenderweise ist denn auch in den Gesetzesmaterialien zum Stammzellgesetz mit Ausnahme

---

[151] Gesetz über die Spende, Entnahme und Übertragung von Organen vom 5.11.1997 (BGBl. I, S. 2631–2639).

[152] Vgl. Lars Christoph Nickel/Angelika Schmidt/Preisigke/Helmut Sengler, Transplantationsgesetz, Kommentar, Stuttgart 2001, § 12 Rn. 6.

[153] Einführungsgesetz zum Bürgerlichen Gesetzbuch in der Fassung des Gesetzes zur Modernisierung des Schuldrechts vom 26.11.2001 (BGBl. I, S. 3138–3218).

[154] Vgl. Andreas Heldrich, in: Otto Palandt/Peter Bassenge, Bürgerliches Gesetzbuch, 62. Aufl. München 2003, Art. 6 EG-BGB, Rdnrn. 2 u. 6 mit weiteren Nachweisen.

[155] Palandt-Heldrich (Anm. 154), Rn. 6 f.

[156] Palandt-Heldrich (Anm. 154), Rn. 7.

des sogleich zu erörternden Einwilligungserfordernisses[157] kein Beispielsfall für eine anzunehmende Unvereinbarkeit zu finden.

Jedenfalls wird man trotz all ihrer Konsequenz die Bestimmungen des ESchG, mit denen der Entstehung überzähliger Embryonen entgegengewirkt werden soll (vgl. oben II. 1), nicht zu diesen „tragenden Grundsätzen" zu rechnen haben. Es kommt daher beispielsweise nicht darauf an, wie viele Eizellen befruchtet wurden (vgl. § 1 Abs. 1 Nr. 5 ESchG), um jene Embryonen zu erzeugen, aus denen später die Stammzellen gewonnen wurden, deren Einfuhr und Verwendung zur Debatte steht.

● Was das ursprünglich vorgesehene ausdrückliche Erfordernis der *Einwilligung der „Eltern"* in die Stammzellgewinnung nach entsprechender Aufklärung[158] als möglicherweise „tragender Grundsatz" betrifft, so ist davon – wie sich aus den Gesetzesmaterialien ergibt – deshalb abgesehen worden, weil man es insoweit für ausreichend ansah, darauf zu verweisen, daß die Stammzellgewinnung im Herkunftsland in Übereinstimmung mit der dortigen Rechtslage erfolgt sein muß.[159] Außerdem befürchtete man, von einer solchen Regelung wäre

> eine unter dem Gesichtspunkt des Embryonenschutzes präjudizierende Signalwirkung für die Rechtsentwicklung in Deutschland ausgegangen, da sie den Eindruck vermitteln könnte, als stünde die Entscheidung über die weitere Verwendung entwicklungsfähiger Embryonen zur freien Disposition der Eltern.[160]

Nimmt man noch den Verweis auf den zuvor genannten § 12 Abs. 1 S. 4 TransplantationsG (s.o.) hinzu[161] – in zahlreichen anderen Ländern ist die Organentnahme vom Hirntoten nicht von einer zu Lebzeiten erteilten Einwilligung abhängig[162] –, so wird man daraus zu schließen haben, daß der Gesetzgeber des StammzellG auch das Erfordernis der Erteilung einer Einwilligung der „Eltern" in die Verwendung überzähliger Embryonen zur Stammzellgewinnung nicht zu den „tragenden Grundsätzen" rechnet, sondern diese erst berührt sind, wenn *gegen den erklärten Willen* der Keimzellspender gehandelt wird.[163]

---

[157] Dieses wird von Margot von Renesse, BT-Plenarprotokoll 14/233 (Fn. 13), S. 23210 (C) zu den „tragenden Grundlagen und Grundsätzen der deutschen Rechtsdordnung" gezählt. Vgl. dazu aber unten bei Fn. 158 ff.

[158] Vgl. § 4 Abs. 2 Nr. 2 E-StammzellG in der Fassung des usrprünglichen Gesetzentwurfs der Abgeordneten Böhmer u. a. (BT-Drs. 14/8394).

[159] Vgl. Ausschußbericht (BT-Drs. 14/8846), Begründung S. 13 zu § 4 Abs. 2 Nr. 1 Buchstabe a.

[160] Ausschußbericht (BT-Drs. 14/8846), Begründung S. 13 zu § 4 Abs. 2 Nr. 1 Buchstabe a.

[161] Ausschußbericht (BT-Drs. 14/8846), Begründung S. 13 zu § 4 Abs. 2 Nr. 1 Buchstabe a.

[162] Vgl. dazu die Übersicht bei Nickel/Schmidt-Preisigke/Sengler (Fn. 152), S. 7–13.

[163] Für Notwendigkeit der Zustimmung der Eltern dagegen Taupitz (Fn. 34), ZRP 2002, S. 114, dessen Ausführungen allerdings nicht als Interpretation des StammzellG zu verstehen sind.

(ii) Was die *Qualität der Forschungsarbeiten*[164] an embryonalen Stammzellen anbelangt, zu dessen Durchführung ein Antrag auf Genehmigung von Einfuhr und Verwendung gestellt wird, so muß nach § 5 StammzellG

wissenschaftlich begründet dargelegt (sein), daß

1. sie hochrangigen Forschungszielen für den wissenschaftlichen Erkenntnisgewinn im Rahmen der Grundlagenforschung oder für die Erweiterung medizinischer Kenntnisse bei der Entwicklung diagnostischer, präventiver oder therapeutischer Verfahren zur Anwendung bei Menschen dienen und

2. nach dem anerkannten Stand von Wissenschaft und Technik

   a) die im Forschungsvorhaben vorgesehenen Fragestellungen so weit wie möglich bereits in In-vitro-Modellen mit tierischen Zellen oder in Tierversuchen vorgeklärt worden sind und

   b) die Forschung mit anderen als embryonalen Stammzellen keine gleichwertigen Ergebnisse für die im Forschungsvorhaben vorgesehenen Fragestellungen erwarten läßt.

Damit ist ein doppeltes Subsidiaritätsprinzip statuiert: Vorrangig sind Versuche am Tiermodell sowie an anderen Arten menschlicher Stammzellen. Zur Beurteilung des Ranges des Forschungsvorhabens wie auch der Notwendigkeit seiner Durchführung gerade an embryonalen Stammzellen hat das RKI als Genehmigungsbehörde eine beratende Stellungnahme der Zentralen Ethik-Kommission für Stammzellforschungeinzuholen (vgl. §§ 8 und 9 StammzellG) und zu berücksichtigen, wobei es an deren Votum jedoch nicht gebunden ist (vgl. § 6 Abs. 5 StammzellG). Mit dem – in den Ausschußberatungen eingefügten – Erfordernis einer wissenschaftlich begründeten Darlegung wird jedoch auch der Entscheidungsrahmen der Genehmigungsbehörde begrenzt: Dieser ist es im Hinblick auf den grundrechtlichen Schutz der Forschungsfreiheit (Art. 5 Abs. 3 GG) nicht gestattet, ihre eigene wissenschaftliche Beurteilung an die Stelle derjenigen des Wissenschaftlers zu setzen und eigenständige ethische Urteile abzugeben.[165] Vielmehr obliegt ihr lediglich eine „qualifizierte Plausibilitätskontrolle."[166]

(iii) Die vom Antragsteller zu beachtenden *Formerfordernisse* sind in § 6 Abs. 2 StammzellG zusammengefaßt. Danach bedarf der Antrag auf Geneh-

---

[164] Kritisch zur Nichtberücksichtigung therapeutischer Versuche Taupitz (Fn. 34), ZRP 2002, S. 114; Raasch (Fn. 50), KJ 2002, S. 293.

[165] Ausschußbericht BT-Drs. 14/8846, S. 13.

[166] In diesem Sinne wird die zur parallelen Formulierung im Tierschutzrecht (§ 8 Abs. 3 Nr. 1 TierschutzG) ergangene Entscheidung des Bundesverfassungsgerichts (Neue Zeitschrift für Verwaltungsrecht 1994, S. 894–896) offenbar vom Gesetzgeber des StammzellG verstanden. Für das StammzellG kann daher die anhaltende Auseinandersetzung zu § 8 Abs. 3 Nr. 1 Tierschutzgesetz (vgl. dazu Antoine F. Goetschel, in: Hans-Georg Kluge (Hrsg.), Tierschutzgesetz – Kommentar, Stuttgart 2002, § 8 Rn. 9 ff. mit weiteren Nachweisen) dahingestellt bleiben.

migung der Schriftform (S. 1). In den Antragsunterlagen hat der Antragsteller insbesondere folgende Angaben zu machen (S. 2):

> (1) den Namen und die berufliche Anschrift der für das Forschungsvorhaben verantwortlichen Person,
>
> (2) eine Beschreibung des Forschungsvorhabens einschließlich einer wissenschaftlich begründeten Darlegung, daß das Forschungsvorhaben den Anforderungen nach § 5[167] entspricht,
>
> (3) eine Dokumentation der für die Einfuhr oder Verwendung vorgesehenen embryonalen Stammzellen darüber, daß die Voraussetzungen nach § 4 Abs. 2 Nr. 1[168] erfüllt sind; der Dokumentation steht ein Nachweis gleich, der belegt, daß
>
> a) die vorgesehenen embryonalen Stammzellen mit denjenigen identisch sind, die in einem wissenschaftlich anerkannten, öffentlich zugänglichen und durch staatliche oder staatlich autorisierte Stellen geführten Register eingetragen sind, und
>
> b) durch diese Eintragung die Voraussetzungen nach § 4 Abs. 2 Nr. 1[169] erfüllt sind.

Damit hat der Forscher selbst schon die Aufgabe, sich des Vorliegens der Voraussetzungen des § 4 Abs. 2 StammzellG zu versichern; das RKI hat insoweit keine Pflicht zur „Amtsermittlung".

● Sind die Voraussetzungen der § 4 Abs. 2 und § 5 StammzellG[170] erfüllt und liegt eine Stellungnahme der Zentralen Ethikkommission für Stammzellforschungvor, so besteht ein Anspruch auf Erteilung der Genehmigung (§ 6 Abs. 4 StammzellG).[171] Die Genehmigung kann unter Auflagen und Bedingungen erteilt und befristet werden, soweit dies zur Erfüllung oder fortlaufenden Einhaltung der Genehmigungsvoraussetzungen (§ 6 Abs. 4 StammzellG) erforderlich ist (§ 6 Abs. 6 S. 1 StammzellG). Weicht die Genehmigungsbehörde bei ihrer Entscheidung von der – im Sinne eines Gutachtens zu verstehenden – Stellungnahme der Zentralen Ethikkommission für Stammzellforschungab, so hat sie die Gründe hierfür schriftlich darzulegen (§ 6 Abs. 5 S. 3 StammzellG).

(iv) Die *strafrechtliche Relevanz der Genehmigung* liegt darin, daß nach § 13 Abs. 1 StammzellG die Strafbarkeit von Einfuhr oder Verwendung einschlägiger Stammzellen in rein formaler Weise mit dem Handeln *ohne Genehmigung* begründet wird. An einer solchen strafbarkeitsausschließenden Genehmigung fehlt es solange, als sie nicht durch das Robert-Koch-Institut als zuständiger Behörde erteilt ist (§ 7 StammzellG). Deshalb wird die Strafbar-

---

[167] Vgl. dazu oben III. 6.b (ii).

[168] Vgl. oben III.6.b (i).

[169] Vgl. oben III.6.b (i).

[170] Voller Wortlaut dieser Bestimmungen s. oben III.6.b (i), (ii) bzw. in Anhang B.

[171] Ebenso Begründung des Gesetzesantrags Böhmer et al, Bundestags-Drucksache 14/8394, S. 10.

keit nicht schon dadurch ausgeschlossen, daß ein zustimmendes Votum der Zentralen Ethikkommission für Stammzellforschung vorliegt und dieses vielleicht sogar dem Antragsteller bereits mitgeteilt worden ist (§ 6 Abs. 3 S. 3 StammzellG), da das Kommissionsvotum lediglich der Vorbereitung der behördlichen Entscheidung dient.

Ein Antragsteller, der alle Genehmigungsvoraussetzungen erfüllt, jedoch den Erlaß der genehmigenden Verfügung[172] nicht abwartet, macht sich demgemäß ebenso strafbar wie ein forschender Kollege, der sich den „Behördenkram ersparen" will und damit begnügt, daß ihm beispielsweise die örtliche Ethikkommission die ethische Vertretbarkeit seines Vorhabens bescheinigt und – nehmen wir an, sogar zutreffend – feststellt, die sachlichen Voraussetzungen für eine Genehmigung durch das RKI lägen vor. Erst recht strafbar – aber aus dem gleichen Strafrahmen des § 13 Abs. 1 StammzellG – ist, wer embryonale Stammzellen einführt oder verwendet, ohne sich überhaupt um die sachlichen Genehmigungsvoraussetzungen zu kümmern, und Handlungen vornimmt, die – würde ein entsprechender Antrag gestellt – gar nicht genehmigungsfähig wären. Immerhin wären die in den dargelegten Varianten zutage tretenden Unterschiede im Ausmaß der Negierung rechtlicher Anforderungen oder doch zumindest im Ausdruck von Gleichgültigkeit diesen gegenüber bei der Strafzumessung zu berücksichtigen.

(v) Das *Erschleichen* einer Genehmigung durch bewußt falsche Angaben wird in § 13 Abs. 1 S. 2 StammzellG dem Fehlen einer Genehmigung gleichgestellt:

> Ohne Genehmigung im Sinne des Satzes 1 handelt auch, wer auf Grund einer durch vorsätzlich falsche Angaben erschlichenen Genehmigung handelt.

Hat der Forscher zwar eine Genehmigung für sein Vorhaben erhalten, diese aber durch bewußt falsche Angaben erschlichen, so wird diese Genehmigung gleichsam als null und nichtig angesehen. „Bewußt falsch" sind Angaben, deren inhaltliche Unrichtigkeit dem Antragsteller bekannt ist; bloße Zweifel an der Richtigkeit genügen nicht.[173] „Erschlichen" ist eine Genehmigung, wenn der Täter annimmt, gerade durch die Unrichtigkeit seiner Angaben die Genehmigung zu erlangen, er also davon ausgeht, diese nicht zu erhalten, wenn er sachlich zutreffende Angaben machen würde.[174] Das „Erschleichen" kann sich auf alle genehmigungsrelevanten Umstände bezie-

---

[172] Der Rechtsform nach handelt es sich um einen Verwaltungakt. Dieser bedarf der Schriftform, vgl. § 6 Abs. 5 S. 1 StammzellG.

[173] Vgl. Lenckner, in: Schönke-Schröder (Fn. 126), § 164 Rn. 30 sowie § 187 Rn. 5; Eser, in: Schönke-Schröder (Fn. 126), § 218b Rn. 27 jeweils zur Auslegung des inhaltlich entsprechenden Merkmals „wider besseres Wissen".

[174] Zu dem Fall, daß der Forscher auf Grund einer seitens des RKI rechtsfehlerhaft erteilten Genehmigung handelt, ohne daß ein „Erschleichen" vorliegt, siehe unten IV.3.a) bei Fn. 324.

hen, muß also insbesondere nicht unbedingt Eigenschaften wie Herkunft oder „Alter" der Stammzellen betreffen. Auch durch bewußt falsche Angaben zu den Voraussetzungen des § 5 StammzellG kann der Straftatbestand erfüllt werden, wie beispielsweise durch unrichtige Ausführungen zu Vorversuchen im Tiermodell (§ 5 Nr. 2 a StammzellG) oder zur Notwendigkeit der Forschung gerade mit embryonalen Stammzellen (§ 5 Nr. 2 b StammzellG). Voll verwirklicht ist der Straftatbestand allerdings nicht schon mit dem Erhalt der erschlichenen Genehmigung, sondern erst, wenn der Täter die so „erschlichenen" embryonalen Stammzellen einführt oder verwendet. Zwar ist auch die versuchte Tatbegehung mit Strafe bedroht (§ 13 Abs. 1 S. 3 StammzellG); doch wird man im Erschleichen der Genehmigung noch nicht das „unmittelbare Ansetzen" zur Verwirklichung des Tatbestandes (Einfuhr bzw. Verwendung) erblicken können, wie es für die Strafbarkeit als versuchte Tat in § 22 StGB vorausgesetzt wird;[175] vielmehr wird darin nur eine insoweit straflose Vorbereitungshandlung zu sehen sein. Davon unberührt bleibt jedoch die je nach Fallgestaltung gegebene – und sogar gravierendere[176] – Möglichkeit einer Bestrafung wegen Urkundenfälschung (§ 267 StGB), wenn das „Erschleichen" etwa durch Vorlegung manipulierter Erklärungen über die Daten der zu Einfuhr und/oder Verwendung vorgesehenen Stammzellen erfolgen sollte.

(vi)   Hat ein Forscher eine Genehmigung unter *Auflagen* gemäß § 6 Abs. 6 Satz 1 oder 2 StammzellG erhalten und handelt er einer solchen Auflage zuwider, kann dies gemäß § 13 Abs. 2 StammzellG mit Freiheitsstrafe bis zu einem Jahr oder mit Geldstrafe geahndet werden. Da derartige Auflagen auch Handlungsgebote (z. B. Berichtspflichten) enthalten können, kann § 13 Abs. 2 StammzellG auch durch „qualifiziertes Nichtstun" im Sinne schlichten Ignorierens einer solchen Auflage verwirklicht werden.

(vii)   Vom bewußten Täuschen im Sinne von (v) sind bloße *Irrtümer* abzuheben. Ohne dies hier vertiefen zu wollen, ist nach allgemeinen strafrechtlichen Grundsätzen zwischen Tatumstands- und Verbotsirrtum zu unterscheiden.[177] Ersterer führt stets zum Vorsatzausschluß, im Falle seiner Vermeidbarkeit kann wegen fahrlässiger Tatbegehung bestraft werden, soweit diese unter Strafe gestellt ist. Fahrlässigkeitstaten sind jedoch weder nach dem EschG noch nach dem StammzellG mit Strafe bedroht. Im Falle eines Tatumstandsirrtums bliebe der Täter daher straflos. Demgegenüber läßt ein vermeidbarer Verbotsirrtum den Vorsatz nicht entfallen; nur ein unvermeidbarer Verbotsirrtum hat Straflosigkeit zur Folge.

Um dies an einigen denkbaren Täuschungs- und Irrtumskonstellationen zu verdeutlichen: Wer vermeintlich vor Ende 2001 gewonnene embryonale

---

[175] Zu den allgemeinen Voraussetzungen der Versuchsstrafbarkeit vgl. die Kommentierung der §§ 22 f. StGB durch Eser, in: Schönke/Schröder (Fn. 126).

[176] Der Strafrahmen des § 267 StGB reicht bis zu fünf Jahren Freiheitsstrafe.

[177] Näher dazu z.B. die Kommentierung von Cramer/Sternberg-Lieben, in: Schönke/Schröder (Fn. 126), §§ 16–17.

Stammzellen einführen will, aber von Dritten darüber getäuscht wurde, daß diese in Wirklichkeit erst nach dem in § 4 Abs. 2 Nr. 1 StammzellG vorgegebenen Stichtag vom 1.1.2002 gewonnen wurden, macht keine vorsätzlich falschen Angaben im Sinne von § 13 Abs. 1 S. 2 StammzellG. Wer meint, das Genehmigungserfordernis beziehe sich nur auf embryonale Stammzellen, die nach diesem Stichtag gewonnen wurden, unterliegt einem – offensichtlich vermeidbaren (ein Blick in das Gesetz hätte genügt) – Verbotsirrtum. Um einen Tatumstandsirrtum würde es sich hingegen handeln, wenn besagter Forscher annähme, bei der ihm zugeleiteten[178] befürwortenden Stellungnahme der Zentralen Ethikkommission für Stammzellforschunghandele es sich bereits um die von ihm erwartete behördliche Genehmigung – ebenfalls eine unschwer zu vermeidende Fehlvorstellung, die jedoch in diesem Fall strafbarkeitsausschließende Konsequenz hätte. Gleichermaßen läge ein strafbefreiender Tatumstandsirrtum vor, wenn der Forscher fälschlich annähme, bei den von ihm verwendeten Stammzellen handele es sich nicht um embryonale sondern um adulte, und er es deswegen unterläßt, eine Genehmigung zu beantragen.

c) Einfuhr

Diese Tatmodalität des § 13 StammzellG ist in dessen § 3 Nr. 5 definiert als

Verbringen embryonaler Stammzellen in den Geltungsbereich dieses Gesetzes.

Zu dieser Bestimmung sind in den Gesetzesmaterialien keine Erläuterungen zu finden. Als „Geltungsbereich dieses Gesetzes" hat, auch ohne daß dies – ebensowenig wie sonst – ausgesprochen ist, das Staatsgebiet der Bundesrepublik Deutschland zu gelten:[179] Das „Verbringen" wird erst dann erfüllt sein, wenn die Stammzellen mit Grenzübertritt deutschen Boden erreicht haben.[180] Da jedoch auch schon der Versuch des Verbringens für strafbar erklärt ist (§ 13 Abs. 1 S. 3 StammzellG), kann bereits im Versand oder im Start zur Rückreise aus dem anderen Land unter Mitnahme von Stammzellen als „Reisegepäck" ein versuchbegründendes „unmittelbares Ansetzen" zur Tatbestandserfüllung liegen. Daß diese Versuchshandlungen im Ausland erfolgen ist unerheblich, weil nach § 9 Abs. 1 StGB[181] die Tat nicht nur am Handlungsort, sondern auch dort als begangen gilt, wo „der zum Tatbestand ge-

---

[178] Vgl. dazu die Regelungen über die Mitteilung der Stellungnahme des Kommissionsvotums an den Antragsteller in § 6 Abs. 3 S. 3 StammzellG.

[179] Vgl. Eser, in: Schönke/Schröder (Fn. 126), Vorbem. 32 f. vor § 3.

[180] So auch Stree/Sternberg-Lieben, in: Schönke-Schröder (Fn. 126), § 86 a Rn. 9b zur Einfuhr von Kennzeichen verfassungswidriger Organisationen; Lenckner/Perron, in: Schönke-Schröder (Fn. 126), § 184 Rn. 27 zur Einfuhr pornographischer Schriften.

[181] Voller Wortlaut in Anhang D.

hörende Erfolg ... nach der Vorstellung des Täters eintreten sollte, "[182] und als „Erfolg" des Einführens im Sinne von § 3 StammzellG die Ankunft des Transportobjekts im Inland anzusehen ist. Da das deutsche Strafrecht für alle im Inland begangenen Taten gilt, wird somit durch § 9 Abs. 1 StGB für das versuchte „Einführen" gewissermaßen ein inländischer Begehungsort fingiert, auch wenn alle geleisteten Handlungen im Ausland vorgenommen wurden.

Auch wenn andererseits das Einführen bereits mit Grenzüberschreitung „vollendet" ist, gilt als letztlich „beendet" die Tat erst dann, wenn die Stammzellen den inländischen Bestimmungsort erreicht haben,[183] mit der Folge, daß bis zu diesem Zeitpunkt auch noch Tatbeteiligung möglich ist,[184] z. B. durch Übernahme der Beförderung im Inland.

Was die Durchführungsweise der Einfuhr betrifft, setzt diese nicht unbedingt das persönliche eigenhändige Verbringen aus dem Ausland ins Inland voraus, vielmehr kann dafür — wie für Betäubungsmittel in ständiger Rechtsprechung vertreten — auch das Verbringenlassen durch Dritte genügen.[185] Andererseits ist der Empfänger eines eingeführten Gegenstandes nicht schon aus dieser Eigenschaft heraus zwingend auch „Einführender"; so wird etwa in § 184 StGB der „Letztabnehmer" nicht als „Einführer" angesehen.[186] Dies erklärt sich aus dem Willen des Gesetzgebers, bei der Verbreitung pornographischer Schriften den „Endverbraucher" straffrei zu lassen. Demgegenüber wird jedoch bei der Interpretation von „Einfuhr" im Sinne des StammzellG in Rechnung zu stellen sein, daß gerade der „Endverbraucher" in die Pflicht genommen werden soll und für das hier vorgesehene Genehmigungsverfahren Angaben gemacht werden müssen, die eine auf die Rolle als „Spediteur" beschränkte Person gar nicht wird leisten können (vgl. oben III.6.b [ii]). Mit der das StammzellG durchgehend kennzeichnenden Verbindung von Einfuhr und Verwendung wird daher davon auszugehen sein, daß der „Besteller" als Einführender zu gelten hat. Dieser erfüllt daher im Falle der Einfuhr ohne oder mit erschlichener Genehmigung im Sinne von § 13 StammzellG täterschaftlich — und nicht nur als Anstifter oder Gehilfe — diesen Straftatbestand. Wer dagegen lediglich als Spediteur, Frachtführer oder in einer ähnlichen Stellung bei dem Verbringen tätig wird, ist nach der Begriffsbestimmung des § 23 Außenwirtschaftsverordnung[187] nicht „Einführer" und damit nicht Adressat der Verfahrens-

---

[182] Näher zu diesem sogenannten „Ubiquitätsprinzip" unten V.1.a.

[183] Ebenso Stree/Sternberg-Lieben, in: Schönke-Schröder (Fn. 126), § 86 a Rn. 9b zur Einfuhr von Kennzeichen verfassungswidriger Organisationen.

[184] Vgl. Eser, in: Schönke/Schröder (Fn. 126), Vorbem. 4 ff., 10 f. vor § 22.

[185] Vgl. Harald Hans Körner, Betäubungsmittelgesetz, Arzneimittelgesetz, 5. Aufl. München 2001, § 29 BtMG Rn. 666 mit weiteren Nachweisen.

[186] Vgl. Lenckner/Perron, in: Schönke-Schröder (Fn. 126), § 184 Rn. Rn. 27 u. 47; OLG Hamm NJW 2000, 1965–1966 (1966).

[187] Verordnung zur Durchführung des Außenwirtschaftsgesetzes (Außenwirtschaftsverordnung – AWV) in der Neufassung vom 22.11.1993, Bundesgesetzblatt 1993 I, S. 1934–1970 (1947).

und Meldevorschriften nach § 26 Außenwirtschaftsgesetz. In ähnlicher Weise werden auch nach Sinn und Zweck des StammzellG, ohne deshalb die Übertragbarkeit der Wertungen der Bestimmungen des Außenwirtschaftsrechts überprüfen zu müssen, Spediteure, Frachtführer oder ihnen Gleichgestellte nicht „ohne Genehmigung" im Sinne des § 13 StammzellG handeln, wenn sie einen Stammzell-Importauftrag ausführen, die Genehmigung aber nicht auf sie, sondern auf den Besteller lautet.

Werden embryonale Stammzellen aus dem Ausland über Deutschland in ein Drittland verbracht, jedoch ohne über weiteren als den durch die Beförderung oder den Umschlag bedingten Aufenthalt hinaus und ohne daß sie zu irgend einem Zeitpunkt während des Verbringens dem Durchführenden oder einer dritten Person tatsächlich zur Verfügung gestanden hatten, so handelt es sich nicht um (möglicherweise strafbare) Einfuhr, sondern um nicht genehmigungspflichtige und deshalb stets straflose sogenannte *Durchfuhr.*[188]

d) *Verwendung*

Im Unterschied zur „Einfuhr" (oben c) ist der Begriff des „Verwendens" im StammzellG nicht definiert. Auch in den Gesetzesmaterialien ist keine Begriffsbestimmung zu finden. In anderen Gesetzen – aber damit auch in anderem Sachzusammenhang – stößt man verschiedentlich auf das Kriterium der „Verwendung", wobei wiederum Legaldefinitionen nur gelegentlich anzutreffen sind und gewisse Unterschiede zutage treten.

Das Beispiel einer recht detailreichen Legaldefinition bietet das ChemikalienG, nach dessen § 3 Nr. 10 Verwenden als „Gebrauchen, Verbrauchen, Lagern, Aufbewahren, Be- und Verarbeiten, Abfüllen, Umfüllen, Mischen, Entfernen, Vernichten und innerbetriebliches Befördern" zu verstehen ist.[189]

Demgegenüber sollten in § 86a Abs. 1 Nr. 1 StGB das öffentliche, in einer Versammlung oder durch Verbreitung von Schriften erfolgende „Verwenden" von Kennzeichen verfassungswidriger Organisationen laut Bundesgerichtshof als „irgendeinen Gebrauch machen" zu verstehen sein, wobei es auf die damit verbundene Absicht des Benutzers nicht ankomme.[190] Der darin liegenden Überdehnungsgefahr versuchte man alsbald dadurch zu begegnen, daß vom Tatbestand des § 86a StGB solche Handlungen ausgenommen sein sollten, die dessen Schutzzweck „ersichtlich nicht zuwiderlaufen".[191] Zudem erfährt dieser Tatbestand auch eine räumliche

---

[188] Vgl. zur entsprechenden Problematik im Betäubungsmittelrecht Körner (Fn. 185), § 2 Rn. 26 und § 29 Rn. 661, 750, 754 und 1162.

[189] ChemikalienG in der Neufassung vom 25.7.1994, BGBl. 1994 I S. 1703 ff.

[190] BGHSt 23 (1970), S. 267 ff.

[191] BGHSt 25 (1972), S. 30 ff.

Einschränkung dadurch, daß er – wie auch einige andere Staatsschutzdelikte – nach § 91 StGB nur für Taten gelten soll, „die durch eine im räumlichen Geltungsbereich dieses Gesetzes ausgeübte Tätigkeit begangen werden". Die sich daraus ergebende Beschränkung nicht nur des Ubiquitätsgrundsatzes,[192] sondern auch des Schutzbereichs kann sich auch für das StammzellG insofern als bedeutsam erweisen, als dem Strafrecht somit Bestimmungen nicht fremd sind, die nur im Inland ausgeübte Tätigkeiten strafrechtlich erfassen wollen, wobei eine solche Beschränkung auch nicht unbedingt einer ausdrücklichen gesetzlichen Anordnung bedarf, sondern sich auch aus der Auslegung der jeweiligen Vorschrift ergeben kann.[193] Vergleichsweise enger als „irgendeinen Gebrauch machen" im Falle von § 86a StGB wird hinsichtlich der in § 148 StGB erforderlichen Absicht, daß nachgemachte amtliche Wertzeichen „als echt verwendet werden", das „Verwenden" als bestimmungsgemäßer Gebrauch, wie z. B. des Versands eines mit einer gefälschten Briefmarke freigemachten Briefes, verstanden.[194] Ähnliche tatbestandsspezifisch bedingte Besonderheiten erfährt der Verwendungsbegriff in verschiedenen steuerrechtlichen,[195] familienrechtlichen[196] und erbrechtlichen[197] Vorschriften. Diese Gesetzesbestimmungen, bei denen es jeweils um die Verwendung von Geld bzw. von Vermögenswerten geht, orientieren sich offenbar an der umgangssprachlichen Bedeutung von „Verwendung". Bei der Verwendung von Geld dürfte es nicht darauf ankommen, daß dieses im Inland ausgegeben oder angelegt wird; auch der Transfer ins Ausland oder die dort getätigte Ausgabe ist eine „Verwendung" im Sinne dieser Vorschriften. Im Sinne der erwähnten erbrechtlichen Bestimmung ist „Verwendung" auch die übermäßige, das heißt nicht durch ordnungsgemäßen Gebrauch entstandene Abnutzung von Gegenständen, ebenso deren Verbindung, Vermischung und Verarbeitung.[198] Mutwillige Zerstörung dürfte keine „Verwendung" im Sinne von § 2134 BGB sein, da insoweit aus anderen Regelungen Ersatzansprüche bestehen (vgl. § 2134 S. 2 BGB).

Da es sich bei den vorangehenden Gesetzen durchwegs um die Verwendung von Sachen oder sonstigen nicht-menschlichen Objekten handelt, könnte man versucht sein, aus der Tatsache, daß es bei embryonalen Stammzellen um Objekte geht, die wegen ihrer Herkunft eng mit dem menschli-

---

[192] Wie offenbar Walter Stree/Detlev Sternberg-Lieben, in: Schönke/Schröder (Fn. 126), § 91 Rn. 1 f. meinen. Zum Ubiquitätsgrundsatz vgl. oben III.6.c bzw. unten V.1.a.

[193] Vgl. unten III.6.d (iv) sowie ausführlich unten IV.3.

[194] Vgl. Stree, in: Schönke-Schröder (Fn. 126), § 148 StGB Rn. 12 unter Verweis auf BT-Drs. 7/550 S. 228.

[195] Z.B. in § 10 (Bausparsumme) bzw. §§ 38, 41a EinkommenssteuerG (einbehaltene Lohnsteuer), § 5 WohnungsprämienG.

[196] Vgl. etwa § 1649 BGB (Einkünfte des Kindesvermögens); §§ 1805, 1834 BGB (Mündelgeld).

[197] § 2134 BGB (Erbschaftsgegenstände des Vorerben).

[198] Vgl. Wolfgang Grunsky, in: Münchner Kommentar zum Bürgerlichen Gesetzbuch, Band 6, 2. Aufl. München 1989, § 2134 Rn. 3.

chen Leben verbunden sind, entsprechende Rückschlüsse auf den Verwendungsbegriff zu ziehen. Doch auch im Hinblick auf den Menschen begegnen unterschiedliche Verwendungsbegriffe: Während etwa die nach §§ 13 Abs. 1, 16 Abs. 2 Deutsches Richtergesetz mögliche „Verwendung" von Menschen – in Gestalt von Richtern auf Probe bei einer Justizbehörde – offensichtlich als „Einsetzen" oder „Beschäftigen" zu verstehen ist, kann Gleiches bei der nach § 2 Abs. 1 ESchG verbotenen „Verwendung" eines extrakorporal erzeugten oder vor Einnistung aus der Gebärmutter entnommenen menschlichen Embryos[199] nicht gemeint sein. Vielmehr soll nach dem führenden ESchG-Kommentar dieses Merkmal als umfassender Auffangtatbestand fungieren, der immer dann zum Zuge komme, wenn der Täter in aktiver Weise das Schicksal des Embryos beeinflusse, auf ihn einwirke oder mit ihm agiere, ohne daß spezielle Verwendungsverbote griffen.[200] Einschränkungen sollen sich nur aus dem subjektiven Merkmal des mit der konkreten Verwendung intendierten Erhaltungszweckes ergeben.[201] Allerdings sei schlichtes Unterlassen kein „Verwenden" im Sinne der Bestimmung.[202] Hingegen sei auch das keinen weiteren Zweck verfolgende aktive Vernichten eines In-vitro-Embryos einschließlich totipotenter embryonaler Zellen im Sinne des § 8 Abs. 1 ESchG ein Verwenden (welches natürlich nicht seiner Erhaltung dient),[203] was bedeuten würde, daß das Merkmal „Verwendung" keine weitere, über die bloße Destruktionsabsicht hinausgehende Zwecksetzung verlangt.

Für das *StammzellG* legt dieses Fehlen eines einheitlichen Verwendungsbegriffes folgendes nahe:

(i) Angesichts des in den vorangehend skizzierten Regelungen durchaus unterschiedlichen Sprachgebrauchs und Begriffsverständnisses läßt sich durch rechtssystematische Seitenblicke auf andere Gesetze keine verbindliche Aussage zur Interpretation von „Verwenden" im Sinne des StammzellG treffen. In Anbetracht des ziemlich unscharfen Wortsinns ist das diesem Gesetz eigene Verständnis von „Verwendung" durch eigenständige Auslegung zu ermitteln – wobei das ESchG als sachnächstes Gesetz gewisse Orientierungshilfen bieten kann – und insbesondere im Hinblick auf den Schutzzweck des StammzellG zu bestimmen.

(ii) Unter „Verwendung" im Sinne des StammzellG ist dementsprechend der tatsächliche Gebrauch zu verstehen. Der Begriff ist prinzipiell weit zu fassen.[204] Nötig ist, daß in aktiver Weise auf das Tatobjekt eingewirkt wird.[205] Eine solche „Verwendung" setzt jedoch nicht unbedingt voraus,

---

[199] Voller Wortlaut s. Anhang A.
[200] Günther, in: Keller/Günther/Kaiser (Fn. 12), § 2 Rn. 30 (S. 201).
[201] Günther, in: Keller/Günther/Kaiser (Fn. 12), § 2 Rn. 31 (S. 202).
[202] Günther, in: Keller/Günther/Kaiser (Fn. 12), § 2 Rn. 32 ff. (S. 202 f.).
[203] Günther, in: Keller/Günther/Kaiser (Fn. 12), § 2 Rn. 47 (S. 206).
[204] Müssig/Dahs-Gutachten, s. o. S. 10.
[205] Vgl. Günther, in: Keller/Günther/Kaiser (Fn. 12), § 2 Rn. 30 (S. 201).

daß im Zuge der Durchführung eines Vorhabens die HES-Zellen verbraucht oder auch nur verändert werden. Auch in der bloßen Beobachtung und erst recht in der Vermehrung wird man eine „Verwendung" im Sinne des StammzellG zu sehen haben; gleiches gilt für den Fall, daß im Rahmen eines Vorhabens HES-Zellen nach Art eines Katalysators für den Ablauf gewisser Reaktionen benötigt werden, ohne dadurch selbst eine Modifikation zu erfahren.[206] Ebenso ist die Zufuhr frischer Nährlösungen im Rahmen eines Stammzell-Experiments als „Verwendung" der im Experiment genutzten Stammzellen anzusehen. Demgegenüber stellen beispielsweise Arbeiten mit Stoffen, die etwa als Nährlösung für HES-Zellen in Betracht kommen, solange noch keine Verwendung von HES-Zellen dar, als ihre Eignung noch nicht an diesen selbst erprobt wird. Mit anderen Worten: von einer „Verwendung" embryonaler Stammzellen kann erst dann die Rede sein, wenn diese selbst im wissenschaftlichen Versuchsgeschehen unmittelbar präsent sind.[207] Da jedoch strafbare Beihilfe bereits im Vorbereitungsstadium einer (bestimmten) Tat geleistet werden kann,[208] wird man die Herstellung oder Bereitstellung von Reagenzien dann als strafbare Beihilfe anzusehen haben, wenn bereits ein – dem Helfer bekannter – Bezug zu einer konkreten beabsichtigten Verwendungshandlung, etwa einem bestimmten Experiment, besteht und diese später tatsächlich zur Ausführung kommt.

(iii) Ob und inwieweit auch in der schlichten *Vernichtung* von Embryonen eine „Verwendung" zu erblicken ist, war hinsichtlich § 2 Abs. 1 ESchG als strittig darzustellen.[209] Von der Legaldefinition des ChemikalienG hingegen ist auch das Vernichten ausdrücklich umfaßt, was vom Schutzzweck jenes Gesetzes (vgl. § 1) her auch durchaus plausibel ist, da auch und gerade von der Vernichtung chemischer Stoffe Risiken für Mensch und Umwelt ausgehen können. Aus dem Gesamtzusammenhang des *StammzellG* wird man dagegen die schlichte Vernichtung als nicht erfaßt anzusehen haben, da eine solche schwerlich zu Forschungszwecken erfolgen kann. Soll jedoch der Vernichtungsablauf (auch bei bloßem Unterlassen der Zufuhr von Nährlösungen) als Gegenstand wissenschaftlichen Interesses verfolgt werden, so läge darin eine – genehmigungspflichtige – Verwendung.

(iv) Schließlich ergibt sich aus einer Gesamtbetrachtung des StammzellG noch eine weitere – im gegebenen Zusammenhang bedeutsame – Einschränkung: Verwendung bedeutet offenbar nur *„Verwendung im Inland".*

Dies erschließt sich – aufgrund gesetzessystematischer Interpretation – zum einen daraus, daß das „Verwenden" von embryonalen Stammzellen im StammzellG nicht isoliert als Tatbestandsmerkmal, sondern immer nur im Zusammenhang mit der „Einfuhr" erscheint (vgl. §§ 2, 4 Abs. 1 und 2, 6 Abs. 1, 13 Abs. 1 StammzellG).

---

[206] Ähnlich wohl Müssig/Dahs-Gutachten, s. o. S. 11 ff.
[207] Im Ergebnis ebenso wohl Müssig/Dahs-Gutachten, s. o. S. 12.
[208] Vgl. Cramer/Heine, in: Schönke/Schröder (Fn. 126), § 27 Rn. 13.
[209] Vgl. oben bei Fn. 203.

Zum anderen läßt sich dafür – im Sinne einer teleologischen Interpretation – anführen, daß der Gesetzgeber als Zweck des StammzellG in dessen § 1 Nr. 2 – unter anderem – bestimmt,

> zu vermeiden, daß von Deutschland aus eine Gewinnung embryonaler Stammzellen oder eine Erzeugung von Embryonen zur Gewinnung embryonaler Stammzellen veranlaßt wird.

Damit wird zwar ein gewisser Auslandsbezug hergestellt, jedoch beschränkt auf die *Gewinnung* von embryonalen Stammzellen und die *Erzeugung* von Embryonen. Von *Verwendung* ist dabei nicht die Rede. Der Gesetzgeber des StammzellG sieht es mithin nicht als seine Aufgabe an, auf die Verwendung embryonaler Stammzellen im Ausland Einfluß zu nehmen.

Schließlich ist – zum dritten – auf die Entstehungsgeschichte des StammzellG zu verweisen. Den parlamentarischen Äußerungen maßgeblich an der Formulierung des Gesetzes beteiligter Abgeordneter ist zu entnehmen, daß man sich – über den Bundestagsbeschluß vom 30.1.2002 hinaus – deswegen dazu entschlossen hat, auch die „Verwendung" menschlicher embryonaler Stammzellen im StammzellG zu regeln, weil man davon ausging, daß bereits vor diesem Datum solche Zellen nach Deutschland eingeführt wurden, und Forscher, die über solche verfügen, nicht besser gestellt sein sollten als Kollegen, die mit dem Stammzellimport bis zu einer Äußerung des Gesetzgebers abzuwarten bereit waren.[210] Hieraus wird deutlich, daß der Gesetzgeber nur eine spezifisch inländische Situation im Auge hatte, als er sich entschloß, neben der „Einfuhr" auch die „Verwendung" zu reglementieren.

(v) Klarstellungshalber bleibt schließlich darauf hinzuweisen, daß die nachträgliche *Ausnutzung von Erkenntnissen aus verbotener Stammzellforschung* vom StammzellG nicht erfaßt wird. Auch wenn sich diese „Doppelbödigkeit" der deutschen Gesetzgebung als rechtsethisch fragwürdig schelten lassen muß, wird durch § 13 StammzellG doch nur die ungenehmigte Verwendung für strafbar erklärt, während die inländische Anwendung von Techniken, Praktiken oder Erkenntnissen, die aus verbotener Stammzellforschung gewonnen wurden, nicht strafbar ist.[211]

e) Versuchsstrafbarkeit

Die schon zum Begriff der Einfuhr erwähnte Strafbarkeit des Versuchs nach § 13 Abs. 1 S. 2 StammzellG, indem beispielsweise nicht genehmigungsfähige Stammzellen bei einem ausländischen Hersteller bestellt, von diesem

---

[210] Vgl. dazu auch unten IV.3.b).
[211] Ebenso ausdrücklich Wolfrum (Fn. 115), S. 239.

aber nicht geliefert werden,[212] gilt auch für den Versuch der Verwendung. Dafür läßt sich freilich nur schwer ein Beispiel formulieren, weil auch bei einem gescheiterten Experiment die Verwendung nicht nur versucht wurde, sondern in Vollendung vorliegt. Eher als Katheterbeispiel denn als praxisnaher Sachverhalt erscheint denn auch der Fall, daß ein Forscher menschliche Stammzellen, mit denen er ohne Genehmigung zu arbeiten gedenkt, für embryonale hält, obwohl sie tatsächlich adulter Herkunft sind.

7. Kooperation zwischen Forschern auf individueller Ebene

An die eben dargestellten Überlegungen zum Begriff der „Verwendung" kann zur Beantwortung der Frage angeknüpft werden, inwieweit unterstützende oder beratende Tätigkeiten einzelner Wissenschaftler gegenüber mit embryonalen Stammzellen forschenden Kollegen mit Strafe bedroht sind. Aus rechtlicher Perspektive sind verschiedene Arten von Tatbeteiligung zu unterscheiden:

a) Wer einen anderen zu einer strafbaren Handlung veranlaßt, die dieser dann auch begeht, macht sich wegen *Anstiftung* zu dieser Tat strafbar (§ 26 StGB).[213] Kommt es nicht mindestens zur versuchten Ausführung der Haupttat, liegt also lediglich eine versuchte Anstiftung vor, so bleibt in den hier interessierenden Fällen der gescheiterte Tatveranlasser straflos, da gemäß § 30 StGB versuchte Anstiftung nur bei Verbrechen (im Sinne von § 12 Abs. 1 StGB) strafbar ist. Die hier in Betracht kommenden Straftatbestände sind jedoch allesamt nur Vergehen (§ 12 Abs. 2 StGB), nicht Verbrechen. Bleibt die Haupttat im Versuchsstadium stecken, so ist der Anstifter nur strafbar, wenn auch der Versuch der Haupttat mit Strafe bedroht ist.

b) Wer an der strafbaren Handlung eines anderen mitwirkt, macht sich je nach Gewicht seines Tatbeitrages bzw. seiner subjektiven Einstellung zum Tatgeschehen als *Mittäter* (§ 25 StGB)[214] oder *Gehilfe* (§ 27 StGB)[215] strafbar.[216] Mittäterschaft liegt vor, wenn eine Tat von mehreren gemeinschaftlich – auch arbeitsteilig – begangen wird und sich aus objektiven Merkmalen der Tatherrschaft und/oder aus subjektiven Kriterien, insbesondere aus dem Interesse am Taterfolg ergibt, daß die Tat den jeweiligen Beteiligten als

---

[212] Vgl. auch oben III.6.c).
[213] Voller Wortlaut in Anhang D.
[214] Voller Wortlaut in Anhang D.
[215] Voller Wortlaut in Anhang D.
[216] Vgl. näher Cramer/Heine, in: Schönke/Schröder (Fn. 126), Vorbem. §§ 25 ff. Rn. 69 ff.

ganze zuzurechnen ist.[217] Als Gehilfe ist zu bestrafen, wer vorsätzlich einem anderen zu dessen vorsätzlich begangener Tat (lediglich) Hilfe geleistet hat (§ 27 Abs. 1 StGB).[218] Umgekehrt ist sogenannter *mittelbarer Täter*, wer die Tat durch einen anderen begeht, indem er das Verhalten des Tatmittlers gleichsam als „Hintermann" steuert oder sonst als entscheidender Veranlasser der Tat Verantwortung für das Gesamtgeschehen hat.[219]

c) Kommt die Tat nicht zur Vollendung, so gelten die unter a) gemachten Ausführungen zur Beteiligung am Versuch bzw. zur versuchten Beteiligung entsprechend. Da die Art der Beteiligung nicht für das Ob, sondern nur für das Maß der Strafbarkeit Bedeutung hat,[220] ist auf Abgrenzungsfragen, insbesondere zwischen Mittäterschaft und Beihilfe, hier nicht näher einzugehen.[221] Von Belang sind demgegenüber vor allem die *Mindestvoraussetzungen* strafbarer Beteiligung. Nach der Rechtsprechung genügt es, wenn der Gehilfenbeitrag die Handlung des Haupttäters fördert; er braucht nicht für diese ursächlich geworden zu sein.[222] Auch „neutrale Handlungen" bzw. „Alltagshandlungen" können die Grenze zur Strafbarkeit überschreiten, wobei für die Rechtsprechung der Förderungswille maßgebend ist.[223] Zielt das Handeln des Haupttäters allein darauf ab, eine strafbare Handlung zu begehen, und weiß dies der Hilfeleistende, so ist sein Tatbeitrag als Beihilfehandlung zu werten, da in diesem Fall das Handeln des Gehilfen als „Solidarisierung" mit dem Täter zu deuten ist.[224] Allerdings wird man zusätzlich eine gewisse Bezogenheit zur Tatbestandsverwirklichung voraussetzen müssen. So leistet beispielsweise noch keine strafbare Beihilfe zur strafbaren (weil nicht genehmigten) Verwendung von embryonalen Stammzellen, wer dem Täter die Wohnung vermietet, wohl aber, wer ihm das Labor (oder auch nur einzelne Ausrüstungsgegenstände) zur Verfügung stellt. Auch scheiden solche Handlungen als strafbare Beihilfe aus, die im Hinblick auf das geschützte Rechtsgut eine Risikoverringerung darstellen.[225] Unter diesem Gesichtspunkt bliebe beispielsweise straffrei, wer einem Forscherkollegen, der beabsichtigt, mit Stammzellen aus einer nach dem Stichtag erzeugten Stammzellinie zu forschen, den fachlichen Rat gibt, er könne sein Vorhaben auch mit einer älteren und genehmigungsfähigen Stammzellinie durchführen, auch wenn der Ratgeber damit rechnet, der übereifrige

---

[217] Vgl. näher Cramer/Heine, in: Schönke/Schröder (Fn. 126), Vorbem. §§ 25 ff. Rn. 80 ff.

[218] Vgl. näher Cramer/Heine, in: Schönke/Schröder (Fn. 126), § 27 Rn. 1 ff.

[219] Vgl. näher Cramer/Heine, in: Schönke/Schröder (Fn. 126), Vorbem. §§ 25 ff. Rn. 76 ff.

[220] Zur Strafmilderung zugunsten des Gehilfen vgl. § 27 Abs. 2 Satz 2 in Verbindung mit § 49 Abs. 1 StGB.

[221] Vgl. dazu näher Cramer/Heine, in: Schönke/Schröder (Fn. 126), vor §§ 25 ff., Rn. 51 ff.

[222] Vgl. Cramer/Heine, in Schönke/Schröder (Fn. 126), § 27 Rn. 8 mit weiteren Nachweisen.

[223] Cramer/Heine, in: Schönke/Schröder (Fn. 126), § 27 Rn. 10a.

[224] Vgl. BGH NStZ 2000, S. 34–36 (34).

[225] Vgl. Cramer/Heine, in: Schönke/Schröder (Fn. 126), § 27 Rn. 9a mit weiteren Nachweisen.

Kollege werde diese Empfehlung zwar aufgreifen, mit seinem Experiment aber nicht bis zur Erteilung der Genehmigung zuwarten.

Schließlich bleibt darauf hinzuweisen, daß Beihilfe auch schon in rein *intellektueller* oder *psychischer* Form geleistet werden kann, wie beispielsweise durch psychisch unterstützende Mitanwesenheit am Tatort.[226] Insbesondere kann bereits durch das Geben eines methodischen Hinweises die Grenze zur Strafbarkeit überschritten werden.

d) Bloßes *Unterlassen* hingegen dürfte in den hier in Frage stehenden Fällen praktisch kaum als strafbare Täterschaft oder Beihilfe in Betracht kommen, da hierfür eine Garantenpflicht in Richtung auf eine Verhinderung der strafbaren Handlung vorauszusetzen ist.[227] Zwar mag es vorkommen, daß ein Forscher, der seinem Kollegen gutachtlich attestiert, es handele sich um ein hochrangiges Vorhaben im Sinne von § 5 StammzellG, später erkennt, daß dieses auch im Tiermodell ausgeführt werden kann; auch mag man daraus jedenfalls die moralische Pflicht ableiten, die ursprüngliche, objektiv fehlerhafte Stellungnahme zu korrigieren. Unterläßt der Gutachter dies und führt der beratene Kollege sein Experiment durch, für das er (auch) auf Grund der erwähnten Stellungnahme eine Genehmigung erhalten hat, so begeht letzterer dennoch keine Straftat. Somit fehlt es für eine strafbare Beihilfe des Gutachters an einer strafbaren Haupttat des Forschers.[228] Auch sind die Voraussetzungen für eine mittelbare Täterschaft[229] des seinen Irrtum erkennenden Gutachters offensichtlich nicht erfüllt.

8. Forschungsförderung durch finanzielle Zuwendungen

Aus den soeben unter III.7 gemachten Ausführungen ergibt sich bereits, daß strafbare Beteiligung auch durch finanzielle Unterstützung geleistet werden kann.[230] Bei „neutraler" *Stipendienvergabe* ohne projektbezogene Zielsetzung werden die Voraussetzungen strafbarer Beihilfe in aller Regel nicht erfüllt sein. Wer ein *bestimmtes Forschungsvorhaben* finanziell (nicht unerheblich) fördert, obwohl er (z. B. aus den zur Beurteilung eingereichten Unterlagen) weiß, daß mit dessen Durchführung bestimmte strafbare

---

[226] Vgl. Cramer/Heine, in: Schönke/Schröder (Fn. 126), § 27 Rn. 12; offen gelassen in BGH Strafverteidiger 1982, S. 516f. (517).

[227] Vgl. Cramer/Heine, in: Schönke/Schröder (Fn. 126), § 27 Rn. 15.

[228] Auch ein (täterschaftlich begangener) Verstoß des Gutachters gegen § 14 Abs. 1 Nr. 2 in Verbindung mit § 12 StammzellG scheidet aus, da anzeigepflichtig für wesentliche nachträglich eingetretene Änderungen nur „die für das Forschungsvorhaben verantwortliche Person" ist.

[229] Siehe oben III.7.b).

[230] Vgl. dazu auch Lilie/Albrecht (Fn. 55), NJW 2001, S. 2776.

Handlungen verbunden sind, leistet zu diesen (mindestens) strafbare Beihilfe.[231] Soweit diese finanzielle Unterstützung durch juristische Personen geleistet wird, sind strafrechtlich verantwortlich diejenigen natürlichen Personen, die für die Institution gehandelt haben (§ 14 StGB).[232] Übergeordnete Stellen können sich unter Umständen sogar wegen pflichtwidrigen Unterlassens strafbar machen, wenn sie bei erkannter Unzulässigkeit des Handelns der „operativen Ebene" nicht die noch mögliche Beendigung der Förderung, etwa durch Widerruf des Förderungsbescheids, veranlassen.[233]

Handelt es sich um die Förderung von Einrichtungen, die selbst nicht Stammzellforschung betreiben, die jedoch ihrerseits mit – hier unterstellt: verbotswidrig handelnden – Stammzellforschern kooperieren, so könnte diese Förderung als sogenannte „Kettenbeihilfe" strafrechtlich von Belang werden,[234] wobei freilich auf der subjektiven Tatseite des Fördernden eine Kenntnis der entsprechenden Kooperations-Zusammenhänge gegeben sein müßte.

9. Beratende Mitwirkung in Gremien

Besondere Probleme stellen sich, wenn die fragliche Beteiligungshandlung in der Mitwirkung in einem Gremium besteht. Dies vor allem aus zwei Gründen: Zum einen ist diese Mitwirkung vom eigentlichen Tatgeschehen oft mehr oder weniger weit entfernt (a). Zum anderen stellt sich die Frage, inwieweit und unter welchen Voraussetzungen die Gremienentscheidung – sei sie einstimmig oder mehrheitlich getroffen – dem einzelnen Gremienmitglied als (strafbares) Verhalten zugerechnet werden kann (b).

a) *Beratungstätigkeiten durch Gremien* sind in sehr unterschiedlichen Formen denkbar:
- als Erarbeitung technischer Standards allgemeiner Art oder auch „ethischer Parameter"[235] in Gestalt von Richtlinien oder Empfehlungen ohne konkreten Bezug zu einem bestimmten Forschungsvorhaben,
- als gutachtliche Stellungnahmen zur Schlüssigkeit bzw. Durchführbarkeit bestimmter Konzepte,

---

[231] Bei nur geringfügiger Förderung eines bereits laufenden Vorhabens könnte man im forschenden Haupttäter einen „omnimodo facturus" erblicken, dem es für seine Tat auf ein solches Zubrot nicht ankommt. Die Grenzen der Strafbarkeit von Teilnehmern in diesen Fällen sind in Rechtsprechung und Rechtslehre noch keineswegs geklärt; vgl. nur Peter König, Kann einem omnimodo facturus Beihilfe geleistet werden?, NJW 2002, S. 1623–1625.

[232] Voller Wortlaut in Anhang D. Zu Einzelheiten vgl. Lenckner/Perron, in: Schönke/Schröder (Fn. 126), § 14 Rn. 1ff.

[233] Vgl. näher Lenckner/Perron, in: Schönke/Schröder (Fn. 126), § 14 Rn. 40.

[234] Vgl. Müssig-Dahs-Gutachten, s. o. S. 14.

[235] Vgl. Lilie/Albrecht (Fn. 55), NJW 2001, 2774.

– oder auch als Beratung konkreter Forschungsvorhaben, insbesondere durch Ethik-kommissionen.

(i) Soweit es um Beratungstätigkeiten geht, die *nicht* mit einem *konkreten Forschungsvorhaben* mit embryonalen Stammzellen in Verbindung stehen, fehlt es an einer tatbestandsmäßig-rechtswidrigen Haupttat als Anknüpfungspunkt für möglicherweise strafbare Teilnahme (sogenanntes Akzessorietätsprinzip, vgl. §§ 26 ff. StGB).[236] Dies ist etwa gegeben, wenn es Aufgabe des Gremiums ist, in allgemeiner Form zu technischen und/oder ethischen Standards bei der Forschung mit menschlichen Zellen und Geweben Stellung zu nehmen, mögen die erarbeiteten Standards auch für Forschungsvorhaben mit embryonalen Stammzellen von Bedeutung sein. Würde beispielsweise die Bundesärztekammer ihren wissenschaftlichen Beirat oder ein anderes Expertengremium damit beauftragen, die Richtlinien für den Umgang mit fetalem Gewebe von 1991[237] zu überarbeiten, so könnte diese Tätigkeit nicht schon mit bestimmten Stammzell-Forschungsvorhaben strafrechtlich in Verbindung gebracht werden.

(ii) Ist ein *konkretes Forschungsvorhaben* mit embryonalen Stammzellen Gegenstand der Beratung, so scheiden mangels einer strafbaren Haupttat wiederum alle jene Fälle möglicher Teilnahme von vornherein als nicht strafbar aus, in denen der forschende Haupttäter sich dem deutschen Recht (hier insbesondere in Gestalt des EschG und des StammzellG) gegenüber konform verhält. Von Interesse bleiben jene Fälle, in denen das Forschungsvorhaben in dem einen oder anderen Punkt objektiv nicht in Einklang mit den Anforderungen der deutschen Rechtslage steht, ohne daß dieser Umstand dem Haupttäter bewußt zu sein braucht. Wenn Müssig-Dahs in ihrem Gutachten der Auffassung sind, es komme in diesen Fällen als Anknüpfungspunkt hauptsächlich erst die Tatbestandsalternative der „Verwendung" des § 13 Abs. 1 StammzellG in Betracht,[238] so wird demgegenüber davon auszugehen sein, daß im Regelfall die zu „beforschenden" embryonalen Stammzellen noch nicht nach Deutschland eingeführt sind, so daß die Gremien-Beurteilung zumeist auch schon für die Frage der Einfuhr von Bedeutung sein dürfte.

Gremien-Beratungstätigkeiten dürfen sich aus Rechtsgründen nicht auf die Gewinnung von Stammzellen aus menschlichen Embryonen beziehen, da – es sei in Erinnerung gerufen, daß es an dieser Stelle um Handeln ausschließlich in Deutschland geht – diese Form des Umgangs mit In-vitro-Embryonen nach deutschem Recht generell untersagt ist.[239]

Erkennen die Mitglieder des Beratungsgremiums, daß das von ihnen beratene Vorhaben, käme es zur Ausführung, mit einem strafbewehrten Ver-

---

[236] Voller Wortlaut in Anhang D. – Ebenso Lilie/Albrecht (Fn. 55), NJW 2001, 2774 f. Vgl. auch Müssig-Dahs-Gutachten, s. o. S. 9.
[237] Deutsches Ärzteblatt 1991, S. C-2360–2363.
[238] Müssig-Dahs-Gutachten, s. o. S. 13.
[239] Vgl. oben III.4. – Zu grenzüberschreitender Beratungstätigkeit vgl. unten V.2.

stoß gegen deutsches Recht verbunden wäre, dann können sie sich wegen Beihilfe beispielsweise zu mißbräuchlicher Verwendung menschlicher Embryonen[240] strafbar machen. Ob dies tatsächlich der Fall ist, hängt jedoch von verschiedenen weiteren Voraussetzungen ab, die mit den Modalitäten der Entscheidungsfindung in personenmehrheitlich zusammengesetzten Institutionen zu tun haben.

(iii) Beratungsgremien können streng an ein bestimmtes (Stammzell-)Projekt assoziiert sein oder aber umgekehrt eine eher *allgemeine Aufgabenstellung* aufweisen, etwa in Gestalt einer Forschungs-Ethikkommission nach Hochschulrecht bzw. ärztlichem Berufsrecht.[241] Anknüpfungspunkt für strafrechtliche Verantwortlichkeit kann nur die tatsächliche Mitwirkung des Gremiums an einem Projekt sein, zu dessen Durchführung embryonale Stammzellen hergestellt, eingeführt oder verwendet werden. Die positive Beurteilung anderer Forschungsvorhaben kann nicht als mittelbare Förderung von – unterstellt: strafbaren – Stammzellprojekten verstanden werden. Stellungnahmen zu allgemeinen Problemen der Forschung (z. B. allgemeine Empfehlungen zur Dokumentation von Forschungsvorhaben oder zur Lösung genereller technischer Probleme, wie etwa der Konstanthaltung von Rahmenbedingungen wie Temperatur oder Luftreinheit) sind in diesem Zusammenhang mit den eingangs erwähnten „Alltagshandlungen" vergleichbar und bleiben nach wohl herrschender Auffassung so lange straflos, als nicht beispielsweise der Zuschnitt der beratenen Institution es unwahrscheinlich sein läßt oder sogar ausschließt, daß die Beratungsergebnisse rechtskonformem Verhalten dienlich sein sollen und der Beratende dies erkennt.[242]

b) Soweit es um die Mitverantwortung für Gremienentscheidungen geht, bei denen ein Projekt beraten und befürwortet wird, das direkt mit der Forschung an embryonalen Stammzellen zu tun hat, stellen sich je nach Abstimmungsergebnis unterschiedliche Rechtsfragen:

(i) Bei *einstimmiger oder mit großer Mehrheit erfolgter Befürwortung* eines – unterstellt: strafbaren – Vorhabens könnten sich die Mitglieder der Mehrheitsfraktion je für sich auf den Standpunkt stellen, ihr Abstimmungsverhalten sei für das Ergebnis nicht kausal geworden, weil ein ablehnendes Votum ihrerseits

---

[240] Vgl. oben III.4 (§ 2 ESchG in Verbindung mit § 27 StGB).
[241] Vgl. z.B. das Gesetz über die öffentliche Berufsvertretung, die Berufspflichten, die Weiterbildung und die Berufsgerichtsbarkeit der Ärzte, Zahnärzte, Tierärzte, Apotheker und Dentisten (Heilberufe-Kammergesetz) des Landes Baden-Württemberg in der Fassung vom 16.3.1995, Gesetzblatt 1995, S. 314–328 (315). In § 5 Abs. 1 dieses Gesetzes wird der Landesärztekammer, der Landeszahnärztekammer und den Universitäten des Landes aufgegeben, Ethikkommissionen zu errichten. Vgl. dazu auch Erwin Deutsch/Hans-Dieter Lippert, Ethikkommission und klinische Prüfung, Berlin/Heidelberg/ New York 1998.
[242] Zu den damit zusammenhängenden und in der Rechtslehre außerordentlich kontrovers diskutierten Fragen vgl. näher Cramer/Heine, in: Schönke/Schröder (Fn. 126), § 27 Rn. 10a.

im Ergebnis nichts daran geändert hätte, daß das inkriminierte Projekt eine komfortable Mehrheit erhalten hätte.[243] Bei aller Unterschiedlichkeit in der Begründung ist man sich in der Strafrechtslehre im Ergebnis darüber einig, daß die Verlagerung von Entscheidungen in Kollektivorgane nicht zu einer „erfolgreichen Organisation von persönlicher Unverantwortlichkeit"[244] führen darf.[245] Nach zutreffender Auffassung wird in diesen Fällen durch das Abheben auf Kausalitätsfragen vom eigentlichen Zurechnungsgrund des bewußten und gewollten Zusammenwirkens in Gestalt „additiver Mittäterschaft"[246] abgelenkt. „Mittäterschaft" ist jedoch hier nicht zwangsläufig im Sinne von § 25 StGB zu verstehen; gemeint ist eine Gleichrangigkeit der Tatbeteiligung, deren endgültige strafrechtliche Bedeutung im Kontext des Gesamtgeschehens zu würdigen ist. In den hier interessierenden Fallgestaltungen der Beratungstätigkeit von Gremien wird dies regelmäßig dazu führen, daß die wegen ihres Abstimmungsverhaltens (unter sich gleichrangigen) mitverantwortlichen Gremienmitglieder als Gehilfen (§ 27 StGB) des forschenden Haupttäters anzusehen sind[247] – und auch dies natürlich nur insoweit, als die übrigen Voraussetzungen der Strafbarkeit gegeben sind.

(ii) Von diesem Grundsatz gleichrangiger Verantwortlichkeit wird man für die beratende Tätigkeit *interdisziplinär besetzter Fachgremien*, wie zum Beispiel Ethikkommissionen, eine – soweit ersichtlich, andernorts noch nicht erwogene, aber gleichwohl nicht unwesentliche – Ausnahme machen müssen. Zu bedenken ist, daß diese Gremien sich aus Mitgliedern mit spezieller Fachkompetenz für jeweils verschiedene Disziplinen zu rekrutieren pflegen. Sinn und Zweck derartiger Einrichtungen ist gerade die *arbeitsteilige* Bündelung von *fachverschiedenen* Kompetenzen. Dies unterscheidet sie wesentlich etwa von den Spruchkammern der Kollegialgerichte. Es würde der Aufgabenstellung dieser Gremien zuwiderlaufen, das einzelne Votum ihrer Mitlieder im Sinne einer damit in Anspruch genommenen „Universalkompetenz" zu verstehen und dementsprechend (straf-)rechtlich zu bewerten. Vielmehr soll und will das einzelne Mitglied nur je aus der Sicht seiner Disziplin votieren. Trotz Herstellung eines Votums der Kommission als ganzer wird man daher für die strafrechtliche Bewertung von einer Summe einzelner Stellungnahmen der verschiedenen Mitglieder auszugehen haben. „Kollektive" Verantwortlichkeit aller positiv votierenden Gremien-

---

[243] Vgl. Lenckner, in: Schönke/Schröder (Fn. 126), vor §§ 13 ff., Rn. 83a; Cramer/Heine, in: Schönke/Schröder (Fn. 126), § 25 Rn. 76; Friedrich Dencker, Mittäterschaft in Gremien, in: Knut Amelung (Hrsg.), Individuelle Verantwortung und Beteiligungsverhältnisse bei Straftaten in bürokratischen Organisationen des Staates, der Wirtschaft und der Gesellschaft, Sinzheim 2000, S. 63–70 (66 f.).

[244] Friedrich Dencker, Kausalität und Gesamttat, Berlin 1996, S. 175.

[245] Vgl. dazu die Nachweise bei Lenckner, in: Schönke/Schröder (Fn. 126), vor §§ 13 ff. Rn. 83a; Cramer/Heine, in: Schönke/Schröder (Fn. 126), § 25 Rn. 76b.

[246] Dencker (Fn. 243), S. 67 f. unter Hinweis auf Rolf Herzberg, Täterschaft und Teilnahme, München 1977, S. 57.

[247] Im Ergebnis ebenso Müssig-Dahs-Gutachten, s. o. S. 16.

mitglieder ist damit zwar nicht generell ausgeschlossen, wird jedoch nur in besonderen Fällen – wie etwa bei erklärter Gleichgültigkeit gegenüber der Rechtslage – in Betracht kommen. Dem steht insbesondere auch nicht die ansonsten wegweisende Entscheidung des Bundesgerichtshofs im „Lederspray-Fall"[248] entgegen: Dort ging es um die gesellschaftsrechtlich begründete Gesamtverantwortung der – unternehmensintern arbeitsteilig je für verschiedene Bereiche zuständigen – Geschäftsführer eines Unternehmens, die dann nicht aufgehoben sein soll, wenn „aus besonderem Anlaß das Unternehmen als Ganzes betroffen ist."[249] Das ist mit der jeweiligen fachspezifisch beschränkten Kompetenz innerhalb eines interdisziplinär besetzten Beratungsgremiums nicht vergleichbar.

(iii) Im übrigen sind auch insoweit, als von kollektiver Verantwortung von Gremienmitgliedern auszugehen ist, gewisse Einschränkungen zu machen. Selbstverständlich können überstimmte Kommissionsmitglieder, die zutreffende rechtliche Bedenken geltend gemacht haben, *dafür* nicht bestraft werden.[250] Nicht zuletzt im Hinblick auf damit offenkundige Beweisprobleme bei geheimer Abstimmung ist jedoch in der Rechtsprechung bisweilen die Auffassung vertreten worden, unabhängig vom Inhalt der Stimmabgabe sei jedes an der Abstimmung beteiligte Mitglied des Kollegialorgans schon durch diese Beteiligung dafür (mit-)verantwortlich, wenn eine strafrechtswidrige Maßnahme beschlossen werde.[251] Sofern man diese Auffassung nicht überhaupt für unzutreffend hält,[252] wird man sie zumindest auf Beschlußorgane zu beschränken haben und nicht auch auf die – hier zur Diskussion stehende – beratende Tätigkeit von Gremien erstrecken dürfen. Denn Beratungsgremien sollen und wollen gerade nicht (Letzt-)Verantwortung übernehmen.

Jedoch ist nicht ausgeschlossen, daß für die strafrechtliche Verantwortlichkeit von überstimmten Gremienmitgliedern an andere Handlungen außerhalb der eigentlichen Abstimmung angeknüpft werden kann, etwa wenn der überstimmte Vorsitzende die ergangene *Entscheidung ausfertigt* und die Mitteilung an den Antragsteller bewirkt.

(iv) Was die Frage einer etwaigen Strafbefreiung oder -milderung wegen eines unvermeidbaren bzw. vermeidbaren *Verbotsirrtums* (§ 17 StGB)

---

[248] BGHSt 37 (1990), S. 106 ff.

[249] BGHSt 37 (1990), S. 106 ff. (123 f.).

[250] Vgl. Cramer/Heine, in: Schönke/Schröder (Fn. 126), § 25 Rn. 76b. Ebenso Müssig-Dahs-Gutachten, s. o. S. 16 f.

[251] Vgl. OLG Stuttgart, Neue Zeitschrift für Strafrecht 1981, 27 f. (aber Möglichkeit einer strafbefreienden „ausdrücklichen Distanzierung" erwogen); OLG Düsseldorf NJW 1980, 71; LG Göttingen, NJW 1979, S. 1558 ff. (1561). Die zitierten Entscheidungen betreffen allesamt die Verantwortlichkeit von „Redaktionskollektiven" für den strafbaren Inhalt von Presseerzeugnissen.

[252] Vgl. etwa die Kritik bei Cramer/Heine, in: Schönke/Schröder (Fn. 126), § 25 Rn. 76b am Ende.

betrifft, wird eine solche jedenfalls insoweit ausscheiden, als auch die Prüfung rechtlicher Belange zu den Aufgaben der Kommission bzw. deren juristisch qualifizierten Mitgliedern gehört und die Rechtslage zum jeweiligen Problem als gefestigt gelten kann.[253]

10. Zusammenfassung der wichtigsten Ergebnisse

(i) Forschung am In-vitro-Embryo

Forschung am in-vitro-Embryo sieht sich nach deutschem Recht weitgehenden Beschränkungen ausgesetzt: Die *künstliche Befruchtung* einer Eizelle darf nur zu dem Zweck erfolgen, einer Schwangerschaft der Frau herbeizuführen, von der die Eizelle stammt (III 1.a); Embryonen dürfen vor Abschluß ihrer Einnistung in der Gebärmutter einer Frau nicht entnommen werden, um diese für einen nicht ihrer Erhaltung dienenden Zweck zu verwenden (III 1.b). In-vitro-Embryonen dürfen nicht zu einem *nicht ihrer Erhaltung dienenden Zweck* abgegeben, erworben oder verwendet werden (III 2). Damit bleibt praktisch nur Raum für soganannte therapeutische Versuche (etwa um im konkreten Fall die Nidationschancen zu erhöhen). Insbesondere verstößt die *Gewinnung embryonaler Stammzellen* aus In-vitro-Embryonen zwangsläufig gegen das ESchG (III. 4).

Der rechtliche *Embryo-Begriff* ist mit dem medizinisch-biologischen nicht identisch und in ESchG und StammzellG unterschiedlich definiert (II.4): Nach § 8 ESchG ist Embryo jedenfalls die befruchtete, entwicklungsfähige menschliche Eizelle vom Zeitpunkt der Kernverschmelzung an, ferner jede einem Embryo entnommene totipotente Zelle, die sich bei Vorliegen der dafür erforderlichen weiteren Voraussetzungen zu teilen und zu einem Individuum zu entwickeln vermag. Darüber hinaus wird man als Embryo im Sinne des geltenden ESchG – insoweit der herrschenden Meinung folgend, wenngleich rechtspolitisch durchaus fragwürdig (vgl. II.4.c) – jede totipotente Zelle anzusehen haben, die zwar ohne Befruchtung, aber unter Zuhilfenahme von menschlichen Keimzellen erzeugt wurde (II.4) Dies betrifft insbesondere die Methode des Zellkerntransfers in eine zuvor entkernte Eizelle („Dolly-Verfahren", vgl. auch III.4). Demgegenüber sind totipotente menschliche Zellen, die ohne Verwendung mindestens einer Keimzelle hergestellt wurden (insbesondere durch sogenanntes „Reprogrammieren" somatischer Zellen), nach hier vertretener Auffassung nicht Embryonen im Sinne

---

[253] Allgemein zur Abgrenzung zwischen vermeidbarem und unvermeidbarem Verbotsirrtum vgl. Cramer/Sternberg-Lieben, in: Schönke/Schröder (Fn. 126), § 17 Rn. 13 ff.

des ESchG, wohl aber – unstreitig – im Sinne des StammzellG, da dieses in
§ 3 Nr. 4 – im Gegensatz zum ESchG – allein auf die Entwicklungsfähigkeit
abhebt.

(ii) Gewinnung, Einfuhr und Verwendung von embryonalen Stammzellen

Die *Gewinnung von ES-Zellen* unterliegt den Bestimmungen des ESchG,
nicht des StammzellG; Einfuhr und Verwendung existenter ES-Zellen
bestimmt sich demgegenüber nach den Regelungen des StammzellG, nicht
des ESchG (III.6.a). Wegen des „Zweckentfremdungsverbotes" in § 2 Abs. 1
ESchG ist die Gewinnung von Stammzellen aus Embryonen im Sinne des
ESchG ausgeschlossen. Nicht verboten ist die Herstellung von Stammzellen
aus zur Totipotenz reprogrammierten somatischen Zellen; jedoch unterliegen
diese dem Einfuhr- und Verwendungsverbot des § 4 Abs. 1 StammzellG.

Einfuhr und Verwendung von ES-Zellen ist nur mit *Genehmigung*
durch das RKI zulässig. Eine Genehmigung im Sinne von § 6 StammzellG
setzt insbesondere voraus, daß die Stammzellen vor dem 1.1.2002 gewonnen
wurden und die Herkunfts-Embryonen im Wege der medizinisch unterstützten extrakorporalen Befruchtung zum Zwecke der Herbeiführung einer
Schwangerschaft erzeugt worden sind. *Nicht genehmigungsfähig* sind Einfuhr und Verwendung von ES-Zellen aus Embryonen,

- die zwar zur medizinisch unterstützten Fortpflanzung erzeugt wurden,
wobei die Stammzellgewinnung aber nach dem erwähnten Stichtag erfolgt
ist,

- die durch „fortpflanzungsfremde" Befruchtung entstanden sind,

oder

- die von solchen totipotenten Entitäten gewonnen wurden, die durch ein
Klonierungsverfahren (Embryo-Splitting, Zellkerntransfer oder Reprogrammierung somatischer Zellen) erzeugt worden waren.

Auch bei HES-Zellen, die den eben erwähnten Herkunftsvoraussetzungen
genügen, ist die Genehmigung zu versagen, wenn die Gewinnung *offensichtlich im Widerspruch zu tragenden Grundsätzen der deutschen Rechtsordnung* erfolgt ist (§ 4 Abs. 3 StammzellG). Ein solcher Widerspruch kann
jedoch nicht schon darin erblickt werden, daß die Keimzellspender nicht in
die Verwendung des von ihnen stammenden Embryos zur Stammzellgewinnung eingewilligt haben (III.6.b (ii)), wenn die Rechtslage im Ursprungsland
eine solche Einwilligung nicht voraussetzt (vgl. § 4 Abs. 2 Nr. 1 StammzellG).

Auf *adulte Stammzellen* sowie auf Stammzellen, die aus abgegangenen
Foeten oder solchen nach Schwangerschaftsabbrüchen gewonnen wurden

(EG-Zellen), beziehen sich ESchG und StammzellG nicht; sie können ohne die Beschränkungen dieser Gesetze hergestellt, eingeführt und verwendet werden.

Die strafrechtliche Verantwortlichkeit knüpft in formaler Weise an das Einführen bzw. Verwenden *ohne Genehmigung* an (III.6.b (iv). Ohne Genehmigung handelt auch, wer dies auf Grund einer durch vorsätzlich falsche Angaben erschlichenen Genehmigung tut (§ 13 Abs. 1 S. 2 StammzellG). Voll verwirklicht ist der Straftatbestand nicht schon mit dem Erhalt der erschlichenen Genehmigung, sondern erst, wenn der Täter die so „erschlichenen" embryonalen Stammzellen einführt oder verwendet. Zwar ist auch die versuchte Tatbegehung mit Strafe bedroht (§ 13 Abs. 1 S. 3 StammzellG); doch wird man im Erschleichen der Genehmigung noch nicht das „unmittelbare Ansetzen" zur Verwirklichung des Tatbestandes (Einfuhr bzw. Verwendung) erblicken können, wie es für die Strafbarkeit als versuchte Tat in § 22 StGB vorausgesetzt wird; vielmehr wird darin nur eine insoweit straflose Vorbereitungshandlung zu erblicken sein.

„Einführen" im Sinne von § 13 Abs. 1 S. 1 StammzellG bedeutet Verbringen in das Staatsgebiet der Bundesrepublik Deutschland. Dieses Verbringen kann auch durch – unter Umständen selbst nicht strafbare – Dritte erfolgen (III 6.c). Bereits der vom Ausland aus erfolgende Versand stellt ein – strafbares – versuchsbegründendes „unmittelbares Ansetzen" zur Tatbestandserfüllung dar.

Unter „*Verwenden*" im Sinne von § 13 Abs. 1 S. 1 StammzellG ist der tatsächliche Gebrauch zu verstehen; dies setzt nicht zwingend voraus, daß im Zuge der Durchführung eines Vorhabens die HES-Zellen verbraucht oder auch nur verändert werden (III.6.d (ii)). Von einer „Verwendung" embryonaler Stammzellen kann allerdings erst dann gesprochen werden, wenn diese selbst im wissenschaftlichen Versuchsgeschehen unmittelbar präsent sind (III.6.d (ii)). Vom Schutzzweck des StammzellG ist nur eine im Inland erfolgende Verwendung erfaßt (III.6.d (iv)). Ein nachträgliches Ausnutzen von Erkenntnissen aus verbotener (inländischer oder ausländischer) Stammzellforschung wäre vom StammzellG nicht erfaßt (III.6.d (v)).

(iii) Beteiligung durch Beratung etc.

Strafbare Beteiligung an verbotener, weil nicht genehmigter *Einfuhr* ist bis zum Eintreffen der Stammzellen am inländischen Bestimmungsort (nicht nur bis zum Grenzübertritt) möglich (III.6.c).

Strafbare Beteiligung an verbotener, weil nicht genehmigter *Verwendung* kann in Form von Anstiftung, Beihilfe, Mittäterschaft oder – unter besonderen Umständen – auch mittelbarer Täterschaft geschehen. Für den praktisch wohl am ehesten bedeutsamen Fall der Beihilfe ist Voraussetzung, daß damit der Haupttäter einer „Verwendung" real oder zumindst psychisch vorsätzlich gefördert wird (III.7.b). Da strafbare Beihilfe bereits im Vorbereitungsstadium einer (bestimmten) Tat geleistet werden kann, wird man beispielsweise die Herstellung oder Bereitstellung von Reagenzien dann als strafbare Beihilfe anzusehen haben, wenn bereits ein – dem Helfer bekannter – Bezug zu einer konkreten beabsichtigten Verwendungshandlung, etwa zu einem bestimmten Experiment, besteht und diese später tatsächlich zur Ausführung kommt (III.6.d (ii)). Bei nach außen hin neutralen Handlungen ist eine gewisse Bezogenheit zur Tatbestandsverwirklichung erforderlich, die jedenfalls dann erreicht ist, wenn etwa dem Haupttäter Laboreinrichtungen zur Verfügung gestellt oder finanzielle Unterstützung geleistet (III.8) werden. Soweit diese finanzielle Unterstützung durch juristische Personen erfolgt, sind strafrechtlich verantwortlich diejenigen natürlichen Personen, die für die Institution gehandelt haben (§ 14 StGB). Die Förderung von Einrichtungen, die selbst nicht Stammzellforschung betreiben, jedoch ihrerseits mit – hier unterstellt: verbotswidrig handelnden – Stammzellforschern kooperieren, kann als sogenannte „Kettenbeihilfe" strafrechtlich von Belang werden, vorausgesetzt, auf der subjektiven Tatseite des Fördernden ist eine Kenntnis der entsprechenden Kooperations-Zusammenhänge gegeben.

Besteht die fragliche Beteiligungshandlung in der *Mitwirkung in einem beratenden Gremium*, kommt strafbare Beteiligung der Gremienmitglieder von vornherein nur in Betracht, soweit ein konkretes Forschungsvorhaben mit HES-Zellen Gegenstand der Beratung ist und der forschende Täter sich nicht dem deutschen Recht (insbesondere in Gestalt des ESchG und des StammzellG) gegenüber konform verhält. Keinesfalls dürfen sich Gremien-Beratungstätigkeiten auf die Gewinnung von HES-Zellen aus menschlichen Embryonen beziehen, da diese nach deutschem Recht generell untersagt ist (III.9.a (ii)). Soweit es um die Mitverantwortung für Gremienentscheidungen geht, bei denen ein Projekt beraten und befürwortet wird, das direkt mit – hier unterstellt: verbotswidriger – Forschung an embryonalen Stammzellen zu tun hat, können sich bei einstimmiger oder mit großer Mehrheit erfolgter Befürwortung des Vorhabens die Mitglieder der Mehrheitsfraktion nicht darauf berufen, ihr individuelles Abstimmungsverhalten sei für das Ergebnis nicht kausal geworden; hätten sie jeweils ablehnend votiert, so hätte dies im Ergebnis nichts daran geändert, daß das inkriminierte Projekt eine komfortable Mehrheit erhalten hätte. Vielmehr machen sie sich nach den Grundsätzen „additiver Tatbeteiligung" strafbar, soweit die übrigen Voraussetzungen der Strafbarkeit gegeben sind. Für interdisziplinär besetzte Fachgremien, deren Sinn und Zweck in *arbeitsteiliger Bündelung fachverschiedener Kompetenz* besteht – wie insbesondere im Falle von Ethikkommissionen anzunehmen –, kommt hingegen eine „kollektive" Verantwortlichkeit aller positiv votierenden Gremienmitglieder nur in Ausnahmefällen in Betracht (III.9.b (ii)). Überstimmte Kommissionsmitglieder sind nicht wegen ihres Abstimmungsverhaltens strafbar, jedoch unter Umständen wegen dazu im Widerspruch stehender Handlungen außerhalb der eigentlichen Abstimmung (III.9.b (iii)).

IV. Forschungs- und Beteiligungsaktivitäten ausschließlich im Ausland

Vielleicht mag es auf den ersten Blick verwundern, wenn hier auch Forschungsaktivitäten und Beteiligungskonstellationen, die ausschließlich im Ausland ablaufen, im Hinblick auf eine mögliche Strafbarkeit nach deutschem Recht untersucht werden sollen, geht es doch bei der in der Öffentlichkeit heftig diskutierten „Auslandsproblematik" der Embryonen- und Stammzellforschung meist um Beispielsfälle, in denen von deutschem Boden aus die Herstellung von Stammzellen im Ausland und deren Übersendung veranlaßt werden oder wo es um die grenzüberschreitende Mitwirkung an ausländischen Forschungsprojekten oder internationalen Beratungsgremien geht.[254] Wie sich jedoch bereits den in der Aufgabenstellung (oben I.2) genannten Anfragen entnehmen läßt, sind schon rein faktisch Fallkonstellationen denkbar, in denen ein deutscher Forscher ausschließlich auf ausländischem Boden in einer Art und Weise tätig wird, wie sie nach deutschem Strafrecht verboten sein könnte. Auch normativ ist eine Strafbarkeit nach deutschem Recht selbst bei ausschließlichem Tätigwerden im Ausland und ohne jede Auswirkung auf das Inland nicht grundsätzlich ausgeschlossen, auch wenn nur unter bestimmten Umständen zu besorgen. Worauf es dabei ankommen kann, bedarf daher einer Abklärung, wobei im wesentlichen drei Komplexe auseinanderzuhalten sind: Forschungsaktivitäten, die unter das ESchG fallen könnten (2), Forschungsaktivitäten, die allenfalls durch das StammzellG erfaßt sein könnten (3), sowie etwaige Beteiligungen an strafbaren Forschungsaktivitäten (4). Vor der Erörterung dieser Fallkonstellationen sowie einiger zusätzlicher Hilfserwägungen für den Fall des Abweichens von der hier eingenommenen Grundposition zur Inlandsbeschränkung des StammzellG (5) erscheint es jedoch angebracht, sich zunächst einmal über das allgemeine Strafanwendungsrecht bei Auslandstaten zu vergewissern (1).

---

[254] Vgl. z.B. Ausschußbericht BT-Drs. 14/8846 S. 14 (Begründung zu § 13 Abs. 3 – neu): „Deutsche Wissenschaftler könnten sich in allen Fällen strafbar machen, in denen sie sich von Deutschland aus in irgendeiner Form an Forschungsarbeiten beteiligen, bei denen die Forscher im Ausland mit menschlichen embryonalen Stammzellen forschen, die nach den Vorschriften dieses Gesetzes nicht eingeführt und verwendet werden dürfen."

1. Allgemein zur Anwendbarkeit des deutschen Strafrechts auf Auslandstaten

a) Grundsätzlich gilt nach § 3 StGB das deutsche Strafrecht nur für Taten, die im Inland begangen werden. Dieses „Territorialprinzip", wonach reine Auslandstaten vom deutschen Strafrecht nicht erfaßt werden, erfährt jedoch eine nicht unerhebliche Ausweitung schon, dadurch, daß als Ort der „Begehung" einer Tat nach § 9 StGB[255] nicht nur der „Handlungsort" gilt, an dem der Täter seine Handlung vornimmt (oder im Falle von Unterlassen hätte vornehmen müssen), sondern auch der „Erfolgsort", an dem sich das Handeln in tatbestandsrelevanter Weise auswirkt. Demzufolge wäre beispielsweise bei Versendung von Reagenzien von einem Labor vom Ausland aus in ein deutsches Labor, wo sie in einem verbotenen Embryoexperiment Verwendung finden, eine Inlandstat, ebenso wie in dem Fall, daß vom Ausland aus per E-Mail Instruktionen für ein hierzulande verbotenes Embryoprojekt übermittelt werden. Solche Fallkonstellationen, wie sie unter VI. zu betrachten sind, stehen an dieser Stelle somit nicht zur Diskussion. Vielmehr geht es hier um Fälle, in denen sich das fragliche Geschehen ausschließlich im Ausland abspielt.

b) Um solche reinen Auslandstaten durch das deutsche Strafrecht erfassen zu können, bedarf es einer weiteren Öffnung des Territorialprinzips aufgrund anderer „Anknüpfungspunkte", von denen in dem hier infragestehenden Forschungsbereich vor allem vier bedeutsam werden könnten:

(i) Zum einen das „aktive Personalitätsprinzip", wonach das deutsche Strafrecht auf eine Auslandstat gemäß § 7 Abs. 2 Nr. 1 StGB[256] anwendbar ist, wenn der Täter zur Tatzeit Deutscher war: Dementsprechend ist ein deutscher Forscher selbst in einem ausländischen Labor nicht ohne weiteres vor der deutschen Strafgewalt gefeit.

(ii) Zum zweiten das „passive Personalitätsprinzip", wonach gemäß § 7 Abs. 1 StGB[257] das deutsche Strafrecht auch auf eine gegen einen Deutschen gerichtete Auslandstat anwendbar ist: Dies könnte bedeutsam werden, wenn und soweit Embryonen oder humane Stammzellen, die von deutschen Ei- und Samenspendern stammen, ihrerseits als „Deutsche" zu betrachten wären.[258]

(iii) Zum dritten für den – wenngleich sicherlich kaum praktisch werdenden – Fall „stellvertretender Strafrechtspflege" nach § 7 Abs. 2 Nr. 2 StGB,[259] wenn der ausländische Forscher nach seiner Auslandstat nach Deutschland

---

[255] Voller Wortlaut in Anhang D.
[256] Voller Wortlaut in Anhang D.
[257] Voller Wortlaut in Anhang D.
[258] Vgl. dazu unten IV.2.b (ii).
[259] Voller Wortlaut in Anhang D.

kommen sollte und aus bestimmten Gründen nicht ausgeliefert werden könnte.

(iv) Zum vierten aufgrund einer Verbindung der „Schutz- und Personalitätsprinzipien" gemäß § 5 Nrn. 12 und 13 StGB,[260] wonach auf Taten, die ein Forscher als „Amtsträger" oder als „für den öffentlichen Dienst besonders Verpflichteter" begeht, das deutsche Strafrecht unabhängig vom Tatort anwendbar ist: Dies kann vor allem bei vorübergehender Auslandstätigkeit von beamteten deutschen Wissenschaftlern oder im Auftrag einer deutschen Einrichtung forschenden Ausländern relevant werden.[261]

c) Gegenüber diesem recht groß erscheinenden Strafbarkeitsrisiko selbst bei ausschließlichem Tätigwerden im Ausland bleiben jedoch sogleich zwei wesentliche Vorbehalte zu machen:

(i) Zum einen die in den drei ersten vorgenannten Fällen erforderliche Strafbarkeit am Tatort: Demzufolge kommt es für eine Strafbarkeit nach deutschem Recht darauf an, daß eine danach verbotene Embryo- oder Stammzellforschung auch am ausländischen Tatort unter Strafe steht. Dieses Erfordernis einer *„doppelten Strafbarkeit"* nach deutschem wie auch nach dem Tatortrecht gilt jedoch nur für die unter b) (i) – (iii) genannten Fälle einer von einem Deutschen (§ 7 Abs. 2 Nr. 1 StGB) oder einem nicht auslieferungsfähigen Ausländer (§ 7 Abs. 2 Nr. 2 StGB) begangenen bzw. gegen einen Deutschen gerichteten Tat (§ 7 Abs. 1 StGB), nicht dagegen für den Fall, daß der (deutsche oder ausländische) Forscher als „Amtsträger" oder „besonders Verpflichteter" in der unter b) (iv) genannten Fallgruppe tätig geworden ist: Deshalb stehen beamtete oder im öffentlichen Auftrag tätige Forscher unter einem erhöhten Strafbarkeitsrisiko.

(ii) Zum anderen kann sich für alle vorgenannten Fälle von b) ein weitgehender Ausschluß des deutschen Strafrechts bei Auslandstaten daraus ergeben, daß sich der *Schutzbereich des deutschen Straftatbestandes* von vornherein auf das Inland beschränkt und daher auf Auslandstaten selbst dann nicht anwendbar ist, wenn ansonsten einer der zuvor angeführten Anknüpfungspunkte vorliegen würde. Diese der etwaigen Erstreckung auf Auslandstaten vorgelagerte Vorfrage nach dem Schutzbereich des deutschen Straftatbestandes[262] bedarf daher sowohl im Hinblick auf das ESchG als auch

---

[260] Voller Wortlaut in Anhang D.

[261] Vgl. unten IV.2.b (iv) sowie zur Rechtsstellung als „Amtsträger" oder „besonders Verpflichtetem" unten VII.

[262] Zu diesem Erfordernis einer tatbestandsimmanenten Prüfung des Schutzbereichs des Straftatbestandes grundlegend bereits Friedrich Nowakowski, Anwendung des inländischen Strafrechts und außerstrafrechtliche Rechtssätze, in: Juristenzeitung (JZ), 1971, S. 633–638 (634), sowie unten V.2 (bei Fn. 396), wobei im vorliegenden Zusammenhang die Frage des Prüfungsstandorts dieses Schutzbereicherfordernisses – wie wohl richtigerweise – mit der herrschenden Meinung logisch vorrangig

– und noch mehr – im Hinblick auf das StammzellG einer besonderen Prüfung.

Wie aus dem zuletzt genannten Schutzbereichserfordernis zu folgern ist, hängt somit die Strafbarkeit von Embryonen- und Stammzellforschung nach deutschem Recht, wie sie sich oben bei III.1–6 zu Inlandstaten herausgestellt hat, bei ausschließlichem Handeln im Ausland entscheidend davon ab, ob und inwieweit die Straftatbestände des ESchG und des StammzellG von ihrem Schutzzweck her von vornherein auf Handeln im Inland beschränkt sind oder gleichsam tatortunabhängig auch grenzüberschreitend Beachtung beanspruchen. Denn je nachdem, ob diese tatbestandsimmanent aus dem jeweiligen Gesetz heraus zu beurteilende Frage zu bejahen oder zu verneinen ist, wird das Tor zur Anwendbarkeit des deutschen Strafrechts auf Forschungs- und Beratungsaktivitäten im Ausland geöffnet oder es bleibt verschlossen. Dabei ist freilich noch folgende unterschiedlich weitgehende Auswirkung zu beachten: Während letzterenfalls – bei Beschränkung des Schutzbereichs auf das Inland – eine Strafbarkeit bei Handeln im Ausland von vornherein und selbst für den Fall ausgeschlossen ist, daß einer der unter IV.1.b) genannten Anknüpfungspunkte vorliegt (und dies letztlich sogar bis zur Straflosigkeit inländischer Teilnahme an Auslandstaten durchschlägt[263]), ist ersterenfalls die Annahme eines tatortunabhängigen Schutzbereichs der infragestehenden Straftatbestände lediglich eine notwendige, nicht aber schon für sich allein hinreichende Bedingung für die Strafbarkeit einer Auslandstat; vielmehr muß dann noch einer der zuvor unter b) genannten Anknüpfungspunkte (sowie in den Fällen des § 7 StGB auch die Strafbarkeit nach Tatortrecht[264]) hinzukommen, um nach deutschem Recht strafbar zu sein. Gleichwohl bleibt es dabei, daß damit dem jeweiligen Schutzbereich der Straftatbestände des ESchG und des StammzellG vorentscheidende Bedeutung zukommt. Deshalb muß diese Prüfung am Anfang stehen, wobei es sich empfiehlt, die beiden Gesetze wegen ihrer möglicherweise unterschiedlichen Schutzobjekte und Verletzungsweisen getrennt zu untersuchen.

---

vor Anwendung der §§ 3 ff. und nicht erst nach Feststellung eines der vorgenannten „Anknüpfungspunkte" (wie derzeit etwa von Andreas Hoyer, in: Hans-Joachim Rudolphi/Eckhard Horn u.a. (Hrsg.), Systematischer Kommentar zum Strafgesetzbuch (SK), Band 1, Allgemeiner Teil, 6. Aufl. Neuwied/Kriftel 1997, Vorbem. 31 vor § 3 vertreten) – hier dahingestellt bleiben kann: vgl. Eser, in: Schönke/ Schröder (Fn. 126), Vorbem. 13 vor §§ 3–7, sowie zu abweichenden Auffassungen, ohne daß dies jedoch hier relevant würde, Jens Obermüller, Der Schutz ausländischer Rechtsgüter im deutschen Strafrecht im Rahmen des Territorialitätsprinzips, Diss. Tübingen 1999, S. 139 ff., jeweils mit weiteren Nachweisen.

[263] Vgl. dazu unten V.2.c (i).
[264] Vgl. oben c (i).

2. Schutzbereich und Strafbarkeit nach dem Embryonenschutzgesetz

Soweit es allein um Embryonenforschung im Ausland geht, sind belegbare Äußerungen dazu eher dürftig bis hin zu irrig. Wenn etwa in der parlamentarischen Debatte zum Stammzellgesetz als allgemein bekannt festgestellt wird, daß ein deutscher Wissenschaftler, der „in Boston Stammzellinien kreiert – das heißt, der Embryonen dafür tötet – straflos (bleibe)",[265] so mag das zwar für den amerikanischen Tatort Boston stimmen, solange es dort kein dem ESchG entsprechendes Embryonenschutzgesetz gibt. Wenn jedoch im Anschluß daran ohne weitere Differenzierung von Stammzellgewinnung im „Ausland" die Rede ist, so könnte dies den voreiligen Schluß nahelegen, daß schon der Schutzbereich des ESchG nicht über die deutschen Grenzen hinausgehe.[266] Oder wenn etwa im führenden ESchG-Kommentar hinsichtlich der Strafbarkeit einer Auslandstat nach dem ESchG zwar nur von der Tatbegehung eines Deutschen gesprochen wird und dafür lediglich § 7 Abs. 2 StGB in Betracht komme,[267] so wird aber dabei – ohne freilich auch an andere Anknüpfungspunkte (wie vor allem an die Amtsträgerschaft eines Universitätsforschers) zu denken[268] – offenbar anders als bei der zuvor genannten parlamentarischen Ansicht stillschweigend von der grundsätzlichen Erstreckbarkeit des ESchG auf Auslandstaten ausgegangen.[269]

a) Diese Annahme erweist sich letztlich in der Tat auch als berechtigt. Zwar läßt sich dies nicht ganz so einfach wie bei den grundsätzlich unbeschränkten Verboten des Schwangerschaftsabbruchs (§ 218 StGB) oder des Organ-

---

[265] So Margot von Renesse, BT-Plenarprotokoll 14/233, S. 23210 (D) wie auch Maria Böhmer S. 23225 (D). Im gleichen Sinne Lilie/Albrecht (Fn. 55), NJW 2001, S. 2775, Schroth (Fn. 57), JZ 2002, S. 171, Taupitz (Fn. 34), ZRP 2002, S. 111 wie offenbar auch schon die pauschale Feststellung von Erwin Deutsch Embryonenschutz in Deutschland, NJW 1991, S. 721–725, daß das ESchG, soweit es an einer Inlandstat fehlt, nach dem herrschenden Tatortprinzip nicht auf reine Auslandstaten anzuwenden sei (S. 723).

[266] So wohl Neidert (Fn. 16), ZRP 2002, S. 469, 471, wenn er wiederholt die Gewinnung von embryonalen Stammzellen nur im Inland für verboten erklärt, wie auch Heinz (Fn. 50), S. 209, wenn er den räumlichen Geltungsbereich des ESchG als nicht auf Auslandstaten erweitert sieht.

[267] Günther, in: Keller/Günther/Kaiser (Fn. 12), S. 125 f.

[268] Vgl. die oben unter IV.1.b genannten Fallgruppen.

[269] Insoweit dürfte gleiches auch den Stellungnahmen von Lilie/Albrecht (Fn. 55), NJW 2001, S. 2776 und Schroth (Fn. 57), JZ 2002, S. 171 zur möglichen Strafbarkeit von inländischer Teilnahme an einer im Ausland begangenen Tötung von Embryonen zwecks Gewinnung von Stammzellen zu entnehmen sein (vgl. dazu auch unten V.2). Von welcher Grundannahme das Müssig/Dahs-Gutachten ausgeht, ist nicht ohne weiteres erkennbar, da es sich lediglich im Hinblick auf das StammzellG mit der Schutzbereichsfrage beschäftigt.

handels (§ 18 Transplantationsgesetz) begründen; denn während diese Verbote ausdrücklich im Katalog der tatortunabhängig verwirklichbaren Straftatbestände des § 5 StGB aufgeführt sind (Nr. 9 bzw. Nr. 15) und darin unzweifelhaft der grenzüberschreitende Schutzbereich dieser Tatbestände zum Ausdruck kommt, fehlt es für das ESchG an einer solchen grundsätzlich unbegrenzten Schutzproklamation. Doch selbst wenn dies – entgegen seinerzeitigen Anregungen aus der Wissenschaft, den (extrakorporalen) Embryonenschutz nicht anders zu behandeln als den Schutz gegen (intrakorporalen) Schwangerschaftsabbruch[270] – der Gesetzgeber bewußt unterlassen hat[271] und daher auch eine planwidrige Regelungslücke zu verneinen ist,[272] braucht dies nicht ohne weiteres die Beschränkung des Schutzbereichs des ESchG auf das Inland zu bedeuten; denn die Nichtaufnahme der Straftatbestände des ESchG in den Katalog der gegen Auslandstaten geschützten inländischen Rechtsgüter des § 5 StGB hat lediglich zur Folge, daß für die Strafbarkeit nach deutschem Recht auch das Tatortstrafrecht relevant bleibt.[273] Dies schließt jedoch nicht aus, dem ESchG gleichwohl einen grenzüberschreitenden Schutzbereich zuzuerkennen; denn da dieser, wie bereits erläutert, tatbestandsimmanent und somit sowohl vorgreiflich als auch unabhängig von den räumlichen Strafanwendungsregeln der §§ 3 bis 7 StGB zu bestimmen ist,[274] kommt es entscheidend darauf an, welche Art von Rechtsgütern die Straftatbestände des ESchG zu schützen bestimmt sind.

Dies wiederum hängt nach allgemeiner Meinung maßgeblich davon ab, ob es sich bei den Schutzgütern des ESchG um Individualrechtsgüter handelt, die ohne Rücksicht auf die Nationalität des Rechtsgutinhabers oder die Belegenheit seines Rechtsguts als sogenannte „inländische" Rechtsgüter geschützt sein sollen, oder ob es beim ESchG um den Schutz staatlicher Interessen geht, die nur insoweit geschützt werden, als sie dem eigenen Staat dienen, nicht hingegen, soweit es sich um ausländische Hoheitsträger handelt, weswegen man insoweit auch von „ausländischen" Rechtsgütern spricht.[275] Anders als sich nachfolgend beim StammzellG zeigen

---

[270] Und zwar in der Weise, daß durch Anwendung des aktiven oder passiven Personalitätsprinzips Verstöße gegen das Embryonenschutzgesetz von Deutschen oder gegen solche unabhängig vom Tatort strafbar sein sollten: vgl. namentlich Hans-Ludwig Günther, Der Diskussionsentwurf eines Gesetzes zum Schutz von Embryonen, Goltdammer's Archiv für Strafrecht (GA) 1987, S. 433–457 (456); Hans-Georg Koch, Medizinisch unterstützte Fortpflanzung beim Menschen – Handlungsanleitung durch Strafrecht?, Medizinrecht 1986, S. 259–265 (264).

[271] Was etwa von Deutsch (Fn. 265), NJW 1991, S. 723 sogar ausdrücklich begrüßt wurde.

[272] So zu Recht Taupitz (Fn. 34), ZRP 2002, S. 112.

[273] Zu diesem Erfordernis sogenannter „doppelter Strafbarkeit" vgl. bereits oben IV.1.c (i).

[274] Vgl. oben IV.1.c (ii).

[275] Bei dieser Grenzziehung bleibt freilich bewußt zu machen, daß sie weder gegenständlich leicht zu bestimmen noch terminologisch frei von Mißverständlichkeiten ist, könnte doch die Bezeichnung als „inländisch" den Schluß nahelegen, daß sich der Schutzbereich dieser Rechtsgüter auf das Inland beschränkt, während

wird,[276] dürfte beim ESchG jedenfalls insoweit, als es um den konkreten Schutz von bereits existierenden Embryonen – und nicht um die mehr im öffentlichen Interesse liegende Abwehr von „gespaltenen Mutterschaften" oder die Absicherung bestimmter familialer Institutionen[277] – geht, der individuale Schutzcharakter schwerlich zu bestreiten sein. Denn wenn nicht um des Wohles des betroffenen Embryos selbst willen, in wessen sonstigem Interesse sollten die hier in Frage stehenden Schutztatbestände des ESchG geschaffen worden sein? Insoweit kann schwerlich anderes gelten als beim Schwangerschaftsabbruch, bei dessen Verbot es – neben welchen anderen Schutzinteressen der Schwangeren oder der Allgemeinheit auch immer – primär um den Schutz des ungeborenen Lebens geht.[278] Diesem Vergleich entgegenhalten zu wollen, daß es beim Schwangerschaftsabbruch um ungeborenes Leben im Mutterleib geht, während es sich beim ESchG um extrakorporales Leben handele, würde verkennen, daß mit dem ESchG gerade bezweckt wird, die Schutzlücke zu schließen, die daraus entstanden ist, daß der Schwangerschaftsabbruchstatbestand erst mit der Einnistung des Eies in der Gebärmutter einsetzt (§ 218 Abs. 1 S. 2 StGB).[279] Insbesondere läßt sich dem auch nicht etwa die Rechtsprechung des Bundesverfassungsgerichts entgegenhalten, das in seinen beiden Entscheidungen zu Reformgesetzen des Schwangerschaftsabbruchs „Leben im Sinne der geschichtlichen Existenz eines menschlichen Individuums jedenfalls vom 14. Tag nach der Empfängnis"[280] angenom-

---

gerade umgekehrt, wie auch in der Überschrift von § 5 StGB zum Ausdruck kommend, „inländische Rechtsgüter" unabhängig vom Tatort und dessen Recht geschützt sein sollen (vgl. Eser, in: Schönke/Schröder (Fn. 126), Vorbem. 14 ff. vor §§ 3–7, S. 72 f., Wolfgang Zieher, Das sog. Internationale Strafrecht nach der Reform, Berlin 1978, S. 139 f.). Gleichwohl hat sich dieses für die Tatbestandsauslegung maßgebliche Differenzierungsprinzip im Grundsatz für das gesamte Strafrecht durchgesetzt: vgl. – statt vieler – aus der Rechtsprechung BGHSt 22 (1969), S. 282, 285 bzw. aus der Literatur Günter Gribbohm, in: Burkhard Jähnke/Heinrich Wilhelm Laufhütte u. a. (Hrsg.), StGB – Leipziger Kommentar (LK), 11. Aufl. Berlin/New York 1997, Vorbem. 160 ff. vor § 3; Hans-Heinrich Jescheck/Thomas Weigend, Lehrbuch des Strafrechts. Allgemeiner Teil, 5. Aufl. Berlin 1996, S. 176 f. sowie eingehend Obermüller (Fn. 262), S. 42 ff., jeweils mit weiteren Nachweisen.

[276] Vgl. unten IV.3.

[277] Wie etwa durch die Straftatbestände des § 1 Abs. 1 Nr. 1, Nr. 7 ESchG (vgl. Keller, in: Keller/Günther/Kaiser (Fn. 12), S. 147 zu § 1 Abs. 1 Nr. 1 Rn. 1, S. 179 f. zu § 1 Abs. 1 Nr. 7 Rn. 1 ff.). Diesen Straftatbeständen ein öffentliches Schutzinteresse zu entnehmen, braucht jedoch nicht definitiv auszuschließen, daß daneben auch individuale Interessen sogar vorrangig mitgeschützt sein können, wie etwa im Falle von § 1 Abs. 1 Nr. 6 (vgl. Keller, in: Keller/Günther/Kaiser, Fn. 12, S. 174 zu § 1 Abs. 1 Nr. 6 Rn. 4). Dies kann jedoch hier, wo es vornehmlich um den Schutz von Embryonen in der Forschung im allgemeinen beziehungsweise zur Gewinnung von Stammzellen im besonderen geht, dahingestellt bleiben.

[278] Vgl. im einzelnen Eser, in: Schönke/Schröder (Fn. 126), Vorbem. 9 vor §§ 218 ff. mit weiteren Nachweisen.

[279] Näher zur Vorgeschichte und den Zielsetzungen des ESchG Keller, in: Keller/Günther/Kaiser (Fn. 12), S. 57 ff.

[280] BVerfGE 39 (1975), S. 1, 40; 88 (1993), S. 203, 251.

men hat und damit den extrakorporalen Embryo aus dem grundrechtlichen Schutzbereich auszuschließen scheint;[281] denn nicht nur, daß sich seinem Verfahrensgegenstand entsprechend das Bundesverfassungsgericht nur mit Schwangerschaftsabbruch – und damit allein mit intrakorporalem Leben und selbst bei diesem nur ab dem gesetzlich vorgesehenen Nidationszeitpunkt – zu befassen hatte; vielmehr hat das Gericht, indem es „jedenfalls" vom 14. Tag nach der Empfängnis an von einem menschlichen Individuum ausgeht, nicht ausgeschlossen, daß auch schon zuvor individuales menschliches Leben existiert, dessen Schutzes sich die Rechtsordnung annehmen kann.[282] Ebenso wenig erscheint in diesem Zusammenhang der sowohl juristisch wie ethisch umstrittene Status des Embryos im Sinne eines „Menschen", einer „Person" oder eines sonstwie eigenständigen „Individuums" von Belang.[283] Denn wie auch immer der moralische und rechtliche Status des extrakorporalen Embryos letztlich zu definieren und zu institutionieren ist, dürfte die allgemeine Meinung sowohl in den Natur- und Geisteswissenschaften wie auch in der Öffentlichkeit – von nie gänzlich auszuschließenden Außenseiterstimmen abgesehen – doch dahin gehen, daß es sich bei dem aus menschlichen Ei- und Samenzellen stammenden Embryo um menschliches Leben handelt, das auf die Entwicklung eines Individuums angelegt ist. Demzufolge wird den Straftatbeständen zugunsten des menschlichen Embryos individualer Schutzcharakter zuzusprechen sein.

Das hat zur Folge, daß der Schutzbereich des ESchG jedenfalls insoweit, als es um die hier in Frage stehenden forschungsrelevanten Tatbestände geht, nicht von vornherein auf das Inland beschränkt ist, sondern auch bei rein ausländischen Forschungsaktivitäten tangiert sein kann.

b) Wie erinnerlich, reicht dies allerdings für sich allein für eine Strafbarkeit nach deutschem Recht noch nicht aus.[284] Vielmehr muß noch ein besonderer „Anknüpfungspunkt" der oben bei IV.1.b genannten Art hinzukommen.

---

[281] Woraus man meint schließen zu können, daß das BVerfG hinsichtlich des Embryos in vitro keine Rechtssubjektivität angenommen habe: so namentlich Jörn Ipsen, Der „verfassungsrechtliche Status" des Embryos in vitro, JZ 2001, S. 989–996 (991), Schroth (Fn. 57), JZ 2002, S. 176; Merkel (Fn. 79), S. 83.

[282] In diesem Sinne etwa Starck (Fn. 80), JZ 2002, S. 1066 ff. Vgl. dazu auch schon Albin Eser, Neuartige Bedrohungen ungeborenen Lebens. Embryoforschung und „Fetozid" in rechtsvergleichender Perspektive, Heidelberg 1990, S. 41 f.

[283] Vgl. dazu etwa Heun (Fn. 80), JZ 2002, S. 518 ff.; Kloepfer (Fn. 84), JZ 2002, S. 420 ff.; Edzard Schmidt-Jortzig, Systematische Bedingungen der Garantie des unbedingten Schutzes der Menschenwürde in Art. 1 GG – unter besonderer Berücksichtigung der Probleme am Anfang menschlichen Lebens –, in: Die Öffentliche Verwaltung (DÖV) 2001, 925–932, 928 ff. sowie – in Auseinandersetzung mit der Position von Ronald Dworkin, Die Grenzen des Lebens. Abtreibung, Euthanasie und persönliche Freiheit, Hamburg 1994 – Albin Eser, Rechtspolitische Schlußbetrachtungen, in: Albin Eser/ Hans-Georg Koch, Schwangerschaftsabbruch und Recht. Vom internationalen Vergleich zur Rechtspolitik, Baden-Baden 2003, S. 223–320, 279 ff.

[284] Vgl. oben IV.1.c.

Danach kommt von den Forschungsaktivitäten, die sich bei inländischem Handeln als strafbar herausgestellt haben,[285] auch bei Handeln im Ausland Strafbarkeit nach deutschem Recht in folgenden Fallgruppen in Betracht:

(i) Zum einen Forschungsaktivitäten von deutschen Staatsangehörigen, wenn sie in vergleichbarer Weise wie nach dem ESchG auch nach dem Recht des Tatorts strafbar sind (Fallgruppe des § 7 Abs. 2 Nr. 1 StGB):[286] Demzufolge macht sich ein deutscher Forscher in einem Land, in dem es ein dem ESchG vergleichbares Strafgesetz gibt, sowohl nach dem dortigen Recht als auch nach dem deutschen Recht strafbar.[287]

(ii) Entsprechendes gilt für einen ausländischen Forscher, der nach einer im Ausland durchgeführten und dort gleichermaßen wie nach dem ESchG strafbaren Stammzellgewinnung in die Bundesrepublik Deutschland gelangt und von hier nicht ausgeliefert werden kann (Fallgruppe des § 7 Abs. 2 Nr. 2 StGB).[288]

(iii) Wenn auch nicht völlig zweifelsfrei, so kommt Strafbarkeit eines im Ausland tätigen Forschers – und zwar ohne Rücksicht auf seine Staatsangehörigkeit – auch dann in Betracht, wenn die betreffende Forschung ebenso wie nach dem deutschen ESchG auch am Tatort unter Strafe steht und ein Embryo betroffen ist, der aus den Ei- und Samenzellen deutscher Spender stammt. Dies würde allerdings voraussetzen, daß man, ebenso wie der Foetus einer deutschen Schwangeren im Falle des Schwangerschaftsabbruchs als deutsch im Sinne von § 7 Abs. 1 StGB betrachtet wird,[289] auch die Vernichtung eines von (mindestens einem) deutschen Keimzellenspender stammenden Embryo-in-vitro als eine „gegen einen Deutschen" gerichtete Tat ansieht, was sich jedoch bislang – soweit ersichtlich – nicht vertreten findet.[290]

---

[285] Vgl. oben III.1–5.

[286] Zum gleichen Ergebnis einer Strafbarkeit, wenngleich ohne Problematisierung der Schutzbereichsfrage, kommen Günther, in: Keller/Günther/Kaiser (Fn. 12), S. 125 Rn. 13, und Lilie/Albrecht (Fn. 55), NJW 2001, S. 2775, während von Schroth (Fn. 57), JZ 2002, S. 171, eine mögliche Strafbarkeit nach dem ESchG bei Gewinnung von embryonalen Stammzellen im Ausland durch Deutsche gemäß § 7 Abs. 2 Nr. 1 StGB offenbar übersehen wird. Gleiches gilt für die vorbehaltlose Annahme von Erlaubtheit der Stammzellengewinnung aus einem Embryo durch einen deutschen Forscher im Ausland durch Taupitz (Fn. 34), ZRP 2002, S. 111 sowie für entsprechende parlamentarische Äußerungen.

[287] Zu der dadurch möglichen Koinzidenz mehrfacher Strafbarkeit nach verschiedenen Rechtsordnungen vgl. unten VIII.10 – Ein vergleichender Überblick über die diesbezügliche Rechtslage in verschiedenen (vornehmlich westlichen) Ländern findet sich in Anhang E.

[288] Näher zu diesem – wenngleich praktisch eher unwahrscheinlichen – Fall „stellvertretender Strafrechtspflege" oben IV.1.b (iii).

[289] Vgl. zum Streitstand Eser, in: Schönke/Schröder (Fn. 126), § 7 Rn. 6 sowie insbesondere die Gegenauffassung von Andreas Henrich, Das passive Personalitätsprinzip im deutschen Strafrecht, Freiburg 1993, S. 114 ff.

[290] So findet sich diese Fallkonstellation in anderen einschlägigen Veröffentlichungen und Stellungnahmen nicht einmal erwähnt, weil offenbar nicht bedacht.

(iv)   Ein gesteigertes Strafbarkeitsrisiko besteht für Forscher, die in dienstlichem Zusammenhang gegen das ESchG verstoßen, weil sie in diesem Fall auch dann nach deutschem Recht strafbar sein können, wenn es am ausländischen Tatort an einer entsprechenden Strafvorschrift fehlt (§ 5 Nrn. 12 und 13 StGB): Dies betrifft zum einen beamtete oder für den öffentlichen Dienst besonders verpflichtete deutsche Forscher bereits für den Fall, daß sie während eines dienstlichen Aufenthalts oder in Beziehung auf den Dienst – also ohne unbedingt in dieser Eigenschaft – Stammzellen aus menschlichen Embryonen gewinnen oder an entsprechend strafbaren Embryonenforschungen mitwirken (§ 5 Nr. 12 StGB).[291] Gleiches gilt für einen ausländischen Forscher, der aufgrund seiner Anstellung in Deutschland nach hiesigem Recht den Status eines „Amtsträgers" (§ 11 Abs. 1 Nr. 2c StGB) oder eines „für den öffentlichen Dienst besonders Verpflichteten" (§ 11 Abs. 1 Nr. 4 StGB) innehat und in dieser Eigenschaft – also nicht lediglich während eines dienstlichen Aufenthalts oder in Beziehung auf den Dienst – im Ausland eine nach dem ESchG verbotene Forschungstätigkeit vornimmt.[292]

(v)   Soweit nach dem Vorangehenden eine Strafbarkeit nach dem deutschen ESchG anzunehmen ist, ist bei Zusammenwirken mehrerer Forscher die Art der Tatbeteiligung grundsätzlich gleichgültig: Je nach den allgemeinen Grundsätzen der §§ 25 bis 29 StGB[293] kommt daher neben Alleintäterschaft auch Mittäterschaft, mittelbare Täterschaft sowie Teilnahme in Form von Anstiftung und Teilnahme in Betracht.[294]

---

[291] Näher zu dessen Voraussetzungen wie auch zu denen des nachfolgenden § 5 Nr. 13 unten VII.

[292] Von diesen beiden Fallkonstellationen findet im Müssig/Dahs-Gutachten, s. o. S. 19, nur die eines deutschen Wissenschaftlers nach § 5 Nr. 12 StGB – mit gleicher Annahme von Strafbarkeit wie hier – Erwähnung, nicht hingegen die mögliche Strafbarkeit eines ausländischen Wissenschaftlers nach § 5 Nr. 13 StGB. Gleiches ist hinsichtlich beider Fallgruppen zu anderen einschlägigen Veröffentlichungen festzustellen, wie namentlich zu Lilie/Albrecht (Fn. 55), NJW 2001, S. 2775, wo sich § 5 StGB zwar erwähnt findet, aber dabei offenbar nur an eine – in der Tat nicht vorzufindende – Parallele zu der den Schwangerschaftsabbruch betreffenden Nr. 9, nicht aber an die Amtsträgerklauseln der Nr. 12 und 13 gedacht wird.

[293] Der Wortlaut dieser Bestimmungen aus dem Allgemeinen Teil des StGB findet sich in Anhang D.

[294] Vgl. des weiteren dazu auch unten IV.4.a. Zu Besonderheiten, die sich für den Fall der Strafbarkeit aufgrund Handelns mit dienstlichem Bezug (§ 5 Nrn. 12, 13 StGB; vgl. zuvor (iv)) ergeben und täterschaftliches Handeln erfordern könnten, vgl. unten VII.4.c.

3. Schutzbereich und Strafbarkeit nach dem Stammzellgesetz

Wie schon vorangehend beim ESchG, so ist auch zur etwaigen Strafbarkeit von Auslandstaten nach dem StammzellG zunächst dessen Schutzbereich zu bestimmen.[295] Auch wenn einzuräumen ist, daß sich diese Frage angesichts des grenzüberschreitenden Charakters des Stammzellimports insbesondere bei Handeln vom Inland ins Ausland stellen wird und dabei vornehmlich mögliche Formen der Beteiligung zur Diskussion stehen,[296] kann die Frage nach dem Schutzbereich des StammzellG doch auch schon aus dem Blickwinkel von ausschließlichem Handeln im Ausland bedeutsam sein. Falls sich nämlich herausstellen sollte, daß die Strafvorschrift des § 13 StammzellG nicht nur die Verwendung von Stammzellen im Inland, sondern auch im Ausland verbieten will, etwa weil nach dem in § 4 Abs. 2 Nr. 1b StammzellG vorgesehenen Stichtag gewonnen oder ohne Genehmigung nach § 6 StammzellG verwendet, käme sowohl eine täterschaftliche Strafbarkeit wie auch eine Teilnahme daran in Betracht.[297] Zudem könnten die Schutzbereichsgrenzen noch klarer hervortreten, wenn man sie im Hinblick auf ein Handeln ausschließlich im Ausland untersucht.

Doch diese Aufgabe erweist sich hinsichtlich des StammzellG als weitaus schwieriger, als es zuvor schon beim ESchG der Fall war. Denn da in den parlamentarischen Beratungen, wie bereits oben eingangs zu IV.2 angedeutet, unterschiedlich weitgehende Vorstellungen über die Auslandserstreckung des StammzellG im Falle von Teilnahme herrschten und dabei die internationalstrafrechtlichen Implikationen offenbar nicht voll erkannt wurden, sind divergierende Einschätzungen zu konstatieren: Während in öffentlichen Äußerungen die Meinung vorzuherrschen scheint, daß etwa eine vom Inland ausgehende Anstiftung zur Verwendung von Stammzellen im Ausland strafbar sei,[298] kommt das Müssig/Dahs-Gutachten zum gegenteiligen Ergebnis, wobei dies maßgeblich damit begründet wird, daß Forschungsvorhaben an embryonalen Stammzellen im Ausland nicht vom Straftatbestand des § 13 Abs. 1 StammzellG erfaßt seien und demzufolge auch für die Unter-

---

[295] Vgl. oben IV.1.c (ii).

[296] Näher unten V.2, aber auch unten IV.4.

[297] Diese Fallkonstellation wird in der – soweit ersichtlich – bislang einzigen verfügbaren Stellungnahme zum Schutzbereich des StammzellG im Müssig/Dahs-Gutachten nicht ausdrücklich angesprochen; statt dessen findet sich die Schutzbereichsproblematik des StammzellG lediglich im Hinblick auf mögliche Beteiligung vom Inland ins Ausland behandelt.

[298] Diese Auffassung dürfte insbesondere der Begründung des Änderungsantrags BT-Drs. 14/8876, mit dem die vom BT-Bildungsausschuß vorgeschlagene Ausschließung des § 9 Abs. 2 S. 2 StGB (vgl. Fn. 54 zu BT-Drs. 14/8846) zurückgenommen wurde, zugrunde gelegen haben. Vgl. auch Werner Lensing und Maria Böhmer, BT-Plenarprotokoll 14/233 S. 23212 bzw. S. 23225.

stützung solcher Projekte keine Strafbarkeit als Teilnehmer in Betracht komme.[299]

a) Angesichts dieser entgegengesetzten Positionen, von denen sich keine auf einen ausdrücklichen Wortlaut des Gesetzes berufen kann, ist zu der hier anstehenden Schutzbereichsfrage als erstes festzustellen, daß ein klarer und eindeutiger Wille des Gesetzgebers nicht zu erkennen ist. Denn hätte er einerseits zweifelsfrei eine Erstreckung des Schutzbereichs des StammzellG auf das Ausland erreichen wollen, so wäre eine Aufnahme von § 13 StammzellG in den Katalog des § 5 StGB – ähnlich wie etwa im Falle des durch das Transplantationsgesetz verbotenen Organhandels gemäß § 5 Nr. 15 StGB[300] – der beste Weg gewesen, weil damit der Schutz von Embryonen gegen unzulässige Gewinnung oder Verwendung von Stammzellen als „tatortunabhängiges" Rechtsgut anerkannt gewesen wäre. Oder hätte der Gesetzgeber andererseits eine Beschränkung des StammzellG auf Handeln im Inland sicherstellen wollen,[301] so hätte sich der zeitweilig geplante Ausschluß der Strafbarkeit eines Teilnehmers an einer Auslandstat, indem der dies grundsätzlich ermöglichende § 9 Abs. 2 StGB im Falle von § 13 StammzellG keine Gültigkeit haben sollte,[302] in der Tat in diese Richtung deuten lassen,[303] aber selbst dies weder zwingend noch in jeder Hinsicht exklusiv; denn wie möglicherweise von den Verfechtern dieser Ausschlußklausel nicht bedacht, wäre diese einerseits über das Ziel hinausgeschossen, indem selbst an einer nach ausländischem Recht strafbaren Haupttat die Teilnahme von deutschem Boden aus straflos geblieben wäre, während andererseits die beabsichtigte Straflosigkeit des inländischen Teilnehmers die etwaige Strafbarkeit des im Ausland agierenden Haupttäters – entsprechend den bereits zum ESchG besprochenen Fallgruppen – unberührt gelassen hätte. Nachdem nun wenigstens solche Ungereimtheiten nicht zu beklagen sind, sollte sich das aus der Scientific Community vernehmbare Bedauern über das parlamentarische Scheitern dieser Ausschlußklausel[304] in Grenzen halten. Denn wenn und soweit es nach dem Zweck des StammzellG vornehmlich, wenn nicht gar allein darum gehen soll, „von Deutschland aus" eine Gewinnung embryonaler Stammzellen zu vermeiden (§ 1 Nr. 2 StammzellG), wäre ausschließliches Handeln im Ausland sowohl für täterschaftliches als auch für

---

[299] Müssig/Dahs-Gutachten, Bl. s. o. S. 19 ff., S. 33 ff.

[300] Voller Wortlaut in Anhang D.

[301] Wie dies etwa für bestimmte Staatsschutzdelikte durch § 90 StGB geschehen ist, wonach § 84 (Fortführung einer für verfassungswidrig erklärten Partei), § 85 (Verstoß gegen ein Vereinigungsverbot) und § 87 (Agententätigkeit zu Sabotagezwecken) „nur für Taten (gelten), die durch eine im räumlichen Geltungsbereich dieses Gesetzes ausgeübte Tätigkeit begangen werden".

[302] Vgl. oben II.3 und unten V.2 zu § 13 Abs. 3 StammzellG in der Fassung der Beschlußempfehlung des Ausschusses für Bildung, Forschung und Technikfolgenabschätzung, BT-Drs. 14/8846, S. 9 (Wortlaut oben bei Fn. 42).

[303] Vgl. BT-Drs. 14/8846, S. 14.

[304] Vgl. oben II.3.

nur teilnehmendes Handeln außerhalb Deutschlands von der Strafbarkeit nach dem deutschen StammzellG auszunehmen. Das aber ist weder ausdrücklich geschehen noch war – ausweislich der erreichbaren Gesetzesmaterialien – eine solche explizite Klarstellung zu irgendeinem Zeitpunkt geplant. Mangels eindeutiger gesetzlicher Aussage ist somit der Schutzbereich des StammzellG nach allgemeinen Auslegungsgrundsätzen zu bestimmen.[305]

Für diese Auslegung kommt – ähnlich wie schon zum Schutzbereich des ESchG – auch beim StammzellG dem Charakter des zu schützenden Rechtsguts wesentliche Bedeutung zu.[306] Dazu erscheinen folgende Gesichtspunkte beachtenswert:

• Soweit es um *Embryonen* als solche geht, sind diese – wie zuvor gezeigt – schon vom ESchG gegen eine Vernichtung durch die Gewinnung von Stammzellen geschützt,[307] und zwar vom grundsätzlichen Schutzumfang her auch im Ausland.[308] Insofern gab es jedenfalls gegenüber einer verbotenen Stammzellgewinnung keine Schutzlücke, die erst durch das StammzellG zu schließen gewesen wäre. Gleichwohl könnte dem StammzellG eine zusätzliche Funktion zukommen, indem nach der Zielsetzung von § 1 Nr. 2 StammzellG dem letztlich durch das ESchG zu verhindernden Embryonenverbrauch schon im Vorfeld dadurch entgegenzuwirken ist, daß der Import von Stammzellen ins Inland und dessen inländische Verwendung verboten ist und dadurch auch eine unzulässige Stammzellgewinnung im Ausland gleichsam „sinnlos" wird.[309] Eine solche Funktionsbestimmung von § 13 in Verbindung mit § 1 Nr. 2 StammzellG könnte in der Tat für einen sich auch ins Ausland erstreckenden Schutzbereich des StammzellG sprechen. Darauf wird zurückzukommen sein.

• Soweit es hingegen um (embryonale) *Stammzellen* als solche geht, können diese jedenfalls nicht mehr den Schutz als Embryonen genießen; denn anders als jene haben Stammzellen – definitionsgemäß (vgl. § 3 Nr. 1 StammzellG[310]) – nicht mehr das Potential, sich zu einem austragbaren

---

[305] Allgemein dazu Eser, in: Schönke/Schröder (Fn. 126), § 1 Rn. 36 ff. mit weiteren Nachweisen.

[306] Vgl. oben IV.1.c (ii), 2.a.

[307] Vgl. oben III.1.

[308] Vgl. oben IV.2.a.

[309] In diesem Sinne bereits der Beschluß des Deutschen Bundestags vom 30.1.2002 (BT-Drs. 14/8102, S. 3), wonach umgehend ein Gesetz zu verabschieden sei, „das dem Verbrauch weiterer Embryonen zur Gewinnung humaner embryonaler Stammzellen entgegenwirkt". Vgl. ferner die Begründung in BT-Drs. 14/8394 S. 8 unter II., wonach die im StammzellG getroffenen Regelungen sicherstellten, „daß der Verbrauch menschlicher Embryonen nicht von Deutschland aus veranlaßt wird und durch die Zulassung der Einfuhr keine Ausweitung der Nachfrage nach neuen Stammzellen hervorgerufen wird mit der Folge, daß weitere Embryonen vernichtet werden".

[310] Voller Wortlaut in Anhang B.

Menschen zu entwickeln. Gleichwohl bleibt zu fragen, ob Stammzellen hinreichend individualen Charakter haben, um hinsichtlich ihrer
Schutzfähigkeit als Individualrechtsgüter – und damit als tatortunabhängig geschützte „Inlandsgüter"[311] – den Embryonen gleichgestellt zu
werden. Das wird letztlich zu verneinen sein.[312] Denn auf die Herkunft
aus einem individuellen Embryo kann es nicht entscheidend ankommen; vielmehr ist auf den aktuellen Status abzuheben. Dieser
weist aber nicht mehr Individualbezüge auf als etwa entnommenes
und konserviertes Blut oder ein zu Transplantationszwecken entnommenes Organ. Die einzelne embryonale Stammzelle kann deshalb
nicht selbst als „Individuum" betrachtet werden. Mag man bei konservierten Keimzellen, die zu einem späteren Zeitpunkt im Rahmen (autolo-
ger) medizinisch unterstützter Fortpflanzung Verwendung finden sollen,
oder bei zur späteren Wiederverwendung konservierten Blutstammzellen
eines Patienten, die etwa im Rahmen einer autologen Knochenmarkstran-
splantation diesem im Zuge der Behandlung später wieder zugeführt werden sollen, wegen der damit intendierten Zuordnung zu einer bestimmten
Person das Vorliegen eines Individualrechtsguts (dieser Person) in Erwägung ziehen[313] – eine Frage, die es hier nicht zu entscheiden gilt – , so
besteht bei gewonnenen embryonalen Stammzellen ein solcher In-
dividualbezug zugunsten eines individuellen Rechtssubjekts jedenfalls für
die hier zur Debatte stehenden Forschungskonstellationen nicht. Anders
wäre möglicherweise zu entscheiden, wenn die Gewinnung der embryonalen Stammzellen dazu dienen sollte, später bei einem bereits bestimmten Patienten (einschließlich des „Spender-Embryos" selbst) im Rahmen
einer Therapie Verwendung zu finden. Solche noch mehr oder weniger
utopisch erscheinenden Optionen können jedoch hier außer Betracht bleiben.

• Wenn somit nicht als eigenständige personale Rechtsgüter geschützt,
könnten Stammzellen gleichwohl gewisse *Vermögensinteressen* verkör-
pern, indem sie im Eigentum natürlicher Personen (wie bestimmter Forscher) oder juristischer Personen (wie etwa eines Universitätsinstituts
oder einer Forschungsgesellschaft) stehen könnten. Doch ganz ungeachtet der Streitfrage, inwieweit menschliches Leben überhaupt Gegenstand
von Eigentumsrechten sein kann – was einerseits für den menschlichen
Embryo verneint wird, während dem menschlichen Samen ebenso wie dem
Ei vor deren Vereinigung eigentumsfähige Sachqualität soll zukommen

---

[311] Vgl. oben IV.2.a bei Fn. 269 ff.

[312] Im Ergebnis ebenso Müssig/Dahs-Gutachten, s. o. S. 31 ff. Im gleichen Sinne kommt
auch nach Werner Lensing als einem der Protagonisten des StammzellG den
Stammzellen „kein unmittelbarer Grundrechtsschutz" zu (BT-Plenarprotokoll 14/
233 S. 23212).

[313] In diesem Sinne wäre wohl BGHZ 124 (1993), S. 52–57 (insbes. S. 54 f.), zu interpretieren (Körperverletzung durch Vernichtung von wegen einer Krebsbehandlung
kryokonservierten Samenzellen).

können[314] –, ist der Schutz von Eigentumsinteressen an Stammzellen durch die entsprechenden Eigentums- und Vermögenstatbestände (§§ 242, 246, 263, 303 StGB)[315] und nicht durch die ganz anderen Schutzzwecke des StammzellG sicherzustellen. Im Gegenteil, indem das StammzellG den Import und die Verwendung von Stammzellen ohne Rücksicht auf daran bestehende Eigentumsverhältnisse verbietet, werden durch dieses Gesetz Eigentümerrechte weniger gewährleistet als vielmehr beschränkt. Daher ist auf diesem Wege ein grenzüberschreitender Schutzbereich des StammzellG bis ins Ausland hinein nicht zu begründen.

● Statt dessen wäre noch ein *mittelbarer* Schutzweg in Erwägung zu ziehen, und zwar in der Weise, daß nicht die Stammzellen selbst die zu schützenden personalen Rechtsgüter zu sein bräuchten, wohl aber durch Verhinderung der Gewinnung und Verwendung von Stammzellen mittelbar die davon betroffenen Embryonen vor Vernichtung geschützt werden sollen. Auch wenn sich dieser Begründungsweg, auf dem sich der Schutzbereich des StammzellG letztlich doch auf tatortunabhängig schutzwürdige Rechtsgüter – ähnlich wie schon beim ESchG – und damit bis ins Ausland hinein erstrecken würde, soweit ersichtlich bislang nicht ausdrücklich vertreten findet, dürfte diese Betrachtungsweise doch all jenen Meinungen zugrunde liegen, die – wie vor allem die in den parlamentarischen Auseinandersetzungen vertretenen – stillschweigend davon ausgegangen sind, daß die Strafbarkeit der inländischen Teilnahme an einer nach Tatortrecht nicht strafbaren Auslandstat offenbar allein von § 9 Abs. 2 StGB abhänge. Denn sowohl diejenigen, die wegen der nach § 9 Abs. 2 S. 2 StGB nicht erforderlichen Strafbarkeit der Haupttat am Tatort auf die Strafbarkeit von inländischer Teilnahme nach deutschem Recht geschlossen haben,[316] wie auch jene, die zum Ausschluß dieser Teilnehmerstrafbarkeit den § 9 Abs. 2 für den Bereich des § 13 StammzellG meinten ausschließen zu sollen,[317] müssen stillschweigend davon ausgegangen sein, daß der Schutzbereich des § 13 StammzellG jedenfalls grundsätzlich nicht an den deutschen Grenzen ende, auch wenn die Strafbarkeit für eine Auslandstat – wie schon im ESchG – noch von einem bestimmten Anknüpfungspunkt[318] – abhängen mag. Um so mehr bedarf diese stillschweigende Annahme eines sich auch ins Ausland erstreckenden

---

[314] Näher zum Streitstand Eser, in: Schönke/Schröder (Fn. 126), § 242 Rn. 10, 12, 20 ff., wobei insbesondere Parallelen zu Eigentumsproblemen an der Plazenta nahe liegen könnten: grundlegend dazu Walter Gropp, Wem gehört die Plazenta?, in: Jörg Arnold/Björn Burkhardt u.a. (Hrsg.), Grenzüberschreitungen, Freiburg im Breisgau 1995, S. 299–315. Vgl. weiterhin die in Fn. 313 erwähnte BGH-Entscheidung zur Vernichtung kryokonservierter Samenzellen mit weiterführenden Überlegungen zu anderen Sachverhaltskonstellationen.

[315] Voller Wortlaut in Anhang D.

[316] Vgl. oben II.3 bzw. unten V.2.

[317] Vgl. oben II.3 bei Fn. 44 f.

[318] Vgl. oben IV.1. b (i)-(iv).

Schutzbereichs des StammzellG, weil gegenüber den internationalstrafrechtlichen Anwendungsregeln einschließlich des § 9 Abs. 2 StGB vorrangig, einer kritischen Überprüfung.

● Dabei ist im Hinblick auf den zuvor erwogenen mittelbaren Schutz des Embryos eine erste weichenstellende Frage die, ob ein solcher Letztbezug genügen kann, den Schutzbereich des § 13 StammzellG auf ein Individualrechtsgut erstreckt zu sehen, um nach allgemeinen Grundsätzen ein „inländisches" Rechtsgut annehmen zu können, das ohne Rücksicht auf die Nationalität des Rechtsgutsinhabers oder die Belegenheit des Rechtsguts im In- und Ausland geschützt sein soll.[319] Dies wird man nur dann bejahen können, wenn es sich bei den positiven Auswirkungen eines Verbotstatbestandes zugunsten eines Individualrechtsguts nicht um einen bloßen Schutzreflex handelt, sondern das betreffende Rechtsgut – und sei es auch nur in mediatisierter Weise – selbst ein Schutzobjekt darstellt; denn wollte man auf eine solche Grenzziehung verzichten, so würden angesichts des letztlich auf den Schutz des Menschen ausgerichteten Staatszweckes praktisch so gut wie keine – einschließlich traditionell „öffentlichen Interessen" dienende – Straftatbestände übrig bleiben, die sich nicht irgendwie zum Schutz des Menschen instrumentalisieren ließen. Sollen davon bestimmte „Individualrechtsgüter" und zu deren Schutz dienende Straftatbestände abgehoben bleiben, so kann dafür nicht schon ein bloßer Schutzreflex genügen; vielmehr wird dann zu fordern sein, daß das betroffene Individualrechtsgut zumindest mittelbar Eingang in den Straftatbestand gefunden hat.[320] Das aber wird letztlich nach allen verfügbaren Auslegungsmethoden zu verneinen sein.

– Um mit dem Wortlaut des § 13 StammzellG zu beginnen, ist weder in diesem selbst noch in dem in Bezug genommenen § 6 Abs. 1 StammzellG von Embryonenschutz die Rede; Gegenstand der Tat sind vielmehr allein die ohne Genehmigung eingeführten oder verwendeten Stammzellen. Dies würde zwar nicht ausschließen, hinter den als Tatobjekt fungierenden Stammzellen den Embryo als das eigentlich zu schützende Rechtsgut zu vermuten, ähnlich wie beim Diebstahl die weggenommene Sache lediglich das Tatobjekt darstellt, während das betroffene Rechtsgut im Eigentum zu sehen ist.[321] Ein solcher paralleler Schluß ließe sich jedoch nicht schon aus dem Wortlaut des § 13 StammzellG ziehen, sondern wäre im Sinne einer subjektiv-historischen und objektiv-teleologischen Synthese aus dem objektivierten Willen des Gesetzgebers zu gewinnen, wobei

---

[319] Zu diesem allgemein anerkannten Schutzbereichskriterium vgl. oben zu IV.2.a Fn. 269.
[320] Im gleichen Sinne Gribbohm LK (Fn. 275), Vorbem. 179 vor § 3.
[321] Vgl. Jescheck/Weigend (Fn. 275), S. 256, 259 f.

neben den Gesetzesmaterialien auch dem Systemzusammenhang Beachtung zu schenken ist.[322]

– Dabei ließe sich zum einen sowohl der bereits erwähnte Beschluß des Deutschen Bundestages vom 30.1.2002 als auch die Begründung des StammzellG zugunsten des Schutzes von Embryonen gegen weiteren Verbrauch und Vernichtung zwecks Stammzellgewinnung ins Feld führen.[323] Doch selbst wenn darin ein von einer breiten Mehrheit getragenes Gesetzesmotiv erblickt werden kann, hat dieses nicht einmal in die schließlich zum Gesetz gewordene Zwecksetzung in § 1 StammzellG unbeschränkten Eingang gefunden; denn wenn nach dessen Nr. 2 durch das Verbot ungenehmigter „Einfuhr und Verwendung von Stammzellen zu vermeiden (sei), daß von Deutschland aus eine Gewinnung embryonaler Stammzellen oder eine Erzeugung von Embryonen zur Gewinnung embryonaler Stammzellen veranlaßt wird", so ist darin territorial zwar keineswegs die letztlich auf Embryonenschutz gerichtete Absicht zu verkennen; wenn es jedoch dem StammzellG nur auf eine Embryonengefährdung „von Deutschland aus" ankommt, fehlt es an dem unbegrenzten Schutzanspruch, wie er für tatortunabhängig schutzwürdige „Inlandsrechtsgüter" wesentlich ist.[324] Bemerkenswerterweise wird die in § 1 Nr. 2 StammzellG postulierte Zielsetzung auch dadurch alsbald zurückgenommen, daß der Anwendungsbereich des StammzellG nach dessen § 2 nur für die Einfuhr und die Verwendung embryonaler Stammzellen dienen soll, während die zur Gewinnung von Stammzellen erforderliche Vernichtung von Embryonen vom StammzellG nicht sanktioniert wird und dadurch gegebenenfalls dem ESchG vorbehalten bleibt.

– Zum anderen sprechen Tatbestandsstruktur und Stellung des Import und Verwendungsverbots innerhalb eines Genehmigungssystems mehr dafür, daß es dem StammzellG mehr um die Sicherstellung kontrollierter Forschung an Stammzellen und damit vorwiegend um öffentliche Interessen geht. Denn daß das Gesetz nicht einseitigen Embryonenschutz bezweckt, sondern gleichzeitig auch Stammzellforschung ermöglichen will, kommt bereits in § 1 Nr. 3 StammzellG zum Ausdruck, indem dieses die Einfuhr- und Verwendungsvoraussetzungen zu „Forschungszwecken" bestimmen soll.[325] Wäre ein solcher auf behördliche Genehmigung ausgerichteter Mit-

---

[322] Näher zu dieser heute zu Recht vorherrschenden Verbindung von verschiedenen Auslegungsfaktoren Eser, in: Schönke/Schröder (Fn. 126), § 1 Rn. 44, Müssig/ Dahs-Gutachten, s. o. S. 22 f. jeweils mit weiteren Nachweisen.

[323] Vgl. die Zitate oben in Fn. 298.

[324] Vgl. oben IV.2. a zu Fn. 269.

[325] Dieser doppelspurige Regelungszweck findet namentlich auch in der Zielbeschreibung von Maria Böhmer als einer der führenden Sprecherinnen für das StammzellG Ausdruck, wenn sie mit der Verstärkung des „Embryonenschutzes in Deutschland" „zugleich" das Betreiben der „Grundlagenforschung in unserem Land" verbindet (BT-Plenarprotokoll 14/233 S. 23225). Vgl. zur Ermöglichung von Grundlagen-

telweg nicht gewollt gewesen, um statt dessen allein auf Embryonenschutz zu setzen, so hätte in der vorentscheidenden Beschlußfassung des Deutschen Bundestages vom 30.1.2002 jener Beschlußentwurf die Mehrheit finden müssen, der durch das Verbot jedweden Imports von Stammzellen zugleich jeder dafür erforderlichen Vernichtung von Embryonen eine Absage erteilt hätte, was jedoch gerade nicht eingetreten ist.[326] Vor allem aber ist dem maßgeblichen Abheben des Verbots auf Einfuhr oder Verwendung von Stammzellen „ohne Genehmigung" (§ 13 Abs. 1 StammzellG) bzw. auf das Zuwiderhandeln gegen eine vollziehbare „Auflage" (§ 13 Abs. 2 StammzellG) oder ein bestimmtes „ordnungswidriges" Handeln (§ 14 StammzellG) zu entnehmen, daß für den Gesetzgeber lediglich der Ausschluß ungenehmigter und damit die Ermöglichung kontrollierter Stammzellforschung im Vordergrund stand.

— Dieser mehr formal-ordnungsmäßige Aspekt hat auch darin seinen sowohl tatbestandsstrukturellen als auch unrechtssubstantiellen Niederschlag gefunden, daß für die Erfüllung des Straftatbestandes – wie auch in entsprechender Weise des Ordnungswidrigkeitstatbestandes – das Handeln „ohne Genehmigung" genügt. Das ist für den Unrechtsgehalt des Verbotstatbestandes in zweifacher Hinsicht bedeutsam. Auf der einen Seite ist das Einführen oder Verwenden von Stammzellen „ohne die vorgeschriebene Genehmigung" selbst dann strafbar, wenn alle Voraussetzungen nach den §§ 4 bis 7 StammzellG gegeben gewesen wären: Unrechtserheblich ist deshalb der im Handeln ohne Genehmigung liegende Ordnungsverstoß. Zum anderen bleibt ein Forscher, der eine Einfuhr- oder Verwendungsgenehmigung erhalten hat, selbst dann straflos, wenn die Genehmigungsvoraussetzungen nicht gegeben waren, er also eigentlich keine Genehmigung hätte erhalten dürfen, wie beispielsweise in dem Fall, daß die embryonalen Stammzellen nicht gemäß § 4 Abs. 2 Nr. 1a StammzellG „in Übereinstimmung mit der Rechtslage im Herkunftsland" bzw. erst nach dem Stichtag vom 1. Januar 2002 gewonnen worden waren oder es an der nach § 5 StammzellG erforderlichen Hochrangigkeit der Forschungsziele (Nr. 1) fehlt bzw. Forschungsalternativen mit Tierversuchen (Nr. 2) zur Verfügung gestanden hätten.[327] Unrechtserheblich und strafbegründend ist somit allein das Vorliegen oder Fehlen einer formgerechten Genehmigung, ohne Rücksicht darauf, daß einerseits für den Fall einer fehlenden Genehmigung alle substantiellen Voraussetzungen einer zulässigen Stammzelleinfuhr oder -verwendung gegeben gewesen wären

---

forschung insbesondere auch Andrea Fischer und Wolf-Michael Catenhusen, BT-Plenarprotokoll 14/233 S. 23213 bzw. S. 23221 f.. Nicht zuletzt sehen auch die Bundesministerinnen für Gesundheit und Bildung in einer Pressemitteilung zur Verabschiedung der Rechtsverordnung zum Stammzellgesetz (10.07.2002 – 140/02) in diesem Gesetz „Embryonenschutz und Forschungsfreiheit in Einklang" gebracht.

[326] Vgl. oben II.3 bei Fn. 38, ferner Taupitz (Fn. 34), ZRP 2002, S. 111.

[327] Zu weiteren Einzelheiten des Handelns ohne Genehmigung als Strafbarkeitsvoraussetzung vgl. oben III.6.b.

und somit material dem Embryonenschutz Genüge getan war, bzw. daß anderseits für den Fall einer zwar formell wirksamen, aber wesentliche Zulassungsgründe entbehrenden Genehmigung der Embryonenschutz verfehlt wird und gleichwohl die Einfuhr oder Verwendung straflos bleibt. Dieses Absehen vom Nachweis einer Embryonenvernichtung oder -gefährdung, um statt dessen allein auf den behördlichen Genehmigungsakt abzuheben, legt die vor allem aus dem Wirtschafts- und Umweltstrafrecht bekannte Parallele nahe, daß es auch beim StammzellG weniger um Embryonenschutz als vielmehr um die „Dispositions- und Entscheidungsbefugnis der zuständigen Genehmigungsbehörden" geht.[328] Doch selbst wenn man dieser „administrativen Rechtsgutskonzeption" und der daraus gefolgerten Pönalisierung bloßen Verwaltungsungehorsams nicht meint folgen zu können, weil nach der wohl immer noch vorherrschenden Lehre auch in solchen Fällen ein materiales Rechtsgut dahinterstehe,[329] wird man beim StammzellG nicht umhin können, in dessen gesetzesmotivischem Letztbezug auf eine Verhinderung des Verbrauchs von Embryonen allenfalls einen bloßen Schutzreflex zu erblicken, während das öffentliche Interesse an einer ausgewogenen und behördlich kontrollierten Stammzellforschung im Vordergrund steht.[330]

• Ist somit beim Import- und Verwendungsverbot des StammzellG von einem vornehmlich öffentlichen Regelungsinteresse auszugehen, so bleibt des weiteren die Frage, ob es dabei lediglich um deutsche oder auch um den Schutz ausländischer Genehmigungsinteressen geht. Für Letzteres scheint auf den ersten Blick zu sprechen, daß die für Einfuhr oder Verwendung genehmigungsbedürftigen embryonalen Stammzellen nach § 4 Abs. 2 Nr. 1a „in Übereinstimmung mit der Rechtslage im Herkunftsland" gewonnen sein müssen, mit der Folge, daß unter Umständen auch dortige Genehmigungsvoraussetzungen zu beachten wären.[331] Diese Beachtlichkeit ausländischer Voraussetzungen für die Gewinnung von Stammzellen braucht jedoch nicht zu bedeuten, daß damit das ausländische Regelungssystem auch zum Schutzgut des deutschen StammzellG würde. Denn nicht nur, daß § 4 Abs. 2 Nr. 1a StammzellG keine bestimmte Rechtslage im Herkunftsland der Stammzellgewinnung voraussetzt und sich damit sogar mit völliger Regelungslosigkeit am Herkunftsort abfindet; vielmehr ist

---

[328] Näher zu dieser in Rechtsprechung und Lehre vordringenden Auffassung, ohne sich diese selbst zu eigen zu machen, Matthias Krüger, Die Entmaterialisierungstendenz beim Rechtsgutsbegriff, Berlin 2000, S. 40 ff., 44, 179.

[329] Vgl. Krüger (Fn. 328), S. 62 ff.

[330] So im Ergebnis – wenngleich auf teils anderem Begründungsweg – auch das Müssig/Dahs-Gutachten, s. o. S. 25 ff. Vgl. zur Bedeutsamkeit des Genehmigungsaspekts für den (individualen bzw. nicht-individualen) Rechtsgutcharakter auch schon Horst Schröder, Die Teilnahme im internationalen Strafrecht. Zugleich ein Beitrag zum Geltungsbereich des deutschen Strafrechts, ZStW 61 (1942), S. 37–130 (120 ff.) sowie unten V.2.a zu Fn. 369 f.

[331] Vgl. dazu oben III.6.b.

selbst für den Fall, daß das Herkunftsland der Stammzellen für deren Gewinnung aus Embryonen eine Genehmigung verlangt, die Erfüllung dieser ausländischen Voraussetzungen lediglich ein für die deutsche Genehmigung nach § 6 Abs. 2 Nr. 3b StammzellG nachzuweisendes Erfordernis, ohne daß jedoch dessen Verletzung eigenständig unter Strafe stünde. Das bedeutet, daß es auch im Hinblick auf die Rechtslage im Herkunftsland einschließlich etwaiger Genehmigungsvorbehalte allein darauf ankommt, daß diese im deutschen Genehmigungssystem Beachtung finden, so daß es selbst insoweit für die Strafbarkeit der Einfuhr oder Verwendung von Stammzellen letztentscheidend allein auf das Funktionieren des inländischen Genehmigungssystems ankommt. Deshalb wird im StammzellG kein Schutzgesetz zugunsten ausländischer Forschungs- oder Verwaltungsinteressen zu erblicken sein.[332]

● Dies alles spricht dafür, den Schutzbereich des StammzellG von vornherein auf den deutschen Inlandsbereich beschränkt zu sehen, mit der Folge, daß die Verwendung von embryonalen Stammzellen ausschließlich im Ausland jedenfalls nicht nach dem StammzellG strafbar ist.

b) Falls man demgegenüber meint, im Import- und Verwendungsverbot des StammzellG nicht einen bloßen Schutzreflex zugunsten von Embryonen erblicken zu können, sondern diese zumindest mittelbar als unbegrenzt geschützte „Individualrechtsgüter" anerkannt zu finden, so würden einem damit ins Ausland ausgreifenden Schutzbereich des StammzellG letztlich denn doch die sich auf den Inlandsbereich beschränkenden *Tathandlungen der Einfuhr und der Verwendung* von Stammzellen entgegenzuhalten sein. Denn wie bereits oben unter III.6.d (iv) dargetan, geht das StammzellG durchgängig davon aus, daß der etwaigen Verwendung von embryonalen Stammzellen deren Import aus dem Ausland ins Inland vorausgeht. Dies läßt sich aus der Entstehungsgeschichte des StammzellG belegen: Das Tatbestandsmerkmal „*Verwendung*" wurde über den Bundestagsbeschluß vom 30.1.2002 hinaus in den später angenommenen Gesetzesentwurf[333] aufgenommen, „weil uns bekannt ist, daß es in Deutschland schon Stammzellinien gibt, die nicht illegal importiert worden sind."[334] Es war weder Absicht noch Auf-

---

[332] Allgemein im gleichen Sinne eines Abhebens auf innerstaatliche Interessen bei der Erforderlichkeit von Kontrollen nach inländischem Recht Nowakowski (Fn. 262), JZ 1971, S. 635. Vorsorglich sei hier darauf hingewiesen, daß es bei dieser Frage nach dem Schutzbereich des StammzellG und dessen Nichterstreckung auf ausländische öffentliche Interessen nicht schon um die bei Beteiligung vom Inland ins Ausland im Hinblick auf § 9 Abs. 2 StGB auftretende Frage geht, ob und inwieweit etwaige „Inzidentfragen" nach deutschem oder nach ausländischem Tatortrecht zu behandeln sind; näher dazu unten V.3.a bei Fn. 410.

[333] BT-Drs. 14/8394.

[334] Margot von Renesse, BT-Plenarprotokoll 14/233 S. 23210 (D).

trag[335] des Gesetzgebers, die Verwendung embryonaler Stammzellen im Ausland zu reglementieren; vielmehr ging es ihm darum, den Umgang mit Stammzellen erfassen, die schon vor Inkrafttreten des Stammzellgesetzes (und damit ohne die dort vorgesehene Genehmigung) nach Deutschland verbracht worden waren. Personen, die sich HES-Zellen vor Inkrafttreten des Gesetzes verschafft haben, sollten nicht besser gestellt werden, als solche, die ihre Bereitschaft zur Loyalität dadurch gezeigt haben, daß sie die Entscheidung des Gesetzgebers abzuwarten bereit waren.

● Diese Absicht hat auch im Gesetzeswortlaut ihren Niederschlag gefunden: Die Tathandlung der „Verwendung" erscheint im StammzellG stets im Zusammenhang mit der „Einfuhr" und ist dieser nachgestellt. Dies legt es schon sprachlich nahe, daß nur die Verwendung *eingeführter* Stammzellen normiert werden sollte. Hätte der Gesetzgeber jede Verwendung (auch die im Ausland erfolgende) erfassen wollen, wäre es zumindest angebracht gewesen, die Reihenfolge umzudrehen. Außerdem wäre dann die Verwendung einer doppelten Reglementierung durch die deutsche wie durch die jeweilige ausländische Rechtsordnung ausgesetzt, was Regelungen erfordert hätte, welcher Rechtsordnung im nicht auflösbaren Konfliktfall miteinander nicht zu vereinbarender Regelungen der Vorzug gebührte. Solche „Kollisionsnormen" fehlen jedoch im StammzellG.

Diesem Ergebnis steht auch nicht entgegen, daß ausweislich § 1 Nr. 2 StammzellG Gesetzeszweck unter anderem sein soll

> zu vermeiden, daß von Deutschland aus eine Gewinnung embryonaler Stammzellen oder eine Erzeugung von Embryonen zur Gewinnung embryonaler Stammzellen veranlaßt wird.

Denn es wäre – wie auch im Müssig/Dahs-Gutachten zutreffend bemerkt[336] – verfehlt, diese Stelle isoliert zu lesen und nicht im Kontext mit der Grundaussage in § 1 Nr. 1 StammzellG

> die Einfuhr und die Verwendung embryonaler Stammzellen grundsätzlich zu verbieten.

Nimmt man aber beide Zweckbestimmungen zusammen, so ergibt sich, daß die „Veranlassung" nach Nr. 2 durch „Einfuhr und Verwendung" im Sinne der Nr. 1 bedingt sein muß, was im Gegenschluß bedeutet, daß eine „Veranlassung" ohne den durch „Einfuhr und Verwendung" hergestellten Inlandsbezug nicht erfaßt sein soll.[337]

---

[335] Der Beschluß vom 30.1.2002 (BT-Drs. 14/8102: „Keine verbrauchende Embryonenforschung: Import humaner embryonaler Stammzellen grundsätzlich verbieten und nur unter engen Voraussetzungen zulassen") zielte nur auf eine Regelung des Imports, nicht auch der Verwendung importierter Stammzellen.

[336] Müssig/Dahs-Gutachten, s. o. S. 28 f.

[337] Eingehend dazu Müssig/Dahs-Gutachten, s. o. S. 28–31.

• Selbst wenn daher das StammzellG – neben oder gar anstelle von öffentlichen Interessen – den territorial unbegrenzten Schutz von „Individualrechtsgütern" bezwecken sollte, würde diese Auslandserstreckung durch die engere Fassung der wesentlichen Tathandlungen des Einführens und Verwendens letztlich denn doch eine Beschränkung auf das Inland erfahren.

c) Für die Strafbarkeit nach dem StammzellG hat das zur Folge, daß die oben unter III.6–9 genannten Forschungsaktivitäten bzw. Beteiligungskonstellationen, soweit sie bei Tatbegehung im Inland nach dem StammzellG strafbar wären, bei ausschließlichem Handeln im Ausland jedenfalls nicht nach dem StammzellG strafbar wären. Soweit sich daher nicht eine Strafbarkeit aus dem ESchG unter den bei IV.2.b genannten Voraussetzungen ergibt, bleibt Stammzellforschung jedenfalls in Form *täterschaftlichen* Handelns im Ausland straffrei.[338]

4. Beteiligung an strafbaren Forschungsaktivitäten nach dem ESchG und dem Stammzellgesetz im Ausland

a) Bevor dies an den wichtigsten Fallkonstellationen aufzuzeigen ist (dazu b), erscheint zunächst eine allgemeine Grundlegung angebracht.

Soweit sich jemand im Ausland an einem am selben (oder einem anderen) ausländischen Ort durchgeführten Forschungsprojekt beteiligt – und allein um solche ausschließlich auf ausländischem Boden ablaufende Fallkonstellationen geht es in diesem Teil IV –, hängt die Strafbarkeit jeder Art von Beteiligten von der *Strafbarkeit der „Haupttat"* (in Gestalt der infragestehenden Forschungstätigkeit) ab.

Dies erscheint jedenfalls für die *täterschaftlichen* Formen der Tatbeteiligung (§ 25 StGB) selbstverständlich, wie etwa bei „mittäterschaftlicher" Kooperation von zwei (oder mehr) arbeitsteilig zusammenwirkenden Wissenschaftlern oder bei dem als „mittelbarer Täter" auf unfreie Untergebene einwirkenden Forschungsleiter.[339] Doch schon dabei gilt es zu beachten, daß selbst bei mittäterschaftlichem Zusammenwirken für jeden einzelnen Beteiligten einer der oben unter IV.1.b genannten „Anknüpfungspunkte" gegeben sein muß, mit der Folge, daß ein deutscher Gastwissenschaftler gegebenenfalls aufgrund von § 5 Nr. 12 StGB wegen seiner Beamtenstellung

---

[338] Zu Besonderheiten bei bloßer Teilnahme (Anstiftung oder Behilfe) an einer ausländischen Haupttat vgl. unten IV.4 bzw. V.2 und VI.3,4.

[339] Näher zu diesen verschiedenen Formen täterschaftlicher Tatbeteiligung vgl. oben III.7.

strafbar sein kann, während sein am selben Labortisch mit ihm zusammenarbeitender ausländischer Kollege straflos bleibt.

Aber auch bei bloßer *Teilnahme* im Ausland, wie etwa durch „Anstiftung" (gemäß § 26 StGB) zu einer ebenfalls im Ausland durchgeführten Forschung oder durch deren Unterstützung mittels „Beihilfe" (gemäß § 27 StGB), kommt es darauf an, daß die „Haupttat" (in Gestalt der infragestehenden Forschungstätigkeit) auch bei Tatbegehung im Ausland nach deutschem Recht strafbar ist; denn im Unterschied zu einer vom *Inland* ausgehenden Anstiftung oder Beihilfe zu einer nach deutschem Recht strafbaren Forschungstätigkeit, die den Teilnehmer nach § 9 Abs. 2 S. 2 StGB selbst dann strafbar werden läßt, wenn die im Ausland durchgeführte Forschungstätigkeit nach dortigem Recht straflos ist,[340] hängt bei einer im *Ausland* geleisteten Teilnahme deren Strafbarkeit nach deutschem Recht davon ab, daß auch die im Ausland begangene Haupttat nach deutschem Recht strafbar ist, wobei diese Strafbarkeit ihrerseits – wie jedenfalls in den bei IV.1.b (i)-(iii) genannten Fällen – davon abhängen kann, daß die Haupttat auch nach dem ausländischen Tatortrecht strafbar ist.[341] Eine solche „doppelte Strafbarkeit" nach in- und ausländischem Recht ist jedoch nicht dahin zu verstehen, wie vereinzelte Äußerungen zu diesem ohnehin noch wenig erhellten Fragenbereich ausländischer Teilnahme[342] vielleicht mißverstanden werden könnten, als ob es, weil es „für die Akzessorietät der Teilnahme im internationalen Strafrecht allein auf die ... Geltung des deutschen Rechts für den Teilnehmer ankomm[e]", die ausländische Strafbarkeit der Haupttat irrelevant sei, „allerdings vorausgesetzt, daß [das ausländische Tatortrecht] auch die Teilnahme mit Strafe bedroht";[343] vielmehr wird dies richtigerweise dahingehend zu verstehen sein, daß für die Strafbarkeit ausländischer Teilnahme zumindest ein Vierfaches vorauszusetzen ist: zum einen, daß die im Ausland begangene Haupttat nach deutschem Recht strafbar und im Sinne der allgemeinen Akzessorietätsgrundsätze rechtswidrig wäre, zum zweiten daß sie in den Fällen erforderlicher „beiderseitiger Strafbarkeit" auch nach ausländischem Recht strafbar wäre, zum dritten daß sich die Strafbarkeit auch auf eine Teilnahme der infragestehenden Art erstrecken würde, und zum vierten daß für den Fall eines etwa erforderlichen Anknüpfungspunktes im Sinne von § 7 StGB ein solcher beim Teilnehmer

---

[340] Näher zu dieser – auf den ersten Blick vielleicht verwunderlich erscheinenden – Fallkonstellation unten V.2.

[341] Vgl. oben IV.1.c (i).

[342] Neben diesbezüglichen Bemerkungen bei Dietrich Oehler, Internationales Strafrecht, 2. Aufl. Köln 1983, Rn. 675 f., 765 ff., 842 f. findet sich eine eingehende Befassung mit ausländischer Teilnahme nur bei Günter Gribbohm, Strafrechtsgeltung und Teilnahme – zur Akzessorietät der Teilnahme im internationalen Strafrecht, Juristische Rundschau (JR) 1998, S. 177–179, und Heike Jung, Die Inlandsteilnahme an ausländischer strafloser Haupttat – Regelungsgehalt und Problematik des § 9 II S. 2 StGB, JZ 1979, S. 325–332.

[343] So Gribbohm (Fn. 342), JR 1998, S. 178, mit Verweis auf Oehler.

gegeben wäre, dieser also ein Deutscher (nach § 7 Abs. 2 Nr. 1 StGB) oder ein (nicht auslieferungsfähiger) Ausländer (§ 7 Abs. 2 Nr. 2 StGB) sein müßte (sofern nicht der Fall einer gegen einen Deutschen gerichteten Tat nach § 7 Abs. 1 StGB gegeben wäre).[344] Unerheblich wäre somit lediglich, ob auch auf den Haupttäter deutsches Strafrecht anzuwenden wäre; denn obgleich die rechtswidrige Haupttat für jeden Fall den akzessorischen Bezugspunkt für die Teilnahme bildet, kann die Strafbarkeit nach deutschem Recht von zusätzlichen Anknüpfungspunkten abhängen, die bei mehreren Tatbeteiligten (einschließlich bloßen Teilnehmern) unterschiedlich gegeben sein können.[345]

b) Aus diesen allgemeinen Grundsätzen ergeben sich für die Strafbarkeit der hier infragestehenden Beteiligungskonstellationen folgende Konsequenzen, wobei zwischen Verstößen gegen das ESchG und das StammzellG zu unterscheiden ist und auch die Nationalität des Forschers und die Art seiner Beteiligung bedeutsam sein können.

(i) Bei Forschungstätigkeiten, die unter den oben in III.1–5 genannten Voraussetzungen gegen das ESchG verstoßen und die gleichermaßen auch vom Tatortrecht für strafbar erklärt sind, machen sich deutsche Forscher auch bei Tatbegehung im Ausland strafbar (Fallgruppe des § 7 Abs. 2 Nr. 1 StGB).[346]
– Unter den gleichen Voraussetzungen beiderseitiger Strafbarkeit nach dem ESchG und dem Tatortrecht kann auch ein ausländischer Forscher nach deutschem Strafrecht verfolgbar werden, wenn er sich nach der Tatbegehung in die Bundesrepublik Deutschland begeben sollte und seiner Auslieferung an den Tatortstaat eines der in § 7 Abs. 2 Nr. 2 StGB genannten Hindernisse entgegensteht.
– Gleichermaßen für deutsche wie für ausländische Forscher kann eine sowohl nach dem ESchG als auch nach dem Auslandsrecht strafbare Forschungstätigkeit problematisch werden, wenn der betroffene Embryo von einem deutschen Keimzellenspender stammt und man deshalb in der Stammzellgewinnung eine gegen einen „Deutschen" gerichtete Tat im Sinne von § 7 Abs. 1 StGB erblickt.[347]

(ii) Ohne Rücksicht auf das Recht des ausländischen Tatorts kann eine nach dem ESchG verbotene Forschungstätigkeit strafbar sein für einen deutschen

---

[344] Vgl. oben IV.1 (b) (i)–(iii).
[345] Allein insoweit wird man daher mit Gribbohm (Fn. 342), JR 1998, S. 178 von einer „Personengebundenheit des Geltungsbegriffs" reden können, wobei jedoch anstelle von Geltung wohl sachgerechter nur von Strafrechtsanwendung zu sprechen wäre.
[346] Insoweit ist die Feststellung von Wolfrum (Fn. 115), S. 239, daß deutsche Forscher sich „an der Forschung an Embryonen im Ausland beteiligen (könnten)", zu weitgehend, wenn er von dieser pauschalen Freizeichnung dann nur die inländische Teilnahme an Auslandstaten als ausgenommen ansieht.
[347] Vgl. oben IV.2. b (iii).

Amtsträger oder besonders Verpflichteten, der die verbotene Tätigkeit in dienstlichem Zusammenhang nach § 5 Nr. 12 StGB ausübt.[348]

— Entsprechendes gilt für einen ausländischen Forscher, der in seiner Eigenschaft als deutscher Amtsträger oder besonders Verpflichteter nach § 5 Nr. 13 StGB die nach dem ESchG verbotene Forschungstätigkeit betreibt.

(iii) Soweit unter den vorgenannten Voraussetzungen eine Forschungsaktivität im Ausland nach dem ESchG strafbar ist, ist die Art der Tatbeteiligung zunächst einmal grundsätzlich unerheblich. Das bedeutet, daß sowohl die verbotene Forschungstätigkeit als solche als auch deren Veranlassung oder Förderung auf ausländischem Boden in gleicher Weise strafbar ist, wie dies bei entsprechendem Verhalten in den oben III.1–5 genannten Fällen gegeben wäre.

Gleichwohl sind bei Handeln im Ausland folgende Unterschiede zu beachten:

— Soweit die Strafbarkeit nach dem deutschen ESchG von der Nationalität als Deutscher (§ 7 Abs. 2 Nr. 1 StGB) oder als nicht auslieferbarer Ausländer (§ 7 Abs. 2 Nr. 2 StGB) abhängt, sind bei Tatbeteiligung Mehrerer – und zwar gleich, ob täterschaftlich oder als bloßer Teilnehmer – nur diejenigen nach dem deutschen Recht strafbar, bei denen die betreffende Eigenschaft gegeben ist: Demzufolge kann beispielsweise ein deutscher Sponsor, der in einem Land, das ein dem deutschen ESchG entsprechendes Embryonenstrafrecht kennt, einen Geldbetrag zur Gewinnung von Stammzellen aus Embryonen zahlt, nach deutschem (und möglicherweise auch nach dem ausländischen) Recht strafbar sein, während die eigentlichen Forscher als Ausländer vom deutschen Strafrecht nicht erreicht werden. Entsprechendes würde – unter der Voraussetzung beiderseitiger Strafbarkeit – für die gehilfenschaftliche Mitwirkung eines deutschen Mitglieds in einem ausländischen Beratungsgremium für Stammzellgewinnung zu gelten haben.[349]
— Soweit in den Fällen von § 5 Nrn. 12 und 13 StGB das deutsche ESchG unabhängig vom Tatortrecht anwendbar ist, setzt die Strafbarkeit als (deutscher oder ausländischer) Amtsträger oder besonders Verpflichteter täterschaftliche Begehung (und nicht bloße Teilnahme) voraus.[350] Demzufolge würde sich beispielsweise ein deutscher Universitätsforscher oder entsprechend öffentlich verpflichteter Wissenschaftler in einem Land ohne ein dem ESchG vergleichbares Embryonenschutzgesetz nur dann nach deutschem

---

[348] Näher zu den Voraussetzungen des § 5 Nr. 12 wie auch des ihm nachfolgenden § 5 Nr. 13 StGB unten VII.
[349] Zu den dafür erforderlichen Teilnahmevoraussetzungen vgl. oben III.8,9.
[350] Denn insoweit wird für das die Strafbarkeit mitbestimmende aktive Personalitätsprinzip gleiches zu gelten haben wie in den Fällen des § 5 Nr. 8 und Nr. 9; näher dazu unten VII.4.c.

Recht strafbar machen, wenn er täterschaftlich an der Gewinnung von Stammzellen aus Embryonen beteiligt wäre, nicht hingegen, wenn er auf ausländischem Boden lediglich dazu anstiften oder nur finanzielle oder beratende Hilfe leisten würde.

Vorsorglich ist bei Tatbeteiligung Mehrerer der allgemeine Grundsatz der selbständigen Strafbarkeit des jeweiligen Beteiligten nach § 29 StGB[351] in Erinnerung zu rufen: So wie einerseits jeder ohne Rücksicht auf die Schuld des anderen nach seiner eigenen Schuld zu bestrafen ist, sich also ein Schuldiger nicht auf die Unschuld eines anderen Beteiligten berufen kann, braucht sich umgekehrt ein Nichtschuldiger auch nicht die Schuld eines anderen Tatbeteiligten zurechnen zu lassen.[352]

(iv) Soweit sich die Forschungstätigkeit im Rahmen des ESchG hält und auf ausländischem Boden lediglich gegen Vorschriften des StammzellG verstoßen wird, kommt eine Strafbarkeit schon deshalb nicht in Betracht, weil sich der Schutzbereich dieses Gesetzes aus den oben in IV.3.a genannten Gründen von vornherein auf das deutsche Inland beschränkt. Deshalb bleibt Stammzellforschung, soweit sich eine Strafbarkeit nicht aus den vorangehend unter (i) – (iii) genannten Voraussetzungen aus dem ESchG ergibt, jedenfalls in Form *täterschaftlichen* Handelns im Ausland straffrei.[353]
– Gleiches gilt für die bloße *Teilnahme* an (vom ESchG nicht erfaßter) Stammzellforschung im Ausland, da es insoweit bereits an einer akzessorischen Haupttat fehlt.[354]
– Demzufolge stehen nach der hier zuvor getroffenen Einschätzung zum inländischen Schutzbereich des StammzellG weder der eigenhändigen Forschung mit Stammzellen noch der teilnehmenden Veranlassung oder Förderung auf ausschließlich ausländischem Boden deutsche Verbote entgegen.

---

[351] Voller Wortlaut in Anhang D.
[352] Näher zu diesem Prinzip der „limitierten Akzessorietät" vgl. Walter Gropp, Strafrecht. Allgemeiner Teil, 2. Aufl. Berlin 2001, S. 35 ff.
[353] Vgl. oben IV.3.c.
[354] Im Ergebnis ebenso Gribbohm (Fn. 342), JR 1998, S. 178, unter Hinweis darauf, daß bei Auslandsteilnahme an einer Auslandstat in gleicher Weise wie für letztere auch für die erstere eine etwaige Tatortstrafbarkeit relevant sei – wobei dies freilich zunächst einmal voraussetzen würde, daß sich der Schutzbereich des deutschen Straftatbestandes auch auf das Ausland erstreckt, woran es beim StammzellG nach der hier vertretenen Auffassung aber gerade fehlt.

5. Hilfserwägungen bei Annahme von Auslandserstreckung des Stammzellgesetzes

Die zuvor erwähnte Beschränkung des Schutzbereichs des StammzellG auf das Inland hatte zur Voraussetzung, daß man den Schutzzweck dieses Gesetzes vornehmlich im deutschen Interesse eines geregelten Genehmigungssystems für Stammzellforschung erblickt und dies den betroffenen Embryonen allenfalls im Sinne eines bloßen Schutzreflexes zugute kommt.[355] Wären darüber hinaus auch Embryonen selbst im Sinne von Individualrechtsgütern mittelbar als geschützt anzusehen, so wäre der Schutzbereich des StammzellG jedenfalls nicht von vornherein auf das Inland beschränkt. Und würde man der damit eröffneten Auslandserstreckung des StammzellG auch nicht die Beschränkung der Tathandlungen der „Einfuhr" und „Verwendung" auf das Inland entgegenhalten wollen,[356] so wäre Strafbarkeit nach dem StammzellG auch bei ausschließlichem Handeln im Ausland nicht grundsätzlich auszuschließen.

— Als Tathandlung käme jedoch dafür allenfalls die ungenehmigte „Verwendung" von Stammzellen im Ausland in Betracht, da mit „Einfuhr" nach der Legaldefinition des § 3 Nr. 5 StammzellG nur eine solche in das deutsche Bundesgebiet gemeint ist.[357]
— Soweit es beim „Verwenden" nach § 13 StammzellG um das Fehlen einer *Genehmigung* ginge, wäre schwerlich auf eine in Form der §§ 6 bis 9 StammzellG einzuholende Genehmigung abzuheben, würde es doch bei ausschließlicher Stammzellforschung im Ausland in der Regel schon an der Zuständigkeit der deutschen Behörden fehlen. Vielmehr dürfte es dann unter Bezug auf die „Rechtslage im Herkunftsland" in § 4 Abs. 2 Nr. 1a StammzellG maßgeblich auf das etwaige Genehmigungssystem des Auslands ankommen.[358]
— Würden unter Mißachtung solcher ausländischer Genehmigungsvorbehalte Stammzellen im Ausland verwendet, so käme bei entsprechender Auslandserstreckung des StammzellG Strafbarkeit nach dessen § 13 unter den gleichen Fallkonstellationen in Betracht, wie sie zuvor unter IV.4.b (i) – (iii) aufgezeigt wurden.

Wenn man sich freilich derart weitgehende Konsequenzen vor Augen hält, erscheint es noch zweifelhafter, ob der Gesetzgeber eine so weitreichende Erstreckung des StammzellG auf ausschließliches Handeln im Ausland gewollt haben kann.

---

[355] Vgl. oben IV.3.a.
[356] Näher dazu oben III.6.d (iv) und IV.3.b.
[357] Vgl. oben III.6.c.
[358] Vgl. dazu auch oben III.6.b bzw. IV.3 bei Fn. 327. Vgl. dazu auch Schröder (Fn. 330), ZStW 61 (1942), S. 102 ff.

6. Zwischenergebnis

Entgegen der landläufigen Meinung, wie sie bereits aus parlamentarischen Äußerungen zu erkennen war und offenbar auch manchen gutachterlichen Stellungnahmen zugrunde liegt,[359] ist somit auch eine ausschließlich im Ausland ablaufende Gewinnung oder Verwendung von Stammzellen aus Embryonen in den unter IV.2.b und 4.b genannten Fallkonstellationen nicht frei von Strafbarkeit nach deutschem Recht, wobei sich dieses strafrechtliche Risiko noch weiter erhöht, wenn man entgegen der hier eingenommenen Grundposition (IV.3) den Schutzbereich des StammzellG sich auch auf das Ausland erstrecken sieht (IV.5).

V. Grenzüberschreitende Aktivitäten vom Inland aus ins Ausland

In diesem Abschnitt geht es um Forschungsvorhaben, die schwerpunktmäßig im Ausland durchgeführt werden, aber in irgendeiner Weise auch vom Inland aus mitbetrieben, veranlaßt, finanziell gefördert oder sonstwie beratend unterstützt oder ermöglicht werden. Dabei handelt es sich um grenzüberschreitende Aktivitäten, die im Entstehungsprozeß des StammzellG sowohl im Parlament als auch in der allgemeinen Öffentlichkeit besondere Aufmerksamkeit gefunden haben.[360] Obgleich dabei das Hauptaugenmerk auf die Inlands*teilnahme* an ausländischer Stammzellgewinnung und -forschung gerichtet war und man deren Strafbarkeit nach deutschem Recht sogar durch ausdrückliche Beschränkung der Teilnehmerstrafbarkeit nach § 9 Abs. 2 S. 2 StGB zeitweilig meinte ausschließen zu sollen,[361] ist das strafrechtliche Spektrum doch auch hier breiter und variantenreicher, als es bei der üblichen Engführung auf die Inlandsteilnahme an Auslandstaten erscheint. Bevor auf diesen Teilnahmekomplex einzugehen ist (2), bleibt daher zunächst ein Blick auf täterschaftliche Formen grenzüberschreitender Tatbeteiligung zu werfen (1), während abschließend hilfsweise auf weitergehende Schutzbereichspositionen, als sie hier angenommen werden, einzugehen ist (3).

---

[359] Vgl. neben den oben IV.2 Fn. 265 genannten Fundstellen insbesondere auch das Müssig/Dahs-Gutachten s. o. S. 19 f., 21 f., wo der mißverständliche Eindruck entstehen kann, es werde – außer für den Fall von beamteten oder sonstwie öffentlich tätigen deutschen Wissenschaftlern – Forschung im Ausland vom deutschen Strafrecht nicht erfaßt.

[360] Vgl. oben II.3. bei Fn. 43 sowie IV.3.a bei Fn. 316.

[361] Vgl. oben II.3. bei Fn. 44 bzw. unten V.2 zu Fn. 378.

1. Täterschaftliche Beteiligung an grenzüberschreitenden Forschungsvorhaben

a) Wenn die eigentliche Forschung in ausländischen Labors stattfindet und von deutschem Boden aus nur geistige oder finanzielle Leistungen beigesteuert werden, könnte dies den Schluß nahelegen, daß die etwaige Strafbarkeit maßgeblich, wenn nicht sogar ausschließlich am Schwerpunkt des ausländischen Tätigkeitsortes auszurichten sei und es sich damit um eine reine Auslandstat handele, die – weil exterritorial begangen – nur über die bereits vorangehend zu Auslandstaten entwickelten Regeln, wie insbesondere der §§ 5 Nrn. 12 und 13 und § 7 StGB, dem deutschen Strafrecht unterworfen werden könnten. Diese zeitweilig auch in Deutschland vertretene „Tätigkeitstheorie" ist jedoch zunächst von der Rechtsprechung[362] und schließlich auch von der Gesetzgebung zugunsten des in § 9 Abs. 1 StGB[363] verkörperten „Ubiquitätsprinzips" aufgegeben worden.[364] Danach ist eine Tat sowohl an dem Ort begangen, an dem der Täter „gehandelt" hat (oder im Falle des Unterlassens hätte handeln müssen), wie auch an dem Ort, an dem der zum Tatbestand gehörende „Erfolg" eingetreten ist (oder nach der Vorstellung des Täters eintreten sollte). Liegt nun auch nur einer dieser Orte im Inland, so handelt es sich insgesamt um eine Inlandstat, auf die nach dem Territorialitätsprinzip des § 3 StGB das deutsche Strafrecht anwendbar ist, und zwar ohne daß es in irgendeiner Weise auf die Strafbarkeit an einem ausländischen Tatort ankäme.

Vor einer solchen Behandlung als Inlandstat, wie sie bei engen grenzüberschreitenden Forschungskooperationen keineswegs von vornherein auszuschließen ist, muß jedoch ein wesentliches Erfordernis erfüllt sein: Es muß sich um einen *täterschaftlich* zurechenbaren Tatbeitrag im Inland handeln. Denn wie sich aus der besonderen Behandlung bloßer Teilnahme nach § 9 Abs. 2 StGB ergibt,[365] kommt ein inlandsbegründender Tätigkeitsort im Sinne von § 9 Abs. 1 StGB nur dort in Betracht, wo täterschaftlich im Sinne von § 25 StGB gehandelt wird und nicht bloße Teilnehmerbeiträge geleistet werden. Entgegen dem ersten Anschein setzt täterschaftliches Handeln allerdings weder die eigenhändige Durchführung einer wissenschaftlichen Untersuchung noch unbedingt eine sonstige

---

[362] Vgl. bereits RGSt 1 (1880), S. 274, 275, wo es bemerkenswerterweise auch schon um ein Einfuhrverbot, wenngleich für Lose nicht zugelassener Lotterien, ging.

[363] Voller Wortlaut in Anhang D.

[364] Näher zu dieser schließlich erstmals im damaligen § 3 Abs. 3 RStGB von 1940 legalisierten Entwicklung vgl. Oehler (Fn. 342), Rn. 241 ff.

[365] Worauf nachfolgend unter 2. einzugehen ist.

Tätigkeit im Labor voraus; vielmehr genügt hier wie auch sonst nach allgemeinen Täterschaftsregeln, daß die Mitwirkung als mit- oder mittelbar täterschaftlich zurechenbar ist,[366] wie beispielsweise im Falle eines engen arbeitsteiligen Zusammenwirkens zwischen einem das Projekt im Inland entwickelnden Forscher und seinem die Untersuchung im Ausland durchführenden Kollegen bzw. bei einem derart starken Über- und Unterordnungsverhältnis zwischen dem in Deutschland tätigen Chef und seinem im Ausland weisungsgebundenen Forschungsgehilfen, daß letzterer lediglich als Werkzeug des ihn steuernden mittelbaren Täters fungiert. Liegt auf die eine oder andere Weise ein solcher (mit- oder mittelbar) täterschaftlich begründeter Tatort im Inland vor, so ergibt sich schon daraus die Anwendbarkeit des deutschen Strafrechts, ohne daß es auf das ausländische Tatortrecht überhaupt noch ankäme.[367]

b) Nach diesen Grundsätzen kommt bei grenzüberschreitender Mitwirkung an ausländischen Forschungsvorhaben Strafbarkeit nach deutschem Recht vor allem in folgenden Fällen in Betracht:

(i) Zum einen aufgrund des *Embryonenschutzgesetzes*, wenn im Ausland Stammzellen aus Embryonen in den oben bei III.1–5 genannten Fällen unter Verletzung des ESchG gewonnen werden und dabei mit einem in Deutschland tätigen Forscher eine derart enge Kooperation besteht, daß von einem arbeitsteiligen Zusammenwirken im Sinne von „Mittäterschaft" gesprochen werden kann oder die Durchführung des Projekts im Ausland weisungsgebunden von Deutschland aus im Sinne von „mittelbarer Täterschaft" gesteuert wird.[368]

(ii) Gleichermaßen kann auf der Grundlage des *Stammzellgesetzes* die Forschung mit oder an Stammzellen im Ausland nach dem deutschen StammzellG strafbar sein, wenn die *Verwendung* der Stammzellen in enger (mittäterschaftlicher) Kooperation oder in (mittelbar täterschaftlicher)

---

[366] Vgl. – mit Nachweisen aus der Rechtsprechung – Eser, in: Schönke/Schröder (Fn. 126), § 9 Rn. 4; im gleichen Sinne Michael Lemke, in: Nomos Kommentar zum Strafgesetzbuch (NK), Baden-Baden 1995ff., § 9 Rn. 7f., Karl Lackner, in: Karl Lackner/Kristian Kühl, Strafgesetzbuch mit Erläuterungen, 24. Aufl. Müchen 2001, § 9 Rn. 2, Thomas Fischer, in: Herbert Tröndle/Thomas Fischer, Strafgesetzbuch und Nebengesetze, 51. Aufl. München 2003, § 9 Rn. 3, sowie Gribbohm LK (Fn. 275), § 9 Rn. 45 mit Zurückweisung der abweichenden Meinung von Oehler (Fn. 342), Rn. 361, wobei entsprechendes auch gegen Hoyer SK (Fn. 262), § 9 Rn. 5 einzuwenden wäre.

[367] Im gleichen Sinne die Feststellung von Gribbohm LK (Fn. 275), § 9 Rn. 35, wonach „ein im Inland handelnder Mittäter wegen seiner Mitwirkung an der am ausländischen Tatort straflosen Auslandstat zweifellos dem deutschen Strafrecht unterworfen wäre". Insoweit ebenso Oehler (Fn. 342), Rn. 361.

[368] Wie beispielsweise in dem möglicherweise von Wolfrum (Fn. 115), S. 239 gemeinten Fall, daß ein Forscher von Deutschland aus seinen Assistenten eine nach dem ESchG verbotene Forschung im Ausland durchführen läßt.

Abhängigkeit von einem in Deutschland mitentscheidenden Forscher erfolgt,[369] ohne daß eine nach § 13 StammzellG erforderliche Genehmigung der inländisch zuständigen Behörde vorliegt. Denn da aufgrund Zurechnung der täterschaftlichen Beteiligung vom Inland aus die im Ausland durchgeführte Stammzellforschung zugleich als Inlandstat gilt, unterfällt sie dem Schutzbereich des StammzellG selbst dann, wenn man diesen als auf das Inland beschränkt ansieht[370] und daher bei ausschließlicher Auslandtätigkeit das StammzellG nicht zum Zuge käme.[371] Weil es somit bei täterschaftlich vom Inland aus mitbetriebener Stammzellforschung im Ausland auf eine Auslandserstreckung des Schutzbereichs des StammzellG nicht ankommt, käme einer dahingehenden Schutzbereicherweiterung hier keine Bedeutung zu, so daß auch für Hilfserwägungen – wie zu ausschließlich im Ausland ablaufender Stammzellforschung[372] bzw. zu bloßer Teilnahme vom Inland aus an ausländischer Stammzellforschung angestellt[373] – kein Bedürfnis besteht.

(iii) Inwieweit ohne eigene Mitwirkung an der eigentlichen Forschungstätigkeit auch schon die finanzielle Förderung eines Stammzellprojektes oder die Mitentscheidung darüber vom Inland aus in Form von mit- oder mittelbarer Täterschaft einen inländischen Tatort begründen können, hängt von den Umständen des Einzelfalles ab, wobei der Intensität von arbeitsteiligem Zusammenwirken und dem Grad des Einflusses besondere Bedeutung zukommt. Insofern gilt hier Gleiches wie zur Abgrenzung bloßer Teilnahme von täterschaftlicher Beteiligung bei rein inländischen Forschungs- und Beteiligungsaktivitäten.[374]

c) Soweit in den unter b) genannten Fällen ein inländischer Tatort begründet ist, bleibt jeweils noch folgendes zu beachten:
– Die Strafbarkeit ist dieselbe wie bei reinen Inlandstaten.
– Die Rechtslage am ausländischen Durchführungsort ist unerheblich, so

---

[369] Wobei es im übrigen gleichgültig ist, ob es sich bei dem in Deutschland agierenden Forscher um einen deutschen Staatsangehörigen oder um einen Ausländer handelt bzw. ob er hierzulande langfristig beschäftigt oder anlässlich eines kurzfristigen Forschungsaufenthalts hier tätig ist – immer vorausgesetzt jedoch, daß dies (mit- oder mittelbar) täterschaftlich geschieht.

[370] Wie zu der hier vertretenen Auffassung oben bei IV.3.a näher begründet.

[371] Näher dazu oben IV.3. Etwas anderes – nämlich selbst für den hier in Frage stehenden Fallbereich keine Erfassung durch das deutsche Strafrecht – würde allenfalls dann zu gelten haben, wenn der „Belegenheit" des Forschungsobjekts im Ausland ein derart maßgebliches Gewicht beizulegen wäre, daß die (auch hier angenommene) Beschränkung des Handlungsbereichs des StammzellG auf „Verwendung" im Inland (vgl. oben III.6.d (iv), IV.3.b, unten V.2.c (i)) auch nicht durch (mit- oder mittelbar) täterschaftliche Zurechnung über die Grenzen hinweg erweitert werden könnte. Dies restlos ausschließen zu wollen, würde freilich, nachdem bislang offenbar nicht einmal als Problem gesehen, einer grundsätzlicheren Analyse bedürfen, als es in diesem Rahmen möglich ist.

[372] Oben IV.5.

[373] Vgl. unten V.3.

[374] Näher dazu oben III.7.

daß Strafbarkeit nach deutschem Recht selbst dann gegeben ist, wenn das ausländische Recht die infragestehende Forschungs- oder Unterstützungstätigkeit ausdrücklich erlauben sollte.

– In persönlicher Hinsicht ist sowohl der im Inland tätige als auch der im Ausland aktive Forscher nach deutschem Recht strafbar.[375] Das kann bei grenzüberschreitender Kooperation nicht nur für einen rückreisenden deutschen, sondern auch für einen nach Deutschland einreisenden ausländischen Forschungskollegen zum strafrechtlichen Risiko werden.

d) Soweit eine Forschungstätigkeit oder eine Beteiligung daran neben dem deutschen auch nach ausländischem Recht strafbar ist, kann sich ein Schutz gegen eine mehrfache Verurteilung allenfalls aus dem – derzeit grenzüberschreitend noch nicht generell anerkannten – Verbot des „ne bis in idem" ergeben. Andernfalls bleibt nur die Anrechenbarkeit einer ausländischen Verurteilung, wie sie in § 51 Abs. 3 StGB für den Fall einer Verurteilung wegen derselben Tat im Ausland vorgesehen ist.[376]

2. Inländische Teilnahme an ausländischen Forschungsvorhaben

Es war vor allem das bei dieser Fallkonstellation befürchtete strafrechtliche Risiko, das die wissenschaftliche Öffentlichkeit aufschreckte und selbst jene Politiker bedenklich stimmte, die einerseits dem „Verbrauch" von Embryonen im Ausland jedenfalls nicht von Deutschland aus Vorschub leisten wollten, aber andererseits die Forschung an bereits gewonnenen Stammzellen und deren Einfuhr aus dem Ausland nicht unterbunden sehen wollten. Diesen Freiraum aber sah man durch § 9 Abs. 2 S. 2 StGB verschlossen, weil danach die inländische Teilnahme an einer Auslandstat ohne Rücksicht auf deren Strafbarkeit am dortigen Tatort gegebenenfalls nach deutschem Recht strafbar ist.[377] Diesem Strafbarkeitsrisiko meinte der Bundestags-Ausschuß für Bildung, Forschung und Technikfolgenabschätzung dadurch vorbeugen zu müssen, daß § 9 Abs. 2 S. 2 StGB auf die Straf-

---

[375] Soweit Hoyer SK (Fn. 262), § 9 Rn. 5 offenbar nur die im Inland erbrachten täterschaftlichen Beiträge als Inlandstat dem deutschen Strafrecht unterwerfen will, steht dem sowohl die Rechtsprechung (vgl. insbes. BGHSt 39 (1992), S. 88, 90 f.) BGH NJW 1991, 2498, NStZ 1997, S. 286) als auch die herrschende Lehre entgegen (vgl. neben Eser, in: Schönke/Schröder (Fn. 126), § 9 Rn. 4 auch Gribbohm LK (Fn. 275), § 9 Rn. 45, Jescheck/Weigend (Fn. 275), S. 180, Lemke NK (Fn. 366), § 9 Rn. 8).

[376] Zu weiteren Einzelheiten dieser derzeit zumindest auf europäischem Boden als dringend regulierungsbedürftig angesehenen Problematik mehrfacher Strafbarkeit aufgrund paralleler nationaler Strafrechte durch ein internationales „Doppelbestrafungsverbot" vgl. unten VIII.11 zu Fn. 568.

[377] Vgl. den genauen Wortlaut des § 9 StGB in Anhang D.

barkeit nach § 13 Abs. 1 und 2 StammzellG keine Anwendung finden sollte.[378] Nachdem dieser Weg bei der Mehrheit des Bundestages keine Gefolgschaft fand, indem die geplante Einfügung des Abs. 3 in den § 13 StammzellG wieder gestrichen wurde,[379] verbleibt es bei der allgemeinen Regelung für die Strafbarkeit der Inlandsteilnahme an (möglicherweise straflosen) Auslandstaten. Genau besehen wirkt sich dies jedoch für die Stammzellforschung im engeren Sinne teils weniger einschneidend aus als von manchen befürchtet, wobei freilich die sich bereits aus dem ESchG ergebenden Strafbarkeitsrisiken bei inländischer Teilnahme an ausländischer Embryoforschung nicht selten übersehen werden. Beides bedarf daher einer differenzierten Betrachtung, wobei nach einer allgemeinen Grundlegung (a) zunächst die mögliche Strafbarkeit von Teilnehmern nach dem ESchG (b) und sodann die nach dem StammzellG (c) zu betrachten ist.

a) Auf den ersten Blick scheint § 9 Abs. 2 S. 2 StGB für die Strafbarkeit von Inlandsteilnahme an einer Auslandstat nur zweierlei vorauszusetzen, nämlich daß zum einen im Ausland eine Forschungstätigkeit durchgeführt wird, die im Inland nach deutschem Recht verboten wäre, und daß zum zweiten vom Inland aus an der Auslandstat teilgenommen wird, wobei es aber – und das ist das gravierende, weil hier gerade nicht erforderliche dritte Element – nicht darauf ankommt, ob die Haupttat auch nach dem Recht des Tatorts mit Strafe bedroht ist. Indem man dies verkürzend als „strafbare Inlandsteilnahme an strafloser Auslandstat" zu bezeichnen pflegt, kann leicht der weit verbreitete Eindruck entstehen, daß es bei inländischer Teilnahme auf die Tatbegehung im Ausland überhaupt nicht ankomme und man gleich so tun könne, als sei die Haupttat im Inland begangen worden, mit der Folge, daß der Inlandsteilnehmer nach den gleichen Regeln wie im Falle einer ausschließlich im Inland ablaufenden Forschungstätigkeit im Sinne von oben Teil III strafbar sei, was – als weitere Schlußfolgerung – den Eindruck entstehen läßt, als sei bloße Inlands*teilnahme* strafrechtlich riskanter als eine Auslands*täterschaft*, so daß nur noch die Empfehlung fehlt, sich gewünschte Stammzellen lieber gleich selbst täterschaftlich im Ausland zu besorgen, als sich mit einer inländischen Teilnehmerrolle zu begnügen. Von daher ist es dann auch nicht mehr weit, im Hinblick auf die sich aus § 9 Abs. 2 S. 2 StGB ergebenden Konsequenzen einer möglicherweise strafbaren Inlandsteilnahme an einer straflosen Auslandstat von „verquerer" Rechtslage oder dergleichen zu reden – wobei dies aber bei manchen immerhin mit der Einsicht verbunden ist, daß es sich bei den Auswirkungen des § 9 Abs. 2 S. 2 StGB um ein allgemeines Problem handele, dem schwerlich adäquat durch eine sondergesetzliche Außerkraftsetzung dieser Bestimmung für den Bereich des StammzellG Rechnung zu tragen sei.[380]

---

[378] BT-Drs. 14/8846 S. 9. Vgl. dazu bereits oben II.3 bei Fn. 42.
[379] Vgl. BT-Drs. 14/8876.
[380] Vgl. Margot von Renesse, BT-Plenarprotokoll 14/233 S. 23210 f.

Wenn sich daher die derzeitige Konzeption strafbarer Inlandsteilnahme an strafloser Auslandstat, wie sie ursprünglich von der Rechtsprechung entwickelt[381] und schließlich seit 1975 legalisiert ist,[382] inzwischen berechtigter Kritik ausgesetzt sieht,[383] so ist dies sicherlich verständlich, ebenso wie deshalb gewisse Einschränkungen des ungemein weiten grenzüberschreitenden Erstreckungsbereichs inländischer Teilnahme anzustreben seien.[384] Solange es jedoch daran fehlt, bleibt auch hier von der gegenwärtigen Rechtslage auszugehen, wobei diese freilich nicht immer richtig interpretiert erscheint und daher Fehlvorstellungen wie einige der vorangehend erwähnten entstehen konnten. Sucht man nach Denkfehlern und dem solche vermeidenden richtigen Ausgangspunkt, so erscheinen im vorliegenden Zusammenhang folgende Aspekte besonders bedeutsam:

● Zum einen geht es um das vermeintlich höhere strafrechtliche Risiko bloßer Teilnahme im Vergleich zu täterschaftlicher – und damit eigentlich „schlimmerer" – Tatbegehung. Dabei wird für den hier infragestehenden Bereich der Tatbeteiligung vom Inland aus ins Ausland hinein offenbar verkannt, daß schon mit jedem (mit- oder mittelbar) täterschaftlichen Akt im Inland eine Inlandstat vorliegt, der auch alle ausländischen Tatteile zugerechnet werden, ohne daß es auf deren Strafbarkeit am Tatort ankäme.[385] Auf diese Weise kommt es bei (mit- oder mittelbarer) täterschaftlicher Tatbeteiligung im Inland sogar noch weniger als bei der Inlandsteilnahme nach § 9 Abs. 2 S. 2 StGB auf die Auslandstat an. Und soweit man des weiteren meint, als deutscher Forscher lieber gleich aufs Ganze gehen zu sollen und sich die gewünschten Stammzellen selbst täterschaftlich im Ausland zu beschaffen, wäre die mögliche Strafbarkeit nach dem ESchG nicht zu übersehen.[386] Demzufolge könnte allenfalls für den Bereich des StammzellG dessen täterschaftliche Mißachtung im Ausland strafrechtlich weniger riskant sein als die inländische Teilnahme. Bevor man aber diesen Unterschied als „unverständlich" oder gar „ungerecht" bezeichnet, wäre zweierlei zu bedenken: So zum einen das unterschiedliche Gewicht, das eine Strafrechtsord-

---

[381] Vgl. dazu bereits RGSt 9 (1883), S. 10, 13 sowie dann vor allem RG JW 1936, S. 2655, BGHSt 4 (1953), S. 333, 335.

[382] Und zwar nach wechselvollem Streit (vgl. insbes. Schröder (Fn. 330), ZStW 61 (1942), S. 57 ff. und Jung (Fn. 342), JZ 1979, S. 326) zunächst durchaus begrüßt: vgl. etwa Zieher (Fn. 275), S. 39.

[383] Vgl. insbes. Oehler (Fn. 342), Rn. 360 f., ferner Hoyer SK (Fn. 262), § 9 Rn. 11 ff., Jung (Fn. 342), JZ 1979, S. 327 ff., Lemke NK (Fn. 366), § 9 Rn. 17.

[384] An Vorschlägen dazu war schon bisher kein Mangel: vgl. u.a. Jung (Fn. 342), JZ 1979, S. 331 f., wobei allerdings für den Fall einer Reform mitzubedenken wäre, ob dann nicht auch die (mit- oder mittelbar) täterschaftliche Inlandsbeteiligung an einer schwerpunktmäßig im Ausland durchgeführten Haupttat von der dortigen Strafbarkeit abhängig zu machen wäre.

[385] Näher dazu oben V.1.

[386] Dazu oben IV.2.

nung Handlungen im Ausland und im Inland beimessen kann: Während nämlich bei Auslandserstreckung das Strafrecht seine territorialen Grenzen überschreitet und daher selbst bei täterschaftlicher Begehung im Ausland Zurückhaltung geboten erscheint, geht es bei Inlandsteilnahme um das eigene Territorium, von dem aus ein Staat selbst mindere Formen der Tatbeteiligung legitimerweise nicht geschehen lassen möchte.[387] Und im übrigen ist der Strafbarkeitsbereich der Inlandsteilnahme möglicherweise gar nicht so weitgehend, wie dies manche Deutungen des § 9 Abs. 2 S. 2 StGB zulassen.

• Ein weiteres Mißverständnis könnte darin liegen, daß in der Unbeachtlichkeit des ausländischen Tatortrechts nach § 9 Abs. 2 S. 2 StGB eine „Auflösung [der ansonsten erforderlichen] Akzessorietät der Teilnahme"[388] oder gar ein „Akzessorietätsverzicht"[389] erblickt wird.[390] Dabei von einer „Durchbrechung des Akzessorietätsgedankens", nach dessen Ausformung in den §§ 26, 27 StGB die Teilnahme eine „rechtswidrige (Haupt)Tat" voraussetzt, zu sprechen, ist gewiß insoweit richtig, als es bei der Inlandsteilnahme an einer Auslandstat nicht auf die Rechtswidrigkeit nach dem Tatortrecht ankommt. Doch wäre es kurzschlüssig daraus zu folgern, daß die Rechtswidrigkeit der Haupttat völlig unerheblich sei. Vielmehr ist diese nach deutschem Strafrecht zu bestimmen, was nicht weniger, aber auch nicht mehr bedeutet, als daß das als Haupttat der inländischen Teilnahme infragekommende Verhalten nach deutschem Recht zu beurteilen ist[391] und in diesem Sinne „unter ein deutsches Strafgesetz subsumiert werden kann".[392]

• Bei dieser Bewertung der Auslandstat nach deutschem Strafrecht bleibt jedoch als weitere Fehlerquelle zu vermeiden, die Auslandstat gewissermaßen in der Weise ins Inland „herüberzuziehen", als sei sie hier begangen worden und daher einen inländischen Tatort begründe.[393] Wie schon von Horst Schröder in seiner grundlegenden und – trotz zwischenzeitlicher Gesetzesänderung diesbezüglich weiterhin relevanten – Untersuchung zur Inlandsteilnahme an einer straflosen Auslandstat dargetan, ist aus der Unbeachtlichkeit des ausländischen Tatortrechts nicht kurzerhand zu

---

[387] In diesem Sinne dürfte gerade auch die Zielsetzung in § 1 Nr. 2 StammzellG zu verstehen sein, vgl. oben II.3.

[388] So namentlich Gribbohm (Fn. 342), JR 1998, S. 178 sowie in LK (Fn. 275), § 9 Rn. 30 f.

[389] So Müssig/Dahs-Gutachten, s. o. S. 20 wohl in Anlehnung an Gribbohm.

[390] Zu weiteren Stimmen in diese Richtung, ohne allerdings selbst darin einzustimmen, Jung (Fn. 342), S. 327.

[391] In diesem Sinne namentlich Jescheck/Weigend (Fn. 275), S. 179 und wohl auch Hoyer SK (Fn. 262), § 9 Rn. 10 wie auch schon Jung (Fn. 342), JZ 1979, S. 327 f.

[392] So mit Berufung auf RG JW 1936, S. 2655 und BGHSt 4 (1953), S. 335 bereits Schröder, in: Schönke/Schröder, 11. Aufl. München 1963, § 3 Rn. 11 sowie grundlegend in (Fn. 330), ZStW 61 (1942), S. 70 ff.

[393] In diesem Sinne namentlich Gribbohm (Fn. 342), JR 1998, S. 178.

schließen, daß „die ausländische Haupttat schlechthin mit der inländischen gleichzusetzen" sei, sondern daß selbst bei Bewertung der Auslandstat nach deutschem Recht weiterhin zu berücksichtigen bleibe, daß sie im Ausland stattgefunden hat.[394] Und wie von diesem nachmals langjährigen Kommentator des deutschen Strafgesetzbuches ebenfalls schon angedeutet, hängt die Bewertung nach dem deutschen Strafrecht entscheidend davon ab, ob und inwieweit die Haupttat (unter Berücksichtigung ihrer Begehung im Ausland) nach deutschem Strafrecht eine „wirkliche Interessenverletzung" darstellt.[395] Das aber ist im Grunde nichts anderes als die Frage nach dem Schutzbereich des infragestehenden Straftatbestandes: Nur wenn dieser grundsätzlich auch im Ausland begangene Haupttaten erfassen will, kann inländische Teilnahme daran strafbar sein. Beschränkt sich dagegen der deutsche Straftatbestand auf den Schutz von (nicht-individualen) Inlandsinteressen, so kann bei Tatbegehung im Ausland eine inländische Teilnahme daran jedenfalls nicht aufgrund von § 9 Abs. 2 StGB strafbar sein. Auch ohne daß sich diese Konsequenz immer mit gleicher Klarheit ausgesprochen fände, geht die herrschende Meinung – auch wenn teils auf verkürztem Weg – von der gleichen Grundposition aus, derzufolge der Strafbarkeit der Inlandsteilnahme die Frage nach dem (in- oder auch ausländischen) Schutzbereich des betreffenden Straftatbestandes vorgeordnet sei.[396]

---

[394] Schröder (Fn. 330), ZStW 61 (1942), S. 96 ff. (100). In diesem Sinne auch zustimmend Jung (Fn. 342), JZ 1979, S. 327 f.

[395] Schröder (Fn. 330), ZStW 61 (1942), S. 102 ff.

[396] So namentlich Gribbohm LK (Fn. 275), § 9 Rn. 31, wonach sich z.B. der deutsche Anstifter zu einer Unterhaltspflichtverletzung im (dort nicht strafbaren) Ausland schon deshalb nicht strafbar mache, weil § 170b StGB nur inländische Unterhaltspflichtverletzungen erfaßt; ferner Hoyer SK (Fn. 262), § 9 Rn. 13, wonach § 9 Abs. 2 S. 2 StGB nicht etwa gebiete, „die Haupttat so zu bewerten, als sei sie zu Lasten inländischer Rechtsgüter begangen worden", was nach seinen nachfolgenden Erläuterungen nichts anderes bedeuten kann, als daß die Inlandsteilnahme an Auslandstaten nur insoweit strafbar ist, als die betroffenen Interessen unter den Schutzbereich des deutschen Tatbestandes fallen. Auch für Jescheck/ Weigend (Fn. 275), S. 179 muß sich die im Ausland begangene Haupttat „gegen ein Rechtsgut richten, das von der entsprechenden Strafvorschrift des deutschen Rechts geschützt wird". Wenngleich wesentlich knapper, so doch im gleichen Sinne spricht Lemke NK (Fn. 366), § 9 Rn. 17 im Hinblick auf die Inlandsteilnahme an Auslandstaten von der „Abhängigkeit des Strafanwendungsrechts und des Schutzbereichs der anzuwendenden Normen". Der gleiche Standpunkt ist aus einer Bemerkung von Hans Lüttger, Bemerkungen zu Methodik und Dogmatik des Strafschutzes für nichtdeutsche öffentliche Rechtsgüter, in: Theodor Vogler u.a. (Hrsg.), Festschrift für Hans-Heinrich Jescheck zum 70. Geburtstag, Berlin 1985, Bd. 1, S. 121–178, herauszulesen, daß bei Anstiftung und Teilnahme „der Tatort nichts über den tatbestandlichen Ausschluß oder Einschluß fremder (öffentlicher) Rechtsgüter aussagt" (S. 123 Fn. 12); im gleichen Sinne Oehler (Fn. 342), Rn. 240. Nicht zuletzt ist speziell im Hinblick auf das StammzellG auch nach dem Müssig/Dahs-Gutachten, s. o. S. 21 ff., 27 die Strafbarkeit inländischer Beihilfehandlungen „abhängig vom nach allgemeinen Grundsätzen zu bestimmenden (territorialen) Schutzbereich des § 13 StZG".

Aus diesen allgemeinen Grundsätzen ergeben sich für die Strafbarkeit inländischer Teilnahme an ausländischen Forschungsaktivitäten folgende Konsequenzen, wobei wiederum zwischen Verstößen gegen das ESchG (b) und das StammzellG (c) zu unterscheiden ist.

b) (i) Soweit mit der im Ausland getätigten Forschung das *Embryonenschutz G* verletzt wird, wie insbesondere bei der Gewinnung von Stammzellen aus Embryonen,[397] ist jede Form von Anstiftung oder Beihilfe vom Inland aus in gleicher Weise strafbar, wie dies bei Durchführung der betreffenden Forschungstätigkeit im Inland der Fall wäre. Denn da es beim ESchG um territorial unbegrenzten Schutz von Individualrechtsgütern geht, sind die infragestehenden Forschungsaktivitäten durch die Straftatbestände des ESchG erfaßbar, ohne daß es für die sich daraus ergebende Strafbarkeit der Inlandsteilnahme noch in irgendeiner Weise auf die Strafbarkeit nach Tatortrecht ankäme. In diesem Fall wird für den Teilnehmer nach § 9 Abs. 2 S. 1 StGB ein inländischer Teilnahmeort begründet.

In dieser Hinsicht – was jedoch bei Befürchtungen aus Wissenschaftlerkreisen nicht selten übersehen wird – ist das Strafrechtsrisiko der Teilnahme an ausländischen Forschungsaktivitäten vom Inland aus in der Tat höher, als wenn man täterschaftlich ausschließlich im Ausland tätig würde.[398] Dies ist jedoch nicht erst ein Produkt des StammzellG, sondern hatte sich schon aus dem zuvor bestehenden Rechtszustand ergeben.

(ii) Sofern nach den vorgenannten Grundsätzen die Inlandsteilnahme strafbar ist, gilt dies gleichermaßen für einen deutschen wie auch für einen ausländischen Teilnehmer, da auf den inländischen Teilnahmeort (§ 9 Abs. 2 S. 1 StGB) aufgrund des Territorialitätsprinzips (§ 3 StGB) das deutsche Strafrecht anwendbar ist, ohne daß dabei die Nationalität des Teilnehmers irgendeine Rolle spielen würde.[399] Gleichermaßen ist auch auf Seiten des geförderten Forschers im Ausland dessen Staatsangehörigkeit ohne Belang.[400] Demzufolge kann sich beispielsweise nicht nur ein deutscher Wissenschaftler, der in einer als „Anstiftung" zu erfassenden Form erst noch aus Embryonen zu gewinnende Stammzellen im Ausland „bestellt",[401] sondern auch ein ausländischer Konferenzteilnehmer, der vom deutschen Tagungsort aus Anweisungen zur embryonenverbrauchenden Gewinnung von Stammzellen in seinem

---

[397] Dazu wie auch zu weiteren Fällen von Strafbarkeit nach dem EschG vgl. oben III.1–4.

[398] Wie unter IV.4 näher dargestellt.

[399] Vgl. Gribbohm LK (Fn. 275), § 9 Rn. 33.

[400] Deshalb wäre das von Wolfrum (Fn. 115), S. 239 angeführte Beispiel strafbarer Beihilfe einer bundesdeutschen Stelle durch Förderung eines Forschers, der während eines Forschungsaufenthalts in Großbritannien embryoverbrauchende Forschung betreibt, nicht dahin zu verstehen, als gälte das nur im Hinblick auf einen deutschen Forscher.

[401] Wobei die Zurechenbarkeit als „Anstiftung" nach den gleichen Regeln zu bestimmen ist wie bei inländischer Teilnahme: vgl. oben III.7.a.

heimischen Labor gibt, aufgrund von § 9 Abs. 2 StGB nach dem deutschen ESchG strafbar machen.

(iii) Soweit sich nach dem Vorangehenden eine Strafbarkeit des Inlandsteilnehmers ergibt, ist vorsorglich darauf hinzuweisen, daß dies nicht ohne weiteres auch die Strafbarkeit des Haupttäters im Ausland zur Folge hat. Denn anders als bei der Teilnahme, von der her gesehen sich die unterstützte Haupttat als „Taterfolg" darstellt und demzufolge der Ort der Haupttat auch für den Teilnehmer als Begehungsort gilt (§ 9 Abs. 2 S. 1 StGB), ist die Teilnahme nicht ohne weiteres als ein „Erfolg" der Haupttat zu verstehen, weswegen ein inländischer Teilnahmeort nicht auch dem im Ausland agierenden Haupttäter als inländischer Tatort zugerechnet werden kann.[402] Demzufolge ist der im Ausland forschende Haupttäter allenfalls aufgrund einer durch ihn selbst begründeten Strafbarkeit nach den oben in IV.2.b entwickelten Grundsätzen strafbar.

c) Soweit Forschungsaktivitäten allenfalls dem *StammzellG* unterfallen könnten, hängt die Strafbarkeit der Inlandsteilnahme entscheidend davon ab, ob man den Schutz des StammzellG auf den deutschen Bereich beschränkt sieht oder als territorial unbegrenzt betrachtet.

(i) Geht man mit der engeren Position von einem auf das Inland beschränkten Schutzbereich des StammzellG aus, wie dies oben bei IV.3 näher begründet worden ist,[403] so ist die inländische Teilnahme an Verstößen gegen das StammzellG im Ausland nicht strafbar.[404] Diese Straflosigkeit nach dem StammzellG gilt – ähnlich wie im umgekehrten Fall von Strafbarkeit nach dem ESchG[405] – gleichermaßen für deutsche wie für ausländische Teilnehmer.

(ii) Die vorangehend festgestellte Straflosigkeit der Inlandsteilnahme an Auslandtaten kann natürlich dann in Strafbarkeit umschlagen, wenn sich ein nach dem StammzellG verbotenes Verhalten nicht ausschließlich im Ausland abspielt, sondern dabei die Grenze ins Inland überschritten wird, wie etwa in dem Fall, daß der im Ausland tätige Stammzellforscher mittels Anstiftung dazu überredet wird, die nach dem Stichtag vom 1. Januar 2002 gewonnenen Stammzellen nach Deutschland zu verschicken oder gar selbst hierher zu bringen. Denn soweit darin nicht sogar eine verbotene „Einfuhr" im Sinne von § 13 StammzellG zu sehen ist, könnte durch den im Inland eintretenden Erfolg des Verbringens eine Inlandtat begründet sein, so daß es sich nicht um bloße Inlandsteilnahme an einer Auslandtat als vielmehr um Inlandsteilnahme an einer Inlandtat in dem unter III.6.c beschriebenen Sinne handeln würde. Auch in diesem Fall würde aber die Strafbarkeit der

---

[402] Ebenso Gribbohm LK (Fn. 275), § 9 Rn. 14, Hoyer SK (Fn. 262), § 9 Rn. 10. Vgl. auch Oehler (Fn. 342), Rn. 360 f.

[403] Zur Gegenposition eines territorial unbegrenzten Schutzbereiches des StammzellG vgl. unten V.3.

[404] Im Ergebnis ebenso Müssig/Dahs-Gutachten, s. o. S. 33.

[405] Vgl. zuvor IV. 2.b (ii).

Teilnahme nicht erst über § 9 Abs. 2, sondern bereits über den inländischen Erfolgsort der Haupttat nach § 9 Abs. 1 StGB begründet.

d) Führt man sich angesichts dieses Ergebnisses noch einmal die heftigen parlamentarischen und öffentlichen Auseinandersetzungen um die Inlandsteilnahme an ausländischer Stammzellforschung vor Augen, so mögen einerseits Befürworter eines möglichst weitgehenden Embryonenschutzes gegen Stammzellforschung nicht alles Gewünschte erreicht haben, während sich andererseits manche Befürchtungen in Wissenschaftlerkreisen als übersteigert herausstellten. Die Ursache für das eine oder das andere ist jedoch weniger im Streit um den zeitweilig ausgeschlossenen und dann doch wieder zugelassenen § 9 Abs. 2 S. 2 StGB[406] als vielmehr in der Konzeption des § 13 StammzellG zu suchen; denn die Unerheblichkeit des ausländischen Tatortrechts nach § 9 Abs. 2 S. 2 StGB hätte erst dann eine Rolle spielen können, wenn der Schutzzweck des StammzellG über den inländischen Geltungsbereich ausgedehnt worden wäre, was nach der hier vertretenen Auffassung nicht der Fall ist. Insofern erweist sich der Streit um die Angemessenheit des § 9 Abs. 2 S. 2 StGB jedenfalls für den Bereich der Stammzellforschung als ein „Sturm im Wasserglas".

3. Hilfserwägungen bei Annahme von Auslandserstreckung des Stammzellgesetzes

Geht man – entgegen der hier angenommenen Inlandsbeschränkung[407] – von einem territorial unbegrenzten Schutzbereich des StammzellG aus,[408] so wird die Inlandsteilnahme an straflosen Auslandstaten in größerem Umfang strafbar, wobei zwei Grundkonstellationen mit teils unterschiedlichen Konsequenzen auseinanderzuhalten sind.

a) Wenn man nicht nur eine territorial unbegrenzte Auslandserstreckung annimmt, sondern dabei selbst eine rein ausländische *Verwendung* von Stammzellen als vom StammzellG erfaßbar ansieht,[409] geraten Beteiligungen an ausländischer Stammzellforschung vom Inland aus grundsätzlich im gleichen Umfang in den Strafbarkeitsbereich, wie dies bei rein inländischer Kooperation zwischen Forschern wie auch bei Forschungsförderung durch finanzielle Zuwendungen oder beratende Mitwirkung in Gremien in dem oben bei III.7–9 beschriebenen Sinne festzustellen war. Da dies nach § 9 Abs. 2 S. 2 StGB selbst dann gilt, wenn die Verwendung von Stammzellen

---

[406] Näher dazu oben II.3 bei Fn. 44 sowie oben V.2 bei Fn. 378.
[407] Vgl. oben III.6.d (iv), IV.3.
[408] Vgl. dazu bereits oben IV.5.
[409] Zu dieser allerdings kaum noch mit der Struktur des § 13 StammzellG vereinbarten Auffassung vgl. näher oben III.6.d (iv).

im Ausland nach dem Recht des Tatorts nicht mit Strafe bedroht ist, bleibt es für die Strafbarkeit des Teilnehmers vom Inland aus auch völlig unerheblich, welche Staatsangehörigkeit der im Ausland forschende „Haupttäter" hat.

Die Unerheblichkeit der Auslandsstrafbarkeit bedeutet jedoch nicht, daß das Recht des (ausländischen) Tatorts völlig unbeachtlich wäre; denn da nach § 13 StammzellG nur die Verwendung von Stammzellen „ohne Genehmigung" strafbar ist, stellt sich die Frage, nach welchem Recht – nämlich dem des inländischen Teilnahmeorts oder dem des ausländischen Haupttatortes – die Genehmigungsvoraussetzungen und deren Erfüllung zu beurteilen ist. Der kurzschlüssigen Annahme, daß etwa deshalb, weil es ja um die Strafbarkeit nach deutschem Recht gehe, dementsprechend auch alle Strafbarkeit begründenden oder ausschließenden Voraussetzungen – einschließlich eines etwaigen Genehmigungserfordernisses – nach deutschem Recht zu bestimmen seien, stehen faktische wie normative Gründe entgegen. So wäre es schon rein faktisch für einen im Ausland tätigen Stammzellforscher kaum möglich, mangels einer dafür zuständigen deutschen Genehmigungsbehörde eine entsprechende Genehmigung zu erhalten, ganz davon abgesehen, daß es ohnehin nicht um seine eigene Strafbarkeit, sondern um die eines etwaigen inländischen Teilnehmers ginge, der seinerseits als Antragsteller wohl nicht in Betracht käme. Noch gewichtiger ist jedoch der normative Grundsatz, daß sogenannte zivil- oder verwaltungsrechtliche „Inzidentfragen", wie sie für ein bestimmtes Unrechtsmerkmal wesentlich sein können, wegen ihrer Abhängigkeit von den Verhältnissen am ausländischen Tatort nach dessen Recht zu beurteilen sind.[410] Ähnlich wie dazu im Falle von Umweltdelikten eine etwa erforderliche Genehmigung nach dem Tatortrecht zu beurteilen ist,[411] muß Gleiches auch für etwaige Genehmigungen nach dem StammzellG gelten;[412] insofern schlägt auch in dieser Hinsicht der öffentlich-ordnungsrechtliche Charakter durch, wie er für die Straftatbestände, in denen es auf behördliche Erlaubnisse oder sonstige formale Erfordernisse ankommt, kennzeichnend ist.[413] Das hat zur Folge, daß dort, wo das Tatortrecht keine Genehmigung für Stammzellforschung voraussetzt oder der Forscher etwaige Genehmigungserfordernisse seines Landes erfüllt, dieser auch nicht nach § 13 StammzellG strafbar sein kann und es daher letztlich an einer rechtswidrigen Haupttat fehlt, wie sie

---

[410] Grundlegend dazu Karin Cornils, Die Fremdrechtsanwendung im Strafrecht, 1978, insbes. S. 71 ff.; vgl. auch Eser, in: Schönke/Schröder (Fn. 126), Vorbem. 22 f. vor §§ 3–7 mit weiteren Nachweisen.

[411] Hoyer SK (Fn. 262), § 9 Rn. 12.

[412] Im Ergebnis ebenso Müssig/Dahs-Gutachten, Bl. s. o. S. 26 f., wobei etwaigen Zweifeln angesichts des „durch erhebliche ethische Überfrachtungen gekennzeichneten StammzellG" entgegenzuhalten wäre, daß dieses hinsichtlich der Stammzellengewinnung sogar selbst auf die „Übereinstimmung mit der Rechtslage im Herkunftsland" abhebt (§ 4 Abs. 2 Nr. 1a StammzellG).

[413] Vgl. dazu bereits Schröder (Fn. 330), ZStW 61 (1942), S. 102 ff.

für Inlandsteilnahme selbst im Falle von § 9 Abs. 2 S. 2 StGB unerläßlich ist.[414]

Das hat für die Strafbarkeit der Inlandsteilnahme an Stammzellverwendung im Ausland im wesentlichen folgende Konsequenzen:

(i) Selbst bei Annahme von Auslandserstreckung des StammzellG ist die Teilnahme von Stammzellverwendung im Ausland vom Inland aus nur strafbar, wenn Stammzellen ohne eine am Forschungsort erforderliche Genehmigung verwendet werden, wobei es jedoch im übrigen unerheblich ist, ob sich das ausländische Genehmigungserfordernis aus einem dem § 13 StammzellG entsprechenden ausländischen Straftatbestand oder aus einfachem Verwaltungsrecht ergibt.

(ii) Wurden dagegen etwaige Genehmigungserfordernisse des ausländischen Forschungs-orts beachtet oder fehlt es gänzlich an solchen Vorbehalten, so bleibt auch bei grundsätzlicher Auslandserstreckung des StammzellG die Teilnahme vom Inland aus straffrei.

b) Sieht man trotz grundsätzlicher Auslandserstreckung des StammzellG die ausschließliche Verwendung von Stammzellen im Ausland als tatbestandlich nicht erfaßt an,[415] so kommt Inlandsteilnahme von vornherein nur im Hinblick auf die *Einfuhr* vom Ausland ins Inland in Betracht.

(i) Dabei kann der Genehmigungsvorbehalt des § 13 StammzellG insoweit bedeutsam werden, als der ausländische Versendungsort eine Ausfuhrgenehmigung erfordert. Würde also beispielsweise ein im Ausland tätiger Forscher vom Inland aus dazu überredet, Stammzellen ohne die nach dem Recht seines Landes erforderliche Genehmigung aus- und in das deutsche Inland einzuführen, so käme Anstiftung zu § 13 StammzellG in Frage.

(ii) Wurden dagegen etwaige Ausfuhrgenehmigungen des ausländischen Versandorts eingeholt, so käme im Hinblick auf die Einfuhr ins Inland, sofern es an der erforderlichen Genehmigung dafür fehlt, Teilnahme daran in Betracht, wobei es sich dann allerdings bereits um eine Inlandstat handeln würde, für die § 9 Abs. 2 S. 2 StGB ohnehin unerheblich ist.

(iii) Letzteres gilt um so mehr für den Fall, daß erst nach vollzogenem Import im Inland an der nicht genehmigten *Verwendung* der Stammzellen teilgenommen wird.

---

[414] Vgl. oben IV.4.a zur Differenzierung zwischen der (grundsätzlich unerheblichen) *Strafbarkeit* nach Tatortrecht und einer gleichwohl erforderlichen und aus der Sicht des deutschen Rechts zu beurteilenden *rechtswidrigen Haupttat*, wobei hier als weiteres Beurteilungskriterium lediglich hinzukommt, daß selbst für den *deutschen* Straftatbestand die Beurteilung einzelner Unrechtsmerkmale – wie hier des Genehmigungserfordernisses – von inzidentem Verwaltungsrecht des ausländischen Tatorts abhängig sein kann.

[415] Wie oben III.6.d (iv) näher begründet.

VI. Grenzüberschreitende Aktivitäten vom Ausland ins Inland

In dieser Hinsicht sind im wesentlichen vier Fallkonstellationen zu unterscheiden.

1. Mittäterschaftliche Beteiligung vom Ausland aus an einer Inlandstat

Für diesen Fall gilt all das, was bereits für den umgekehrten Fall einer mittäterschaftlichen Mitwirkung vom Inland aus an einer Auslandstat oben bei V.1 festgestellt worden ist: Da durch jeden mittäterschaftlichen Tatbeitrag im Inland ein inländischer Tatort begründet wird (§ 9 Abs. 1 StGB), findet nach dem Territorialitätsprinzip (§ 3 StGB) das deutsche Strafrecht Anwendung, und zwar für alle Mittäter[416] und ohne Rücksicht auf ihre Staatsangehörigkeit.[417]

2. Mittelbar täterschaftliche Einwirkungen vom Ausland auf einen im Inland tätigen Mittelsmann

Insoweit gilt im Ergebnis gleiches wie bei der vorangehend behandelten grenzüberschreitenden Mittäterschaft, vorausgesetzt jedoch, daß es sich bei der im Inland involvierten Person nicht um einen selbständigen Teilnehmer (in dem alsbald unter 4. behandelten Sinne) handelt, sondern um ein bloßes inländisches „Werkzeug" des vom Ausland her steuernden mittelbaren Täters, wie etwa in dem Fall, daß der im Inland beteiligte Forscher über

---

[416] So in ständiger Rechtsprechung bereits das Reichsgericht (1924), in: Nachschlagewerk des Reichsgerichts zum Strafrecht, Bd. 1, Nachdruck Goldbach 1995, § 3 Nr. 1, 49f., wie dann auch der Bundesgerichtshof in: BGHSt 39 (1992), S. 88, 90, BGH NStZ 1997, S. 286; im gleichen Sinne Eser, in: Schönke/Schröder (Fn. 126), § 9 Rn. 4, Gribbohm LK (Fn. 275), § 9 Rn. 45, Lackner, in: Lackner/Kühl (Fn. 366), § 9 Rn. 2. Anderer Ansicht, soweit ersichtlich, wohl nur Oehler (Fn. 342), Rn. 361 und Hoyer SK (Fn. 262), § 9 Rn. 5, wonach die im Ausland handelnden Mittäter nicht dem deutschen Strafrecht unterworfen sein sollen. Das kann jedoch ohnehin nur insoweit gelten, als solche Mittäter nicht schon aus anderen Gründen für ihre Auslandstat dem deutschen Strafrecht unterfallen können, vgl. dazu oben IV.2.b, 5.

[417] Vgl. RGSt 67 (1933), S. 130, 138. – Zu weiteren Einzelheiten vgl. oben V.1.b,c.

den verbotenen Charakter eines Stammzellversuchs getäuscht oder in einer seine Freiwilligkeit ausschließenden Weise unter Druck gesetzt wird:[418] In diesem Fall ist dem vom Ausland aus agierenden mittelbaren Täter die inländische Tätigkeit seines Werkzeugs auch in örtlicher Hinsicht als Inlandstat zuzurechnen.[419]

3. Auslandsteilnahme an inländischer Haupttat

In diesem Fall ergibt sich die Anwendbarkeit des deutschen Strafrechts auf den Teilnehmer im Ausland schon unmittelbar aus § 9 Abs. 2 S. 1 Alt. 1 StGB, wonach die Teilnahme auch am Ort der Haupttat als begangen gilt und sich daher der Teilnehmer seine im Ausland geleisteten Beiträge als im Inland begangen anrechnen lassen muß,[420] und zwar auch hier ohne Rücksicht auf die Nationalität des Teilnehmers. Würde also ein ausländischer Forscher von seinem Heimatland aus eine in Deutschland verbotene Stammzellforschung anstiftungsweise veranlassen oder gehilfenschaftlich beratend unterstützen, so wäre er im gleichen Umfang strafbar, wie dies bereits bei reiner Inlandstätigkeit festzustellen war.[421]

4. Ausländische Haupttat mit inländischer Unterstützung

Bei diesem Grenzfall zwischen der (bereits unter V.2 behandelten) Inlandsteilnahme an einer Auslandstat einerseits und der (vorangehend unter VI.2 behandelten) vom Ausland aus mittelbar gesteuerten Tatausführung im Inland andererseits geht es um den Fall, daß ein im Ausland tätiger Stammzellforscher sich vom Inland aus unterstützen läßt. Während sich dabei der inländische Teilnehmer nach den oben V.2 genannten Grundsät-

---

[418] Zu weiteren Voraussetzungen und Falltypen mittelbarer Täterschaft vgl. allgemein z.B. Cramer/ Heine, in: Schönke/Schröder /Fn. 126), § 25 Rn. ff.; Hoyer SK (Fn. 262), § 25 Rn. 39 ff.; Kühl, in: Lackner/Kühl (Fn. 366), § 25 Rn. 2 ff.

[419] So bereits RGSt 67 (1933), S. 130, 138, ferner BGH wistra 1991, S. 335, Eser, in: Schönke/Schröder (Fn. 126), § 9 Rn. 4, Jescheck/Weigend (Fn. 275), S. 180, Lackner, in: Lackner/Kühl (Fn. 366), § 9 Rn. 2, Fischer, in: Tröndle/Fischer (Fn. 366), § 9 Rn. 3; auch insoweit wohl nur anders Hoyer SK (Fn. 262), § 9 Rn. 5, wonach es auf den Ort der Entlassung des Werkzeugs aus dem Einflußbereich des mittelbaren Täters ankommen soll.

[420] RGSt 74 (1940), S. 55, 59, BayObLG NStZ 1992, S. 281, 282, Eser, in: Schönke/ Schröder (Fn. 126), § 9 Rn. 11, Gribbohm LK (Fn. 275), § 9 Rn. 47.

[421] Näher dazu oben III.6.d.

zen nach deutschem Recht strafbar machen kann, ist der im Ausland agie-
rende Haupttäter vom deutschen Strafrecht nicht erfaßbar.[422] Dies erklärt
sich daraus, daß zwar einerseits für den Teilnehmer sowohl an seinem eigenen Teilnahmeort als auch am Ort der Haupttat ein Tatort begründet wird
(§ 9 Abs. 2 StGB), daß jedoch andererseits für den Haupttäter nicht umgekehrt das gleiche gilt: Das heißt, daß für den im Ausland handelnden Haupttäter nicht auch am inländischen Teilnahmeort ein die Anwendbarkeit des
deutschen Strafrechts eröffnender Tatort begründet wird.[423] Doch auch
diese Merkwürdigkeit[424] ist keine Besonderheit für den Bereich der Stammzellforschung, sondern ergibt sich aus den allgemeinen Regeln des für die
Anwendbarkeit des deutschen Strafrechts nach dem Territorialitätsprinzip
maßgeblichen Tatorts.[425]

VII. Besonderheiten bei Amtsträgern oder Verpflichteten

1. Einschlägige Bereiche und Differenzierungen

Bei der Behandlung grenzüberschreitender Forschungs- und Beteiligungsaktivitäten hatte sich immer wieder herausgestellt, daß der Anwendungsbereich des deutschen Strafrechts auf Auslandtaten noch weiter – über die
für jeden „normalen" Forscher geltenden Anknüpfungspunkte des § 7
StGB hinaus – gehen kann, wenn der Forscher nach § 5 Nrn. 12 oder 13
StGB als „Amtsträger" oder „für den öffentlichen Dienst besonders Ver-

---

[422] Es sei denn, daß er in mittelbar täterschaftlicher Weise (wie zuvor unter 2. beschrie-
ben) auf sein inländisches „Werkzeug" einwirkt.

[423] Gribbohm (Fn. 342), JR 1998, S. 778 sowie in LK (Fn. 22), § 9 Rn. 13, Hoyer SK
(Fn. 262), § 9 Rn. 10 und dem Sinne nach auch Müssig/Dahs-Gutachten, s. o. S. 20 f.

[424] Vgl. etwa die Kritik von Oehler (Fn. 342), Rn. 360.

[425] Im übrigen wäre durch die geplante Nichtanwendbarkeit des § 9 Abs. 2 S. 2 StGB
auf § 13 StammzellG nicht nur eine aus allgemeinen Gleichheitserwägungen
bedenkliche Besserstellung von Teilnehmern an Stammzellforschung geschaffen
worden; vielmehr wäre damit auch die bei Täterschaft nicht unproblematische Auslandserstreckung ungelöst geblieben. Deshalb lag es nicht zuletzt im Sinne der auf
eine Gesamtrevision der Auslandserstreckung hinsichtlich Tätern und Teilnehmern
gerichteten Forderungen (wie namentlich von Jung (Fn. 342), JZ 1979, 332), wenn
von der geplanten Sonderregelung auch aus allgemeinen Gründen schließlich
Abstand genommen wurde (vgl. Margot von Renesse, BT-Plenarprotokoll 14/233,
S. 23211.). Vgl. auch oben V.2.a bei Fn. 384.

pflichteter" tätig wurde.[426] Unter welchen Voraussetzungen sich ein Forscher in einer dieser Rollen – mit entsprechend höherem Strafbarkeitsrisiko – befindet, blieb dabei jeweils zurückgestellt, um es nunmehr zusammenhängend zu behandeln.[427] Gleiches gilt für den ebenfalls offengebliebenen Unterschied für das Handeln eines *deutschen* Amtsträgers oder besonders Verpflichteten (§ 5 Nr. 12 StGB) und für Taten, die ein *Ausländer* als Amtsträger oder besonders Verpflichteter (§ 5 Nr. 13 StGB) begeht. Da nun sowohl der in § 11 Abs. 1 Nr. 2 StGB legal definierte „Amtsträger" als auch der nach der Legaldefinition des § 11 Abs. 1 Nr. 4 StGB „besonders Verpflichtete" jeweils ihrerseits noch weiter untergliedert sind und sich daraus unterschiedliche Konsequenzen für universitäre und außeruniversitäre Forscher ergeben können, bedürfen zunächst die beiden Typen von Funktionsträgern einer näheren Beleuchtung, während abschließend auf die unterschiedlichen Tatmodalitäten bei deutschen und ausländischen Funktionsträgern einzugehen ist.

Dabei ist noch ein allgemeiner Vorbehalt zu machen: Wie wenig abgeklärt das Feld ist, auf dem man sich bei der Erfassung von Forschungstätigkeit in den amtsträgerschaftlichen Kategorien des Strafrechts bewegt, könnte kaum symptomatischer als daran abzulesen sein, daß in einer kürzlich erschienenen Habilitationsschrift von rund 700 Seiten über den Amtsträgerbegriff,[428] sieht man von beiläufigen Hinweisen auf Universitäten einmal ab,[429] das Stichwort „Forscher" überhaupt nicht auftaucht bzw. „Forschungseinrichtungen" lediglich unter dem Begriff des „Betriebes" neben Handelsgeschäften, Geldinstituten, Anwaltskanzleien und Arztpraxen genannt werden.[430] Deshalb bleibt bei den nachfolgenden Subsumtionen eine möglicherweise erforderliche Absicherung von öffentlich-rechtlicher Seite vorzubehalten.

---

[426] Vgl. im einzelnen oben IV.1.a (iv).

[427] Dies ist um so weniger entbehrlich, als sich möglicherweise unterschiedliche Strafbarkeitsrisiken für universitäre und außeruniversitäre Wissenschaftler wie auch für deutsche und ausländische Beteiligte in einschlägigen Veröffentlichungen meist nicht angesprochen finden.

[428] Bernd Heinrich, Der Amtsträgerbegriff im Strafrecht. Auslegungsrichtlinien unter besonderer Berücksichtigung des Rechtsgtus der Amtsdelikte, Berlin 2001.

[429] Nach den eigenen Sachverzeichnisangaben des Autors geschieht dies auf den Seiten 104, 323, 363, 373, 413, 648.

[430] Heinrich (Fn. 428), S. 576. Auch in der Rechtsprechungskasuistik bei Gribbohm LK (Fn. 275), § 11 Rn. 58 findet sich zum Stichwort „Schulverwaltung und Universität" lediglich ein Hinweis auf den Fall eines wegen Bestechlichkeit verurteilten Universitätsangestellten, der im Beschaffungsbereich der Klinik beschäftigt war.

2. Forscher als „Amtsträger"

Nach § 11 Abs. 1 Nr. 2 StGB ist Amtsträger im Sinne dieses Gesetzes,

> wer nach deutschem Recht
> a) Beamter oder Richter ist,
> b) in einem sonstigen öffentlich-rechtlichen Amtsverhältnis steht oder
> c) sonst dazu bestellt ist, bei einer Behörde oder bei einer sonstigen Stelle oder in deren Auftrag Aufgaben der öffentlichen Verwaltung unbeschadet der zur Aufgabenerfüllung gewählten Organisationsform wahrzunehmen.

a) Nach Nr. 2 a dieser Legaldefinition sind zweifelsfrei Amtsträger alle Wissenschaftler, die in einem *Beamtenverhältnis* stehen, wie dies bei Professoren staatlicher Universitäten die Regel ist. Gleiches gilt für beamtete Mitarbeiter, ohne daß dabei Art oder Ranghöhe ihrer Funktion bzw. ihrer Anstellung auf Lebenszeit, auf Widerruf oder auf Probe eine Rolle spielen würde. Auch braucht es sich insofern nicht unbedingt um eine staatliche Bundes- oder Landesuniversität zu handeln, als auch zu Forschungseinrichtungen einer dem Staat nachgeordneten Gemeinde oder sonstigen Körperschaft, Anstalt oder Stiftung des öffentlichen Rechts ein Beamtenverhältnis bestehen kann.[431]

Soweit dagegen ein Wissenschaftler nicht beamtet ist, sondern lediglich in einem *Angestelltenverhältnis* steht, wie dies selbst für Professoren an staatlichen Universitäten derzeit propagiert wird, ist eine Amtsträgerschaft jedenfalls nicht schon im Sinne von § 11 Abs. 1 Nr. 2 a, sondern allenfalls nach Nr. 2 b bzw. Nr. 2 c StGB gegeben.

b) Für die Annahme von Amtsträgerschaft nach Nr. 2 b des § 11 Abs. 1 StGB muß der Wissenschaftler in einem *sonstigen öffentlich-rechtlichen Amtsverhältnis* stehen. Dies würde vor allem dann naheliegen, wenn schon allein die Wahrnehmung von Aufgaben der öffentlichen Verwaltung, zu der auch – wie noch zu zeigen sein wird – Forschung und Lehre gehören können,[432] für die Annahme eines „Amtsverhältnisses" genügen würden. Da damit jedoch die nachfolgend zu betrachtende Kategorie von Nr. 2 c des § 11 Abs. 1 StGB fast jede Eigenbedeutung verlieren müßte, wird bei der infragestehenden Nr. 2 b zu Recht für eine restriktive Auslegung plädiert. Das geschieht vor allem in der Weise, daß für ein „sonstiges Amt" nicht schon jedes Dienst- oder Arbeitsverhältnis genügen kann, sondern ein dem Beamtenverhältnis vergleichbares oder jedenfalls nahe kommendes Dienst- und Treueverhältnis zu fordern ist und demzufolge dem Innenverhältnis im Sinne einer personalen Bindung des Betroffenen an den Staat zu

---

[431] Zu weiteren Einzelheiten vgl. Gribbohm LK (Fn. 275), § 11 Rn. 23 ff.
[432] Vgl. unten VII.2.c (i).

Recht besonderes Gewicht beigelegt wird.[433] Schon deshalb wäre im Falle von nicht-beamteten Wissenschaftlern eine solche Art der Amtsträgerschaft wohl allenfalls bei Professoren im Anstellungsverhältnis an staatlichen Universitäten und Einrichtungen anzunehmen, wenn sie in einer den beamteten Professoren vergleichbaren Weise in Forschung und Lehre tätig sind. Zudem wird aber über die personale Bindung des Betroffenen an den Staat hinaus auch die Übertragung eines bestimmten Geschäftskreises vorausgesetzt,[434] wie dies insbesondere für Minister, Staatssekretäre, Notare oder den Wehrbeauftragten des Bundestages anerkannt ist.[435] Eine solche Art von „Amtsverhältnis" wird man bei nicht-beamteten Wissenschaftlern aber selbst auf universitärer Ebene nicht annehmen können.

c) Somit können nicht-beamtete wissenschaftliche Angestellte den Status eines „Amtsträgers" allenfalls noch gemäß Nr. 2 c des § 11 Abs. 1 StGB als *sonst zur Wahrnehmung von Aufgaben der öffentlichen Verwaltung Bestellte oder Beauftragte* erlangen. Dabei wird zwischen Wissenschaftlern an öffentlichen und privaten Forschungseinrichtungen zu unterscheiden sein.

(i) Soweit es um Forscher an *staatlichen Universitäten* oder gleichzustellenden Forschungseinrichtungen von Kommunen oder sonstigen Körperschaften und Anstalten des öffentlichen Rechts geht, wird grundsätzlich Amtsträgerschaft anzunehmen sein. Denn nicht nur, daß es sich bei diesen Einrichtungen um „Behörden"[436] oder „sonstige Stellen"[437] im Sinne von § 11 Abs. 1 Nr. 2 c StGB handelt. Auch wird heutzutage nicht zu bestreiten sein, daß durch universitäre Lehre und Forschung im Rahmen der sogenannten „Daseinsvorsorge" auch „Aufgaben der öffent-

---

[433] Eingehend dazu Heinrich (Fn. 428), S. 349 ff. mit weiteren Nachweisen, auch zu extensiveren Ansichten, die weniger auf die personale Beziehung des Betroffenen zu einem Träger hoheitlicher Gewalt als vielmehr auf die tatsächliche Funktionswahrnehmung abheben wollen, wie namentlich Anne Rohlff, Die Täter der „Amtsdelikte". Amtsträger und für den öffentlichen Dienst besonders Verpflichtete, Berlin 1995, insbes. S. 165 ff.

[434] Heinrich (Fn. 428), S. 353, Lackner, in: Lackner/Kühl (Fn. 366), § 11 Rn. 5.

[435] Vgl. Eser, in: Schönke/Schröder (Fn. 126), § 11 Rn. 20, Fischer, in: Tröndle/Fischer (Fn. 366), § 11 Rn. 18.

[436] Zu den „Behörden" werden, auch wenn ihrerseits nicht gesetzlich definiert, anhand einer verwaltungsorganisatorisch ausgerichteten Begriffsdefinition – neben den selbstverständlich dazugehörenden Dienststellen des Bundes und der Länder sowie der Gemeinden und Gemeindeverbände – insbesondere auch Fakultäten und Fachschaften einer Universität gerechnet; vgl. bereits RGSt 17 (1888), S. 208, 210; 75 (1941), S. 112 (114); Heinrich (Fn. 428), S.369 ff., 373 mit weiteren Nachweisen.

[437] Dazu werden „behördenähnliche Instanzen" gerechnet, die regelmäßig damit betraut sind, Aufgaben der öffentlichen Verwaltung wahrzunehmen – im Unterschied zu denjenigen (privaten) Institutionen, Einrichtungen, Personenmehrheiten oder Einzelpersonen, die lediglich im Auftrag dieser behördenähnlichen Instanzen handeln; näher dazu Heinrich (Fn. 428), S. 377 f. mit weiteren Nachweisen. Vgl. auch nachfolgend VII.2.c (ii).

lichen Verwaltung" wahrgenommen werden; denn wie auch immer man die Zwecksetzungen und Organisationsformen öffentlicher Verwaltung einteilen mag,[438] wird in der Sache nicht daran vorbeizukommen sein, daß Forschung sowohl zur Deckung staatlichen Eigenbedarfs – da im Bereich aller drei staatlichen Gewalten der Legislative, Exekutive und Judikative zunehmend auf wissenschaftliche Erkenntnisse angewiesen – als auch zur sozialstaatlichen Daseinsvorsorge – wie gerade im vorliegenden Zusammenhang zur Abwehr von Krankheit und Gewährleistung von Gesundheit charakteristisch – im Interesse des Allgemeinwohls tätig wird.[439] Auch wird man hinsichtlich der weiteren Amtsträgermerkmale der Nr. 2 c bei der auf der Grundlage eines Anstellungsverhältnisses durchgeführten Forschung an einer universitären oder vergleichbaren Einrichtung davon ausgehen können, daß dies „bei einer Behörde" oder „in deren Auftrag" geschieht und der Betroffene auch dazu „bestellt" ist.[440]

Das letztgenannte Erfordernis kann jedoch um so zweifelhafter werden, je weiter von planmäßigen wissenschaftlichen Angestellten auf gelegentliche Honorarmitarbeiter oder untergeordnete Hilfstätigkeiten ausgegriffen wird. Während eine lange vorherrschende Meinung für die „Bestellung" weder ein festes Beschäftigungsverhältnis noch eine förmliche Ernennung (wie etwa durch Aushändigung einer Urkunde) voraussetzte und es insbesondere auch nicht auf eine „förmliche Verpflichtung", wie sie § 11 Abs. 1 Nr. 4b StGB erfordert,[441] ankomme,[442] wird nach einer neueren Wende in der höchstrichterlichen Rechtsprechung ein von der privatrechtlichen Beauftragung zu unterscheidender „Bestellungsakt" verlangt, durch den für den Normadressaten hinreichend deutlich wird, daß mit dem Auftrag besondere

---

[438] Zur näheren Analyse staatlicher Verwaltungstätigkeit, die sich, nachdem über die ursprüngliche Begrenzung auf reine „Hoheitsverwaltung" hinausgegangen worden war, immer weiter ausdifferenziert hat und sowohl sachlich unterschiedlich eingeteilt wie auch terminologisch unterschiedlich bezeichnet wird, vgl. – statt vieler – Heinrich (Fn. 428), S. 398 ff. mit weiteren Nachweisen.

[439] Näher zu den verschiedenen Funktionen und Strukturen staatlicher Forschung und Forschungsförderung Claus Dieter Classen, Wissenschaftsfreiheit außerhalb der Hochschule, Tübingen 1994, S. 43 ff. Wohl im gleichen Sinne waren auch schon von Jürgen Welp, Der Amtsträgerbegriff, in: Wilfried Küper (Hrsg.), Festschrift für Karl Lackner zum 70. Geburtstag, Berlin 1987, S. 761–786 (778 f.), Unterrichts- und Bildungseinrichtungen als Beispiele für „Vorsorge-" und „Förderungsverwaltung" zur Leistungsverwaltung gerechnet worden, ähnlich wie neuerdings auch von Heinrich (Fn. 428), S. 406 f. allgemeine Verbesserungen der Lebensbedingungen der Bürger zur „Daseinsvorsorge" gezählt werden. Das ist auch für die außeruniversitäre Forschung und Forschungsförderung nicht ohne Bedeutung; vgl. unten VII.3.a.

[440] Im Ergebnis ebenso Müssig/Dahs-Gutachten, s. o. S. 20 f., da zu der – unter Verweis auf § 11 Abs. 1 Nr. 2 c StGB – angenommenen Amtsträgerschaft von „angestellten (in der Lehre tätigen) Wissenschaftlern" nicht anders als durch Bejahung der vorgenannten Begriffselemente zu kommen ist.

[441] Vgl. unten VII.3.b.

[442] Näher dazu Heinrich (Fn. 428), S. 520 ff. mit weiteren Nachweisen zum Streitstand.

strafbewehrte Verhaltenspflichten verbunden sind. Und dies setze voraus, daß die Bestellung den Betroffenen „entweder zu einer über den Einzelauftrag hinausgehenden längerfristigen Tätigkeit oder zu einer organisatorischen Eingliederung in die Behördenstruktur" führe.[443] Auch wenn dieser weniger funktional als formal-organisatorische Ansatz des Bundesgerichtshofs nicht ohne Kritik geblieben ist,[444] werden selbst an staatlichen Forschungseinrichtungen tätige Hilfskräfte, sofern sie weder auf eine gewisse Dauer angestellt noch mit einer bestimmte Einzelaufträge überschreitenden Tätigkeit betraut sind, nicht zu gewärtigen haben, als „Amtsträger" im Sinne von § 11 Abs. 1 Nr. 2 c StGB zur Verantwortung gezogen zu werden.[445]

(ii) Eine Zurechnung zu den Amtsträgern im Sinne von Nr. 2 c des § 11 StGB liegt noch ferner, wenn es um Forschungstätigkeit an *außeruniversitären Forschungseinrichtungen* geht; denn dafür müßten diese als „sonstige Stellen" im Sinne von Nr. 2 c zu verstehen sein. Obgleich – oder gerade weil – dieser Begriff so unbestimmt und weit deutbar erscheint, daß Forschungseinrichtungen, wie beispielsweise die Max-Planck-Gesellschaft, als erfaßt erscheinen könnten, sind gewisse Einschränkungsbemühungen unabweisbar, wobei naheliegenderweise die durch „sonstige" Stellen zu ergänzende „Behörde" zum Vergleich herangezogen und auf die der Nr. 2 c zugrundeliegende Wahrnehmung von Aufgaben der öffentlichen Verwaltung abgehoben wird.[446] Auch wenn dabei privatrechtlich organisierte Einrichtungen nicht von vornherein ausgeschlossen werden,[447] ist die erforderliche „Behördenähnlichkeit" der sonstigen Stelle nach derzeitiger Rechtsprechung nur dann anzunehmen, wenn die infragekommenden Einrichtungen bei der Erfüllung von Verwaltungsaufgaben „derart staatlicher Steuerung unterlie-

---

[443] BGHSt 43 (1997), S. 96, 103 ff., wo im Falle eines ansonsten freiberuflichen Prüf- und Planungsingenieurs, der durch privatrechtlichen Vertrag in die Vorbereitung einer öffentlichen Ausschreibung zur Vergabe von Werkleistungen durch eine Gebietskörperschaft eingeschaltet war, eine Amtsträgerschaft nach § 11 Abs. 1 Nr. 2 c StGB verneint wurde. Vgl. auch die diese Rechtsprechung bestätigende Entscheidung im GTZ-Fall BGHSt 43 (1997), S. 370, 379 f. sowie im Bauingenieur-Fall BGH NJW 1998, S. 2373 f.

[444] Vgl. Eser, in: Schönke/Schröder (Fn. 126), § 11 Rn. 21, Heinrich (Fn. 428), S. 529 ff. mit weiteren Nachweisen.

[445] Etwas Gegenteiliges wird auch nicht der Feststellung in BGHSt 43 (1997), S. 370, 379 f. zu entnehmen sein, wonach es bei „sonstigen Stellen", die – wie die GTZ – selbst durch öffentlichen Akt (wie hier durch einen „Generalvertrag") zur Wahrnehmung von Aufgaben der öffentlichen Verwaltung berufen wurden, die mit der Ausführung betrauten Mitarbeiter schon „dadurch zu Amtsträgern" würden, waren diese doch „nicht in ganz untergeordneter Funktion", sondern „auf Dauer zur eigenverantwortlichen Bearbeitung" beschäftigt.

[446] In diesem Sinne bereits Theodor Lenckner, Privatisierung der Verwaltung und „Abwahl des Strafrechts"?, ZStW 106 (1994), S. 502–546 (515), Heinrich (Fn. 428), S. 377 ff.

[447] Vgl. BGHSt 38 (1993), S. 199, 203.

gen, daß sie bei Gesamtbewertung der sich kennzeichnenden Merkmale gleichsam als ‚verlängerter Arm' des Staates erscheinen".[448] Das mag in dem vom Bundesgerichtshof zu beurteilenden Fall der Deutschen Gesellschaft für Technische Zusammenarbeit (GTZ) zu bejahen gewesen sein. Für den Regelfall hingegen wird man bei selbständigen privaten Forschungseinrichtungen, selbst wenn sie weitgehend von öffentlichen Mitteln abhängen mögen, schwerlich einen derartigen Grad von staatlicher Steuerung annehmen dürfen, daß sie als „verlängerter Arm" des Staates erscheinen. Deshalb wird allenfalls bei solchen Forschungsinstituten, die – abgesehen von ihrer privatrechtlichen Organisationsstruktur – der Sache nach (halb-)staatliche Einrichtungen darstellen, eine Amtsträgerschaft der dort tätigen Forscher nach Nr. 2 c des § 11 StGB anzunehmen sein, nicht aber bei weisungsunabhängigen Forschungseinrichtungen wie beispielsweise der Max-Planck-Gesellschaft, auch wenn sich deren Tätigkeit zugleich als Wahrnehmung von Aufgaben der öffentlichen Verwaltung darstellen sollte, wie alsbald darzutun ist.[449]

d) Als Zwischenergebnis bleibt festzuhalten, daß als „Amtsträger" im Sinne von § 11 Abs. 1 Nr. 2 StGB sowohl beamtete Wissenschaftler (nach Nr. 2 a) als auch wissenschaftliche Angestellte an staatlichen und gleichzustellenden behördlichen und behördenähnlichen Forschungseinrichtungen (nach Nr. 2 c) in Betracht kommen, während Wissenschaftlern an meist privaten außeruniversitären Forschungseinrichtungen ein solcher Status abgeht. Damit können sich aber letztere noch nicht endgültig vor der grenzüberschreitenden Reichweite des deutschen Strafrechts nach § 5 Nrn. 12 und 13 StGB sicher fühlen, weil nach diesen exterritorialen Strafanwendungsregeln auch „besonders Verpflichtete" über die deutschen Grenzen hinaus strafrechtlicher Verantwortlichkeit unterworfen sein können.

---

[448] So mit Berufung auf die Gesetzesmaterialien und die herrschende Lehre BGHSt 43 (1997), S. 370, 377.
[449] Vgl. unten VII.3.a.

3. Forscher als „für den öffentlichen Dienst besonders Verpflichtete"

Dazu gehört nach § 11 Abs. 1 Nr. 4 StGB,

> wer, ohne Amtsträger zu sein,
>
> a) bei einer Behörde oder bei einer sonstigen Stelle, die Aufgaben der öffentlichen Verwaltung wahrnimmt, oder
> b) bei einem Verband oder sonstigen Zusammenschluß, Betrieb oder Unternehmen, die für eine Behörde oder für eine sonstige Stelle Aufgaben der öffentlichen Verwaltung ausführen,
>
> beschäftigt oder für sie tätig und auf die gewissenhafte Erfüllung seiner Obliegenheiten auf Grund eines Gesetzes förmlich verpflichtet ist.

Nach dieser nicht leicht durchschaubaren Auffangvorschrift für Personen, die, ohne Amtsträger im Sinne des zuvor behandelten § 11 Abs. 1 Nr. 2 a StGB zu sein, gleichwohl öffentliche Aufgaben wahrnehmen,[450] müssen sowohl auf Seiten der beschäftigenden Institution (a) als auch auf Seiten der diensttuenden Person (b) bestimmte Voraussetzungen vorliegen. Da diese bei öffentlichen und privaten universitären und außeruniversitären Forschungsaktivitäten wiederum in unterschiedlichem Umfang gegeben sein könnten, ist darauf das besondere Augenmerk zu richten.

a) Hinsichtlich des *institutionellen* Bezugs ergibt sich eine Weichenstellung zwischen den beiden Alternativen der Nr. 4 des § 11 Abs. 1 StGB insofern, als nach Nr. 4a die Beschäftigung bei einer *Behörde* (oder sonstigen Stelle) vorausgesetzt wird, die selbst unmittelbar für die Erledigung öffentlicher Verwaltungsaufgaben zuständig ist, während mit Nr. 4b der Fall mittelbarer Aufgabenerledigung erfaßt werden soll, indem sich eine Behörde einer *anderen Organisation* (wie eines Verbandes, Betriebes oder Unternehmens oder sonstigen Zusammenschlusses) bedient, wobei es in beiden Fällen weniger darauf ankommt, daß die diensttuende Person – wie dies für Amtsträger gemäß Nr. 2 des § 11 Abs. 1 StGB charakteristisch ist[451] – selbst Aufgaben

---

[450] Wenn diese Funktionsträger statt in einer einheitlichen Definition in die verschiedenen Gruppen der Nrn. 2–4 des § 11 Abs. 1 StGB aufgegliedert wurden, so ist dies historisch damit zu erklären, daß um den ursprünglich engen „staatsrechtlichen Beamtenbegriff" des § 359 a.F., für den hoheitliches Handeln typisch war, durch die ständige Erweiterung staatlicher Aufgaben und der zu ihrer Ausführung heranzuziehenden Personen durch die Rechtsprechung ein erweiterter „strafrechtlicher Beamtenbegriff" entstanden war (vgl. Rohlff, Fn. 433, S. 9 ff.), dem der Gesetzgeber von 1975 durch abgestufte Personengruppen meinte Rechnung tragen zu sollen (näher zur Entstehungsgeschichte Heinrich, Fn. 428, S. 128 ff.), ohne daß aber dieser Versuch als völlig geglückt bezeichnet werden könnte, worauf jedoch hier nicht weiter einzugehen ist.
[451] Näher dazu Heinrich (Fn. 428), S. 512 ff.

der öffentlichen Verwaltung wahrnimmt, sondern diese Aufgabe der Behörde (Nr. 4a) bzw. zu deren Gunsten dem außerbehördlichen Verband oder Betrieb (Nr. 4b) obliegt.[452] Während staatliche Universitäten und gleichzustellende öffentlich-rechtliche Forschungseinrichtungen bereits als „Behörden" oder jedenfalls als „sonstige Stellen" identifiziert wurden[453] und daher in den Bereich der Nr. 4a fallen, sind private Forschungseinrichtungen und Förderorganisationen allenfalls durch Nr. 4b erfaßbar. Letzteres ist jedenfalls insofern anzunehmen, als es sich bei einer Forschungseinrichtung um einen „Betrieb" im Sinne einer – gleichgültig in welcher Rechtsform – auf Dauer angelegten organisatorischen Zusammenfassung von persönlichen und sachlichen Mitteln zur Erreichung eines – nicht notwendig wirtschaftlichen – Zweckes, wie Güter zu erzeugen oder Leistungen zu erbringen, handelt. Als solche kommen nicht nur Produktionsbetriebe, Geldinstitute, Arzt- und Anwaltpraxen in Betracht; vielmehr wird dies ausdrücklich auch für Forschungsinstitute bejaht.[454] Des weiteren muß jedoch hinzukommen, daß der Betrieb für eine Behörde (oder sonstige Stelle) Aufgaben der öffentlichen Verwaltung ausführt und damit gleichsam als deren „verlängerter Arm" fungiert,[455] ohne aber dabei in gleichem Maße in behördliche Entscheidungsabläufe eingegliedert und im selben Umfang staatlicher Steuerung und Kontrolle zu unterliegen, wie dies bei Nr. 2 c des § 11 Abs. 1 StGB für die Annahme einer „sonstigen Stelle" zu fordern war.[456]

In beiden institutionellen Alternativen – nämlich gleich, ob unmittelbar behördlich nach Nr. 4a oder mittelbar betrieblich für eine Behörde nach Nr. 4b – kommen aber Forschungseinrichtungen für die Begründung einer besonderen öffentlichen Dienstverpflichtung der darin Tätigen nur dann in Betracht, wenn sie *Aufgaben der öffentlichen Verwaltung* als Behörde selbst wahrnehmen bzw. als Betrieb für eine Behörde ausführen. Während dies für staatliche Universitäten und diesen gleichzustellende öffentliche Forschungseinrichtungen bereits zu bejahen war,[457] scheint bei privaten Forschungseinrichtungen die Annahme von öffentlichen Verwaltungsaufgaben ferner zu liegen. Dabei sollte man sich freilich nicht vorschnell in Sicherheit wiegen; denn wenn es für die Annahme öffentlicher Verwaltungsaufgaben weder auf die Art der verwaltungstechnischen Durchführung noch auf eine etwaige privatrechtliche Form der Abwicklung ankommen soll und eine Grenze erst dort zu ziehen ist, wo der fraglichen Betätigung jegliche öffentliche Zielsetzung fehlt,[458] dann sind auch private Forschungsinstitutionen und Förderor-

---

[452] Zur weiteren Struktur dieser Vorschrift vgl. Eser, in: Schönke/Schröder (Fn. 126), § 11 Rn. 34 ff., Heinrich (Fn. 428), S. 561 ff.

[453] Vgl. oben VII.2.c (i).

[454] So namentlich von Lackner, in: Lackner/Kühl (Fn. 366), § 11 Rn. 15, Heinrich (Fn. 428), S. 576.

[455] Vgl. BT-Drs. 7, 550, S. 211, Heinrich (Fn. 428), S. 574 f. mit weiteren Nachweisen.

[456] Vgl. oben VII.2.c (ii).

[457] Vgl. oben VII.2.c (i).

ganisationen nicht von vornherein außer Betracht zu lassen; vielmehr wird es dann entscheidend davon abhängen, inwieweit die von einer privaten Institution betriebene Forschung – über die individuelle Zielsetzung des einzelnen Forschers oder seiner Einrichtung hinaus – zugleich als Teil der allgemeinen „Daseinsvorsorge" zu verstehen ist und/oder in welchem Umfang diese Forschung öffentlich gefördert wird und dementsprechend auch Rechenschaft abzulegen ist. Da sich dies für die verschiedenartigen Forschungs- und Förderorganisationen, wie sie in der Bundesrepublik Deutschland vorzufinden sind, nicht pauschal beantworten läßt und eine Einzelbetrachtung den hier vorgegebenen Rahmen übersteigen würde,[459] seien hier lediglich die Max-Planck-Gesellschaft und die Deutsche Forschungsgemeinschaft als zwei Formen von Forschungsinstitutionen und Förderorganisationen beispielhaft beleuchtet.

Wenn zur sozialstaatlichen Daseinsvorsorge als öffentliche Aufgabe bereits die Krebsforschung gerechnet wurde – und dies kaum anders auch für Stammzellforschung zu gelten hätte – und der Staat zur Deckung seines Eigenbedarfs auf wissenschaftliche Erkenntnisse in allen seinen legislativen, exekutiven und judikativen Bereichen angewiesen ist,[460] und wenn diese Art von Forschung zudem nicht unbeträchtliche staatliche Förderung erfährt, wie dies im Falle der Max-Planck-Gesellschaft mit etwa zu gleichen Hälften von seiten des Bundes und der Länder geschieht,[461] wird man dieser Art von staatlich geförderter Forschung schwerlich jegliche öffentliche Zielsetzung, wie sie für die Annahme einer öffentlichen Verwaltungsaufgabe ausreicht, absprechen können.[462] Wenn man ferner die Servicefunktionen der Max-Planck-Institute für die Hochschulforschung, wie sie in Form von aufwendigen Einrichtungen und Geräten auch einem breiten Kreis von externen Wissenschaftlern zur Verfügung gestellt werden,[463] hinzu nimmt und die nicht unerheblichen Steuerungsmöglichkeiten mitberücksichtigt, wie sie dem Staat bei der beiderseitigen Erörterung der wissenschaftspolitisch und finan-

---

[458] So Kammergericht NStZ 1994, S. 242, im gleichen Sinne bereits Eser, in: Schönke/Schröder (Fn. 126), § 11 Rn. 22 sowie Fischer, in: Tröndle/Fischer (Fn. 366), § 11 Rn. 22.

[459] Selbst die monographische Beschreibung von Forschung und Forschungsförderung im privaten Bereich von Classen (Fn. 439), insbesondere S. 33 ff., 183 ff. mußte sich mit exemplarischen Hervorhebungen begnügen.

[460] Vgl. oben VII.2.c (i).

[461] Vgl. Classen (Fn. 439), S.50.

[462] Dem dürfte auch nicht Classens Zuordnung der MPG zur „reinen Wissenschaftsförderung" – im Unterschied zu den der Daseinsvorsorge zugeordneten Großforschungseinrichtungen – entgegenzuhalten sein, da es an der genannten Stelle (Fn. 439, S. 244) primär um die Absteckung des grundrechtlichen Forschungsfreiraums und weniger um die hier interessierende Frage der (auch) öffentlichen Zielsetzung wissenschaftlicher Daseinsvorsorge im Sinne einer öffentlichen Aufgabe geht.

[463] Vgl. Jahrbuch der Max-Planck-Gesellschaft München 1998, S. 845 (in den nachfolgenden Jahrbüchern findet sich diese Aufgabenbeschreibung in gekürzter Fassung jeweils im Klappentext).

ziell bedeutsamen Planungen und mittels Kontrolle durch den Rechnungshof offen stehen,[464] sieht sich der privatrechtliche Charakter der als eingetragener Verein organisierten Max-Planck-Gesellschaft in nicht unerheblichem Grad auch durch Interessen des Allgemeinwohls im Sinne von öffentlicher Daseinsvorsorge mitgeprägt. Ob dies im Ernstfall ausreichen wird, um die Max-Planck-Gesellschaft – und dementsprechend andere vergleichbare Forschungseinrichtungen – als einen Betrieb zu verstehen, der für staatliche Stellen auch „Aufgaben der öffentlichen Verwaltung" im Sinne von § 11 Abs. 1 Nr. 4b StGB ausführt, ist mangels konkret einschlägiger Rechtsprechung schwer vorauszusagen. Gleichwohl wird man vorsorglich gut daran tun, dies nicht völlig auszuschließen.[465]

Gleiches wird auch – wenn nicht sogar noch mehr – für die Deutsche Forschungsgemeinschaft als Förderorganisation zu gelten haben. Auch wenn ähnlich wie die MPG privatrechtlich als eingetragener Verein organisiert, stammen die zur Förderung von Forschungsprojekten vergebenen Mittel fast vollständig etwa je zur Hälfte vom Bund und von den Ländern, wobei sich die staatliche Seite für neue Aufgabenbereiche und neue Förderungsverfahren ein Zustimmungsrecht vorbehalten hat, ebenso wie sie den Wirtschaftsplan zu genehmigen hat und wissenschaftspolitisch und finanziell bedeutsame Planungen mit ihr zu erörtern sind.[466] Wenn diese Mittel von seiten des Staates zur Verfügung gestellt werden, um damit seiner Pflicht zur Gewährleistung funktionsfähiger Institutionen für einen freien Wissenschaftsbetrieb nachzukommen,[467] so liegt die Verwaltung und Verteilung von Forschungsmitteln durch die DFG – und Entsprechendes dürfte für ähnliche Förderorganisationen zu gelten haben – im Rahmen des staatlichen Aufgabenbereichs in Form sogenannter Förderungsverwaltung.[468] Demzufolge können nicht nur an Instituten tätige Forscher, sondern auch Angehörige von Förderorganisationen in den Anwendungsbereich von § 11 Abs. 1 Nr. 4 StGB geraten.

b) Zu den Voraussetzungen auf seiten der Forschungsinstitution müssen aber auch seitens der diensttuenden *Person* noch zwei Erfordernisse erfüllt sein, um den Status eines „besonders Verpflichteten" im Sinne von § 11 Abs. 1 Nr. 4 StGB zu begründen.

---

[464] Näher zu diesen sich aus der Satzung der MPG und der Ausführungsvereinbarung zur Rahmenvereinbarung ergebenden Strukturmerkmalen der MPG vgl. Classen (Fn. 439), S. 48 ff.

[465] Im gleichen Sinn dürften auch Heinrich (Fn. 428), S. 576 und Lackner, in: Lackner/Kühl (Fn. 366), § 11 Rn. 15 zu verstehen sein, wenn sie unter den von § 11 Abs. 1 Nr. 4b StGB erfaßbaren „Betrieben" auch (private) Forschungseinrichtungen nennen.

[466] Zu den sich aus der DFG-Satzung und der Ausführungsvereinbarung zur Rahmenvereinbarung zur Forschungsförderung ergebenden Einzelheiten vgl. Classen (Fn. 439), S. 63 ff.

[467] Vgl. dazu BVerfGE 35 (1973), S. 79, 112 f.

[468] Vgl. Heinrich (Fn. 428), S. 407, Welp (Fn. 439), S. 797.

● Zum einen muß der Betroffene entweder bei der Behörde selbst oder bei dem ihr mittelbar zuarbeitenden Forschungsbetrieb *„beschäftigt"* oder *für sie „tätig"* sein. Dafür mag ein Dauerbeschäftigungsverhältnis zwar die Regel sein, unbedingt erforderlich ist dies aber nicht, ebensowenig wie die Art der Tätigkeit ausschlaggebend ist, so daß beispielsweise auch Praktikanten oder Schreibkräfte unter den Anwendungsbereich dieser Vorschrift fallen können.[469] Soweit es jedoch an einem Beschäftigungsverhältnis fehlt und lediglich eine gelegentliche oder vorübergehende Tätigkeit in Frage steht, soll dafür eine bestimmte Auftragserteilung (etwa als Gutachter oder Mitglied eines beratendes Ausschusses) erforderlich sein.[470] Im übrigen hingegen – anders als im Falle eines Amtsträgers nach § 11 Abs. 1 Nr. 2c StGB – kommt es hier nicht darauf an, daß der Verpflichtete als solcher Aufgaben der öffentlichen Verwaltung wahrnimmt, sofern dies jedenfalls die Aufgabenstellung der Beschäftigungsstelle ist.[471]

● Zum anderen muß aber noch eine *förmliche Verpflichtung* des Betroffenen hinzukommen, und zwar auf der Grundlage eines besonderen „Verpflichtungsgesetzes".[472] Da die „auf die gewissenhafte Erfüllung seiner Obliegenheiten" ausgerichtete Verpflichtung ohne Rücksicht auf Art oder Rang der Beschäftigung bei allen Personen erfolgen soll, die in dem von § 11 Abs. 1 Nr. 4 StGB umschriebenen Umfang bei einer Behörde oder einem dieser zuarbeitenden Verband oder Betrieb beschäftigt oder tätig sind (§ 1 Abs. 1 VerpflichtG), wird jedenfalls bei staatlichen Einrichtungen für den Regelfall von der Vornahme einer solchen Verpflichtung auszugehen sein.[473] Inwieweit Gleiches auch bei privatrechtlich organisierten Forschungseinrichtungen geschieht, bedürfte einer Prüfung im Einzelfall. So bleibt etwa für den Bereich der Max-Planck-Gesellschaft festzustellen, daß diese sich nach gegenwärtiger Praxis in ihren Verträgen mit wissenschaftlichen Mitgliedern und Institutsdirektoren mit einem Verweis auf das für vergleichbare Hochschullehrer des Landes Niedersachsen geltende Beamtenrecht begnügt.[474] Ob dies für eine Gleichstellung mit der in § 1 VerpflichtG vorgesehenen Verpflichtung, wie es nach § 2 Abs. 2 Nr. 2 VerpflichtG „aufgrund eines Gesetzes oder aus einem sonstigen Rechtsgrund" möglich ist, Genüge getan wäre, erscheint zweifelhaft, mag

---

[469] Vgl. Fischer, in: Tröndle/Fischer (Fn. 366), § 11 Rn. 25.

[470] BGHSt 42 (1996), S. 230, 234. Vgl. BT-Drs. V/1319 S. 65.

[471] Vgl. Heinrich (Fn. 428), 563 ff.

[472] Gesetz über die förmliche Verpflichtung nicht beamteter Personen vom 2.3.1974, auszugsweise abgedruckt in Tröndle/Fischer (Fn. 366), Anhang 19. Zu Einzelheiten vgl. Heinrich (Fn. 428), S. 581 ff., Gribbohm LK (Fn. 275), § 11 Rn. 77 ff.

[473] Näher zur Verwaltungspraxis Heinrich (Fn. 428), S. 590 ff., Rohlff (Fn. 433), S. 95 ff.

[474] Ähnlich wird bei den Arbeitsverträgen mit wissenschaftlichen Mitarbeitern und Hilfskräften auf die entsprechenden Richtlinien des Landes Niedersachsen verwiesen.

aber hier letztlich dahinstehen, da jedenfalls die formellen Erfordernisse des § 1 Abs. 2 VerpflichtG[475] derzeit wohl nicht erfüllt sind.

c) Als Zwischenergebnis bleibt festzuhalten, daß auch Leiter und Mitarbeiter von Forschungsinstituten und wissenschaftlichen Förderorganisationen, soweit sie nicht bereits aufgrund eines entsprechenden Beamten- oder Angestelltenverhältnisses als „Amtsträger" im Sinne der von § 11 Abs. 1 Nr. 2 StGB erfaßten Personengruppen zu gelten haben, als „für den öffentlichen Dienst besonders Verpflichtete" im Sinne von § 11 Abs. 1 Nr. 4 StGB in Betracht kommen können. Das ist vor allem für außeruniversitäre und sonstige nicht-staatliche Forschungs- und Förderungseinrichtungen bedeutsam. Ob dort Beschäftigte als „besonders Verpflichtete" anzusehen sind, hängt maßgeblich davon ab, ob (i) die betreffende Stelle entweder selbst (Nr. 4a) oder mittelbar für diesen Verband oder Betrieb (Nr. 4b) „Aufgaben der öffentlichen Verwaltung wahrnimmt, was ungeachtet der rechtlichen Organisationsform aufgrund von Forschung und Forschungsförderung als Teil der allgemeinen „Daseinsvorsorge" bei entsprechender Unterstützung und Kontrolle von staatlicher Seite der Fall sein kann, und ob (ii) die betroffene Person gemäß dem Verpflichtungsgesetz „zur gewissenhaften Erfüllung ihrer Obliegenheiten" verpflichtet worden ist. Ob und inwieweit diese Voraussetzungen jeweils gegeben sind, hängt angesichts der unterschiedlichen Organisationsformen der verschiedenartigen Forschungsinstitute und wissenschaftlichen Förderungsorganisationen einschließlich ihrer möglicherweise unterschiedlichen Beschäftigungs- und Verpflichtungspraxis von einer hier nicht möglichen Prüfung im Einzelfall ab. Auf jeden Fall wäre es aber voreilig, das Personal von Forschungsinstituten und Förderungsorganisationen schon allein wegen ihrer privatrechtlichen Organisationsform aus dem Kreis von „besonders Verpflichteten" ausgeschlossen zu sehen.

4. Tatbegehung mit dienstlichem Bezug

Wie schon eingangs unter VII.1 erwähnt, ist der mögliche Status eines Forschers oder Forschungsförderers als „Amtsträger" oder als „für den öffentlichen Dienst besonders Verpflichteter" deshalb von Bedeutung, weil dadurch gemäß § 5 Nrn. 12 und 13 StGB die exterritoriale Anwendbarkeit des deutschen Strafrechts erweitert wird, wobei dies für Deutsche (a) und Ausländer (b) unterschiedlich weitgehend vorgesehen ist.

a) Bei *deutschen* Amtsträgern und besonders Verpflichteten ist das deutsche Strafrecht unabhängig vom Recht des Tatorts auch auf Auslandstaten

---

[475] Näher dazu Heinrich (Fn. 428), S. 584 ff.

anwendbar, wenn die Tat „während eines dienstlichen Aufenthalts oder in Beziehung auf den Dienst" begangen wird (§ 5 Nr. 12 StGB).

Für die erste Alternative der Tatbegehung *während* eines dienstlich veranlaßten Auslandsaufenthalts genügt – und zwar ohne Rücksicht auf die Art der Straftat – schon jedes zeitliches Zusammentreffen des Auslandsaufenthalts mit der Tat.[476] Hinter dieser Auslandserstreckung steht die Erwartung des Staates, daß seine Amtsträger die eigene Rechtsordnung achten, solange sie sich dienstlich im Ausland aufhalten.[477] Das hat zur Folge, daß deutsche Wissenschaftler, die als beamtete oder an staatlichen Universitäten tätige Professoren oder Angestellte „Amtsträger" bzw. an privaten Forschungseinrichtungen gegebenenfalls „besonders Verpflichtete" sind, sich während eines ausländischen Forschungsaufenthalts im Falle eines nach dem ESchG oder dem StammzellG verbotenen Verhalten nach deutschem Recht strafbar machen können, und zwar ohne Rücksicht darauf, ob die fragliche Forschung nach dem Recht des Aufenthaltsorts seinerseits verboten oder erlaubt ist.

Gleiches gilt nach der anderen Alternative von § 5 Nr. 12 StGB für den Fall eines Privataufenthalts im Ausland, wenn das nach dem deutschen ESchG oder StammzellG verbotene Verhalten *in Beziehung auf den Dienst* begangen wird. Da es sich dabei nicht unbedingt um ein (echtes oder unechtes) Amtsdelikt im Sinne der §§ 331 ff. StGB zu handeln braucht, sondern schon ein indirekter Zusammenhang des verbotenen Verhaltens mit dem Status des Täters genügt,[478] kann ein solcher Fall etwa dann gegeben sein, wenn ein als Amtsträger oder besonders Verpflichteter qualifizierter Forscher einen Auslandsurlaub zur Durchführung von Versuchen nutzt, die einem zu Hause betriebenen Forschungsprojekt zugute kommen sollen.

b)   Soweit es sich um einen *Ausländer* handelt, der zwar nicht durch Verbeamtung, wohl aber als Universitätsangestellter „Amtsträger" nach § 11 Abs. 1 Nr. 2 c StGB oder „besonders Verpflichteter" nach § 11 Abs. 1 Nr. 4 StGB sein kann, ist die Anwendbarkeit des deutschen Strafrechts nach § 5 Nr. 13 StGB insofern etwas enger, als dafür nicht schon eine im Ausland während oder in Bezug auf den Dienst begangene Straftat genügt, sondern der Ausländer in seiner Eigenschaft „als" Angehöriger des qualifizierten Status gehandelt, sich zum Tatzeitpunkt also gleichsam „in Pflicht stehend" gesehen haben muß.[479] Auch wenn dies typischerweise auf besondere Amtsinhaber, wie etwa Honorarkonsule abzielt, braucht die betreffende Auslandstat

---

[476] Vgl. Eser, in: Schönke/Schröder (Fn. 126), § 5 Rn. 19, Lackner, in: Lackner/Kühl (Fn. 366), § 5 Rn. 3.

[477] Vgl. Zieher (Fn. 275), S. 122 ff. sowie Gribbohm LK (Fn. 275), § 5 Rn. 87 mit Hinweis auf den Amtlichen Entwurf eines Strafgesetzbuchs 1962, Begründung S. 112.

[478] So nach herrschender Meinung Eser, in: Schönke/Schröder (Fn. 126), § 5 Rn. 19, Hoyer SK (Fn. 262), § 5 Rn. 28, Lemke NK (Fn. 366), § 5 Rn. 22.

[479] Zieher (Fn. 275), S. 125.

doch auch hier nach herrschender Meinung nicht unbedingt ein Amtsdelikt zu sein.[480] Deshalb könnte sich auch ein ausländischer Professor einer deutschen staatlichen Universität strafbar machen, wenn er in Ausübung seiner dienstlichen Stellung, wie vor allem als Projektleiter, im Ausland unter Verletzung des ESchG oder StammzellG Forschungen betreibt.

c) In allen Fällen von § 5 Nrn. 12 und 13 StGB ist eine nicht unwichtige Frage schließlich die, ob sich die Auslandserstreckung nur auf *Täter* bezieht oder auch *Teilnehmer* erfaßt. Obgleich sich zu dieser bislang wenig erforschten und auch forensisch offenbar noch nicht entschiedenen Frage gelegentlich die auch Teilnehmer umfassende Deutung vertreten findet,[481] dürfte in gleicher Weise wie in den Strafausdehnungsfällen des § 5 Nr. 8 (Sexualdelikte) und Nr. 9 (Schwangerschaftsabbruch) auch hier täterschaftliche Begehung vorauszusetzen sein.[482] Daher könnte bloße Teilnahme eines (deutschen oder ausländischen) Amtsträgers oder besonders Verpflichteten an einer Auslandstat nach § 5 Nrn. 12 oder 13 StGB allenfalls dann strafbar sein, wenn eine nach deutschem Recht strafbare Haupttat vorliegt, wie etwa in dem Fall, daß ein wissenschaftlicher Mitarbeiter, der selbst den Status eines Amtsträgers oder besonders Verpflichteten inne hat, seinen mit gleichem Status im Ausland unter Verletzung des ESchG oder StammzellG forschenden Projektleiter unterstützt. Würde hingegen ein deutscher Amtsträger als Mitglied einer ausländischen Förderorganisation durch eine dort getroffene Entscheidung ein ebenfalls dort durchgeführtes Stammzellprojekt, das nach deutschem Recht strafbar wäre, lediglich in Form von Anstiftung oder Beihilfe unterstützen, so würde es an einer rechtswidrigen Haupttat, wie sie für strafbare Teilnahme erforderlich wäre, solange fehlen, als an der Projektdurchführung kein Amtsträger oder besonders Verpflichteter im Sinne von § 5 Nrn. 12 oder 13 StGB wenigstens mittäterschaftlich beteiligt wäre.

Auch diese zugegebenermaßen nicht leicht durchschaubaren Beispiele zeigen einmal mehr, wie sehr die Strafbarkeit nach deutschem Recht bei Embryonen- und Stammzellforschung im Ausland von rechtlichen Differenzierungen nach Art und Ort der Tatbegehung, nach dem Status und der Mitwirkungsweise des Tatbeteiligten und damit nicht zuletzt von den Umständen des Einzelfalles abhängt.

---

[480] Vgl. Eser, in: Schönke/Schröder (Fn. 126), § 5 Rn. 20, Gribbohm LK (Fn. 275), § 5 Rn. 90, Hoyer SK (Fn. 262), § 5 Rn. 29 f., Lackner, in: Lackner/Kühl (Fn. 366), § 5 Rn. 3, Lemke NK (Fn. 366), § 5 Rn. 23; Zieher (Fn. 275), S. 122; anderer Ansicht offenbar nur Fischer, in: Tröndle/Fischer (Fn. 366), § 5 Rn. 13.

[481] So – soweit ersichtlich – aber wohl nur bei Gribbohm LK (Fn. 275), § 5 Rn. 98 bzw. Rn. 53 f. zu § 5 Nr. 9 StGB unter Bezugnahme auf Samson SK (Fn. 262), § 5 Rn. 13.

[482] Vgl. Eser, in: Schönke/Schröder (Fn. 126), § 5 Rn. 16, 17, 24; im gleichen Sinne Lemke NK (Fn. 366), § 5 Rn. 19, 26 sowie für Fälle des § 5 Nr. 9 StGB Lackner, in: Lackner/Kühl (Fn. 366), § 5 Rn. 3.

VIII. Zusammenfassung: Die wichtigsten Forschungsschritte und Beteiligungskonstellationen als verboten oder erlaubt oder zumindest mit strafrechtlichem Risiko behaftet

Nachfolgend geht es weniger um ein Resümee des vorangehenden Gedankengangs, als vielmehr darum, die für ein rechtsgemäßes Verhalten im Bereich der Stammzellforschung wesentlichen Voraussetzungen zusammenzustellen, wobei die als typisch erscheinenden Forschungsschritte und Beteiligungsmodalitäten als Leitlinie dienen sollen. Wer sich über die jeweiligen rechtlichen Grundlagen und Grenzen näher informieren will, sei auf die in den Fußnoten genannten Fundstellen bzw. hinsichtlich des Wortlauts der einschlägigen Rechtsvorschriften auf den Anhang verwiesen.

1. In *grundsätzlicher* Hinsicht sind bei der Beurteilung der Gewinnung von und der Forschung mit menschlichen humanen Stammzellen (HES) folgende *Unterscheidungen* zu beachten:

- Als *Rechtsgrundlagen* kommen das *Embryonenschutzgesetz* und das *Stammzellgesetz* in Betracht, und zwar ersteres, solange (schon oder noch) Embryonen betroffen sind, und letzteres, soweit es nur noch um die aus Embryonen oder noch totipotenten Zellen gewonnen Stammzellen geht.[483] Dabei ist zu beachten, daß der Begriff des Embryos in Abgrenzung von nicht mehr totipotenten Zellen im ESchG und im StammzellG unterschiedlich definiert ist.[484]

- Wesentliche Unterschiede für die Strafbarkeit können sich aus dem Handeln ausschließlich im *Inland* oder ausschließlich im *Ausland* sowie bei *grenzüberschreitenden* Aktivitäten ergeben. Dabei kommt dem *Schutzbereich* des betreffenden Gesetzes maßgebliche Bedeutung zu: Während sich dieser beim ESchG über das Inland hinaus auch auf das Ausland erstreckt, ist beim StammzellG von einer Beschränkung des Schutzbereichs auf das Inland auszugehen. Da letzteres jedoch nicht unbestritten ist, sind hilfsweise auch die sich aus einer Auslandserstreckung des StammzellG ergebenden strafrechtlichen Konsequenzen im Auge zu behalten.

- Bei Handeln im Ausland oder sonstiger grenzüberschreitender Tatbeteiligung kann die Strafbarkeit nach deutschem Recht davon abhängen, daß das fragliche Verhalten auch nach dem *Recht des Tatorts* strafbar ist.[485]

---

[483] Vgl. III.1–5 bzw. III.3.6.
[484] Vgl. II.4.
[485] Vgl. IV.1, 4.b.

● In *personeller* Hinsicht kann bei (ausschließlichem und/oder grenzüberschreitendem) Handeln im Ausland die Strafbarkeit nach deutschem Recht davon abhängen, daß der Tatbeteiligte als *„Amtsträger"* oder als *„für den öffentlichen Dienst besonders Verpflichteter"* gehandelt hat.[486] Diese strafbarkeitserweiternde Voraussetzung ist in der Regel bei Professoren staatlicher Universitäten und dort angestellten Forschern gegeben, wird aber darüber hinaus auch bei Wissenschaftlern an privatrechtlich organisierten Forschungseinrichtungen und Förderorganisationen nicht von vornherein auszuschließen sein.[487]

● Nicht zuletzt kann sowohl bei inländischer wie auch ausländischer Stammzellforschung bedeutsam sein, ob die Beteiligung an strafbarer Forschung als (mit- oder mittelbar) *täterschaftlich* oder nur als *Teilnahme* (Anstiftung oder Beihilfe) zu qualifizieren ist.[488]

2. Soweit es um die *Gewinnung von menschlichen embryonalen Stammzellen im Inland* geht, macht sich nach deutschem Recht *strafbar,*

a) wer es unternimmt, zu diesem Zweck eine menschliche Eizelle künstlich zu befruchten (§ 1 Abs. 1 Nr. 2 ESchG),[489]

b) wer künstlich bewirkt, daß eine menschliche Samenzelle in eine menschliche Eizelle eindringt, oder eine menschliche Samenzelle in eine menschliche Eizelle künstlich verbringt, ohne eine Schwangerschaft der Frau herbeiführen zu wollen, von der die Eizelle stammt (§ 1 Abs. 2 ESchG),[490]

c) wer einer Frau einen Embryo vor Abschluß seiner Einnistung in der Gebärmutter entnimmt, um diesen für einen nicht seiner Erhaltung dienenden Zweck zu verwenden (§ 1 Abs. 1 Nr. 6 ESchG),[491]

d) wer es unternimmt, mehr Eizellen einer Frau zu befruchten, als ihr innerhalb eines Zyklus übertragen werden sollen (§ 1 Abs. 1 Nr. 5 ESchG),[492]

e) wer einen extrakorporal erzeugten oder einer Frau vor Abschluß seiner Einnistung in der Gebärmutter entnommenen menschlichen Embryo veräußert oder zu einem nicht seiner Erhaltung dienenden Zweck abgibt, erwirbt oder verwendet (§ 2 Abs. 1 ESchG), insbesondere aus ihm Stammzellen gewinnt, selbst wenn für diesen Embryo eine Verwendung zu Fortpflanzungszwecken nicht mehr in Betracht

---

[486] Vgl. IV.1.a (iv).
[487] Vgl. VII.
[488] Vgl. III.7–9; IV.4; V.1–2 sowie VI.
[489] Vgl. III.1.a.
[490] Vgl. III.1.a.
[491] Vgl. III.1.b.
[492] Vgl. III.1.c.

kommt[493] oder wenn er durch die Stammzellgewinnung in seiner Entwicklung nicht weiter beeinträchtigt würde,[494]

    f)   wer (durch Embryo-Splitting oder Zellkerntransfer in eine entkernte Eizelle) künstlich bewirkt, daß ein menschlicher Embryo mit der gleichen Erbinformation wie ein anderer Embryo, ein Mensch oder ein Verstorbener entsteht (§ 6 Abs. 1 ESchG).[495]

- *Nicht strafbar* ist hingegen,

    — wer durch Zellkerntransfer in eine entkernte Eizelle in Verbindung mit der Vornahme nicht unwesentlicher Veränderungen des Erbguts totipotente Zellen erzeugt,[496]

    — wer aus solchen Entitäten pluripotente Stammzellen gewinnt,[497]

    — wer menschliches Erbgut aus somatischen Zellen in tierische Zellen oder Embryonen einbringt,[498]

    — wer aus solchen Entitäten Stammzellen gewinnt.[499]

- Als *strittig* zwischen verboten und erlaubt – und deshalb mit einem strafrechtlichen Risiko behaftet – haben die Fälle zu gelten,

    — in denen „Embryonen" im Sinne von § 3 Nr. 4 StammzellG durch Reprogrammieren somatischer Zellen zur Totipotenz erzeugt werden, mögen diese die gleiche Erbinformation wie ein anderer Mensch (bzw. ein anderer Embryo, ein Foetus oder ein Verstorbener) haben oder nicht,[500] oder

    — in denen aus solchen Entitäten pluripotente Stammzellen gewonnen werden.[501]

3. Die *Einfuhr von menschlichen embryonalen Stammzellen* (durch Verbringen in das Staatsgebiet der Bundesrepublik Deutschland) ist *strafbar*,

    a)   wenn es für die Einfuhr an einer Genehmigung nach § 6 Abs. 1 StammzellG fehlt (§ 13 Abs. 1 S. 1 StammzellG),[502]

---

[493] Vgl. III.2.
[494] Vgl. III.4.
[495] Vgl. III.3.
[496] Vgl. III.3.
[497] Vgl. III.4.
[498] Vgl. III.5.b.
[499] Vgl. III 5.c.
[500] Vgl. II.4 und III.3.
[501] Vgl. III.4.
[502] Vgl. III.6.b (iv).

b) wenn eine vorliegende Genehmigung durch vorsätzlich falsche Angaben erschlichen worden war (§ 13 Abs. 1 S. 2 StammzellG),[503] oder

c) wenn die Einfuhr unter Mißachtung einer mit der Genehmigung verbundenen Auflage erfolgt (§ 13 Abs. 2 in Verbindung mit § 6 Abs. 6 S. 1 oder 2 StammzellG),[504]

wobei die Strafbarkeit nicht dadurch ausgeschlossen wird, daß im Falle (a) die Einfuhr (beziehungsweise Verwendung) genehmigungsfähig gewesen wäre,[505] ebensowenig wie im Falle (b) die Strafbarkeit des Erschleichens dadurch entfiele, daß die Genehmigung auch durch richtige Angaben hätte erlangt werden können.

● *Nicht strafbar* ist somit die Einfuhr von Stammzellen *aufgrund einer erteilten Genehmigung* nach den §§ 6–9 StammzellG selbst dann,

- wenn die Stammzellen erst nach dem 1. Januar 2002 gewonnen wurden (§ 4 Abs. 2 Nr. 1a StammzellG),

- wenn die Stammzellen durch „fortpflanzungsfremde" Befruchtungen entstanden sind (§ 4 Abs. 2 Nr. 1b StammzellG),

- wenn die Stammzellen von totipotenten Entitäten gewonnen sind, die durch ein Klonierungsverfahren (Embryo-Splitting, Zellkerntransfer oder Reprogrammierung somatischer Zellen) erzeugt worden waren (§ 4 Abs. 2 Nr. 1b StammzellG),

- wenn die Gewinnung der Stammzellen nicht im Einklang mit dem Recht des Herkunftsortes stand,

- wenn die Gewinnung offensichtlich im Widerspruch zu tragenden Grundsätzen der deutschen Rechtsordnung erfolgte (§ 4 Abs. 3 StammzellG), wie beispielsweise durch Verwendung von Embryonen gegen den erklärten Willen der Keimzellspender.

Bei allen diesen Umständen handelt es sich zwar um Genehmigungsvoraussetzungen; deren Fehlen vermag jedoch im Falle einer gleichwohl erteilten Genehmigung allenfalls dann Strafbarkeit zu begründen, wenn der Genehmigungsempfänger über die fraglichen Voraussetzungen vorsätzlich getäuscht hatte.

---

[503] Vgl. III.6.c (vi).
[504] Vgl. III.6.c (iv) 3. Block.
[505] Vgl. III.6.c (iv).

● Auch *ohne Genehmigung nicht strafbar* ist die Einfuhr von

 – sogenannten adulten Stammzellen,

 – Stammzellen, die aus abgegangenen Föten oder solchen nach Schwangerschaftsabbruch gewonnen wurden.[506]

● Als Grenzfall mit *strafrechtlichem Risiko* behaftet ist die Einfuhr von Stammzellen ohne Genehmigung, wenn

 – die Stammzellen aus totipotenten Entitäten gewonnen wurden, bei denen menschliches Erbgut in eine entkernte tierische Zelle eingebracht wurde, oder

 – die Stammzellen aus totipotenten Entitäten gewonnen wurden, deren Erbgut überwiegend aus menschlichen, daneben aber auch aus tierischen Anteilen besteht.[507]

4. Die *Verwendung von menschlichen embryonalen Stammzellen im Inland* ist unter denselben Voraussetzungen wie für den vorgenannten Fall des Einführens ins Inland (oben 3.) verboten, wobei unter „Verwenden" der tatsächliche Gebrauch zu verstehen ist, indem die Stammzellen selbst im wissenschaftlichen Versuchsgeschehen unmittelbar präsent sind.[508]

● *Nicht strafbar* ist das nachträgliche Ausnutzen von Erkenntnissen aus verbotener (inländischer oder ausländischer) Stammzellforschung.[509]

5. Was die Strafbarkeit durch *Beteiligung ausschließlich im Inland* betrifft, so kommt sowohl Mitwirkung an der Einfuhr als auch an der Verwendung in Betracht.

● Je nach Art der Tatbeteiligung kann Anstiftung, Beihilfe, Mittäterschaft oder – in wohl seltenen Fällen – auch mittelbare Täterschaft vorliegen.[510] Generell ist strafbare Beteiligung an allen oben VIII.2–4 als strafbar bezeichneten Tathandlungen möglich.

● *Strafbare* Tatbeteiligung liegt insbesondere vor, wenn in Kenntnis der Tatumstände

 – für eine oben als strafbar bezeichnete Handlung finanzielle Unterstützung gewährt wird,[511]

 – für eine oben als strafbar bezeichnete Handlung Einrichtungen wie z.B. ein Labor oder Ausrüstungsgegenstände zur Verfügung gestellt werden.[512]

---

[506] Vgl. III.6.a.
[507] Vgl. III.5.c (zu beiden Varianten).
[508] Vgl. III.6.d (ii).
[509] Vgl. III.6.d. (v).
[510] Vgl. III.7.a-b.
[511] Vgl. III.8.

- *Nicht strafbar* ist

  - die Unterstützung erlaubten Verhaltens,[513]

  - die Mitwirkung an der Erarbeitung genereller Richtlinien ohne konkreten Bezug zu einem Stammzell-Forschungsvorhaben.[514]

- Mit *strafrechtlichem Risiko* behaftet sind Fälle, in denen

  - Einrichtungen unterstützt werden, die selbst nicht Stammzellforschung betreiben, jedoch mit verbotswidrig handelnden Stammzellforschern kooperieren,[515]

  - Stipendien ohne konkreten Bezug zu einem Stammzellprojekt gewährt werden, der Geldgeber aber damit rechnet, daß der Stipendiat (auch) verbotene Stammzellforschung betreibt.[516]

- Erfolgt die – praktisch wohl insbesondere finanzielle – Unterstützung durch eine *juristische Person*, so sind im Rahmen des oben Dargestellten strafrechtlich verantwortlich diejenigen natürlichen Personen, die für die Institution gehandelt haben (§ 14 StGB).[517]

- Besteht die fragliche Beteiligungshandlung in der *Mitwirkung in einem beratenden Gremium*, so ist *Strafbarkeit* der das Projekt befürwortenden Gremienmitglieder zu bejahen,

  - wenn das beratene Projekt sich auf die Gewinnung von ES-Zellen aus menschlichen Embryonen, die durch künstliche Befruchtung, Embryo-Splitting oder Zellkerntransfer in eine entkernte Eizelle erzeugt wurden, bezieht,[518]

  - wenn das beratene Projekt eine nicht genehmigungsfähige Stammzellforschung einschließlich der Einfuhr dafür vorgesehener ES-Zellen zum Gegenstand hat[519]

und das beratene Projekt zur zumindest versuchten Ausführung gelangt.

Nicht strafbar ist – ebenso wie bei individueller Beratung –

  - die Erarbeitung technischer Standards allgemeiner Art oder auch ethischer Parameter oder

  - die Erarbeitung von Stellungnahmen zur theoretischen Schlüssigkeit bzw. abstrakten Durchführbarkeit bestimmter Konzepte

---

[512] Vgl. III.7.b.
[513] Vgl. III.7.b.
[514] Vgl. III.9.a. (i).
[515] Vgl. III.8.
[516] Vgl. III.8.
[517] Vgl. III.8.
[518] Vgl. III.9.a (ii).
[519] Vgl. III.9.a (ii).

ohne Bezug zu einem konkreten Forschungsvorhaben.[520]

Ein *strafrechtliches Risiko* besteht insoweit, als die Beratung ein Projekt zum Gegenstand hat,

– das sich auf die Gewinnung von ES-Zellen aus reprogrammierten somatischen Zellen bezieht.[521]

● Soweit voranstehend Strafbarkeit für gegeben erachtet wurde, ist diese bei arbeitsteiliger Bündelung fachverschiedener Kompetenz (wie insbesondere in Ethikkommissionen der Fall) jedoch nur für jene Mitglieder zu bejahen, die dem fraglichen Projekt zugestimmt haben und

– deren Aufgabe im Rahmen der gremieninternen Arbeitsteilung gerade darin besteht, die Frage der rechtlichen Zulässigkeit zu beurteilen, oder

– die ihre Gleichgültigkeit gegenüber der Rechtslage zum Ausdruck gebracht haben.[522]

Überstimmte Kommissionsmitglieder können sich jedoch strafbar machen, indem sie im Widerspruch zu ihrem Abstimmungsverhalten das Kommissionsvotum dem beratenen Forscher zugänglich machen.[523]

6. Die *Gewinnung von menschlichen embryonalen Stammzellen im Ausland* ist nicht nach dem StammzellG, sondern nach dem ESchG zu beurteilen, dessen Schutzbereich sich grundsätzlich auch auf das Ausland erstreckt.[524] Um bei ausschließlichem Handeln im Ausland nach deutschem Recht strafbar zu sein, muß jedoch noch ein besonderer „Anknüpfungspunkt" im Sinne von § 5 Nrn. 12, 13 oder § 7 StGB gegeben sein, wobei letzterenfalls auch noch die Strafbarkeit nach dem Recht des (ausländischen) Tatorts hinzukommen muß.[525]

● Danach macht sich in den unter IV.2 genannten Fällen der Gewinnung von HES im Ausland nach deutschem Recht *strafbar*,

a) wer die Tat als deutscher Staatsangehöriger begeht (§ 7 Abs. 2 Nr. 1 StGB),

b) wer die Tat als Ausländer begangen hat und nach Einreise in die Bundesrepublik Deutschland nicht ausgeliefert werden kann (§ 7 Abs. 2 Nr. 2 StGB),

---

[520] Vgl. III.9.a (i).
[521] Vgl. II.4.b und III.4.
[522] Vgl. III.9.b (iii).
[523] Vgl. III.9.b (iii).
[524] Vgl. IV.2.
[525] Vgl. IV.1.

wobei einerseits erforderlich ist, daß die Stammzellgewinnung auch nach dem Recht des Tatortes strafbar ist,[526] andererseits jedoch die Art der Tatbeteiligung als (Allein-, Mit- oder mittelbarer) Täter oder bloßer Teilnehmer (Anstiftung oder Beihilfe) gleichgültig ist,[527] ferner

c) wer als deutscher „Amtsträger" oder für den „Dienst besonders Verpflichteter" die Tat während eines dienstlichen Aufenthalts oder in Bezug auf den Dienst begeht (§ 5 Nr. 12 StGB),[528] oder

d) wer als Ausländer, der im Sinne des deutschen Rechts „Amtsträger" oder „besonders Verpflichteter" ist, die Tat in seiner Eigenschaft als Funktionsträger begeht (§ 5 Nr. 13 StGB),[529]

wobei in den Fällen (c) und (d) einerseits gleichgültig ist, ob die Stammzellgewinnung auch nach dem Recht des ausländischen Tatorts strafbar ist,[530] aber andererseits die Tat (allein, mit- oder mittelbar) täterschaftlich begangen worden sein muß und daher bloße Teilnahme keine Strafbarkeit begründet.[531]

● *Nicht strafbar* ist somit unter anderem der Fall,

– in dem ein (deutscher oder ausländischer) Wissenschaftler, der als Angestellter eines rein privaten Forschungsinstituts oder als Mitglied einer rein privaten Förderorganisation weder „Amtsträger" noch „für den Dienst besonders Verpflichteter" im Sinne des § 11 Abs. 2 Nr. 2 oder 4 StGB ist, unter Verbrauch von Embryonen Stammzellen in einem Land gewinnt, in dem dies nicht in einer dem ESchG entsprechenden Weise strafbar ist, oder

– in dem der an der embryonenverbrauchenden Stammzellgewinnung beteiligte (deutsche oder ausländische) Forscher zwar „Amtsträger" oder „besonders Verpflichteter" im Sinne des deutschen Rechts ist, die Stammzellgewinnung jedoch in keinem dienstlichen Zusammenhang steht[532] oder der Wissenschaftler nicht (mit- oder mittelbar) täterschaftlich, sondern allenfalls als Teilnehmer an der Stammzellgewinnung beteiligt ist.[533]

● Nicht klar strafbar, aber jedenfalls mit einem *strafrechtlichen Risiko* behaftet ist der – über die vorangehend unter (a) bis (d) genannten „Anknüpfungspunkte" hinausgehende – Fall, daß ein bei der Stammzellgewinnung vernichteter Embryo von (mindestens einem) deutschen Keimzellenspender stammt und man darin eine „gegen einen Deutschen" gerichtete

---

[526] Vgl. IV.1.c (i).
[527] Vgl. IV.2.b (i), (ii), 4.b (i).
[528] Vgl. IV.2.b (iv), VII.4.a.
[529] Vgl. IV.2.b (iv), VII.4.b.
[530] Vgl. IV.1.c (i).
[531] Vgl. VII.4.c.
[532] Vgl. VII.4.a oder b.
[533] Vgl. VII.4.c.

Tat im Sinne von § 7 Abs. 1 StGB erblicken würde;[534] auch bei einer solchen Auffassung, die sich bislang – soweit ersichtlich – nicht vertreten findet,[535] würde aber die Strafbarkeit nach dem deutschen ESchG eine entsprechende Strafbarkeit am ausländischen Tatort voraussetzen.

7. Die *Verwendung von menschlichen embryonalen Stammzellen im Ausland* (einschließlich deren Erforschung oder Vernichtung) ist nicht nach dem deutschen StammzellG strafbar, da sich dessen Schutzbereich auf das (deutsche) Inland beschränkt[536] und zudem erst eine der Einfuhr in das Inland nachfolgende Verwendung von § 13 Abs. 1 StammzellG erfaßt wird.[537]

• Diese *Straflosigkeit* der Verwendung von Stammzellen ausschließlich im Ausland gilt gleichermaßen für täterschaftliche Tatbeteiligung[538] wie für bloße Teilnehmer.[539]

• Dabei ist jedoch ein *strafrechtliches Risiko* nicht völlig auszuschließen. Wäre nämlich – entgegen der hier vertretenen Einschätzung – der Schutzbereich des StammzellG ähnlich dem des ESchG als nicht auf das Inland beschränkt zu verstehen,[540] und auch schon vor Einfuhr ins Inland eine nicht genehmigte Verwendung von HES im Ausland durch § 13 Abs. 1 StammzellG erfaßbar,[541] so wäre diese Verwendung in den gleichen Fallvarianten, wie sie vorangehend unter VIII.6.(a) bis (d) zur Gewinnung von HES nach dem ESchG festgestellt wurden, strafbar.

– Dies hätte gleichermaßen für täterschaftliche Tatbeteiligung[542] wie für bloße Teilnahme zu gelten.[543]

8. Bei *grenzüberschreitender Stammzellgewinnung und -forschung vom Inland ins Ausland* ist zwischen täterschaftlicher Beteiligung und bloßer Teilnahme zu unterscheiden und jeweils zu beachten, ob und inwieweit neben dem ausländischen „Tätigkeitsort" nicht auch ein inländischer „Erfolgsort" vorliegen könnte, mit der Folge, daß die Tat (auch) als „Inlandstat" zu gelten hätte (§ 9 Abs. 1 StGB), auf die das deutsche Strafrecht anzuwenden ist (§ 3 StGB).[544]

---

[534] Vgl. IV.1.b (ii).
[535] Vgl. IV.2.b (iii).
[536] Vgl. IV.3.a.
[537] Vgl. IV.3.b.
[538] Vgl. IV.3.c.
[539] Vgl. IV.4.b (iv).
[540] Vgl. IV.5.
[541] Vgl. aber demgegenüber IV.3.b.
[542] Vgl. IV.5.
[543] Vgl. IV.4.b (iii), (iv).
[544] Vgl. IV.1.a, V.1.a

● Unter Berücksichtigung dieser möglichen Unterschiede macht sich bei embryovernichtender Stammzellgewinnung und -verwendung im Ausland nach deutschem Recht *strafbar*,

> a) wer vom Inland aus in mittäterschaftlichem Zusammenwirken mit dem im Ausland tätigen Forscher oder unter dessen mittelbar täterschaftlicher Steuerung[545] im Ausland Stammzellen in einer Art und Weise gewinnen läßt, wie sie in den oben unter VIII.2(a) bis (f) genannten Fällen nach dem ESchG strafbar wäre,[546]

> b) wer in gleicher mit- oder mittelbar täterschaftlicher Weise im Ausland Stammzellen ohne die nach § 13 StammzellG erforderliche Genehmigung verwenden läßt,[547]

wobei es in beiden vorgenannten Fällen nicht darauf ankommt, ob die Gewinnung oder Verwendung von HES auch am ausländischen Tatort strafbar ist,[548] oder

> c) wer vom Inland aus dazu anstiftet oder gehilfenschaftlich dazu beiträgt, daß im Ausland Stammzellen in einer Art und Weise gewonnen werden, wie sie unter den oben in VIII.2(a) bis (f) festgestellten Weise nach dem ESchG verboten ist,[549]

wobei es in allen vorgenannten Fällen der (mit- oder mittelbar) täterschaftlichen Stammzellgewinnung und -verwendung nach (a) und (b) beziehungsweise der Teilnahme an Stammzellgewinnung nach (c) nicht darauf ankommt, ob das nach deutschem Recht strafbare Verhalten auch nach dem Recht des ausländischen Tatorts entsprechend strafbar ist,[550] ebensowenig wie dabei die (in- oder ausländische) Staatsangehörigkeit der Tatbeteiligten eine Rolle spielt.[551]

● *Nicht strafbar* nach deutschem Recht hingegen ist die bloße Teilnahme (Anstiftung oder Beihilfe) an einer ungenehmigten Stammzellverwendung im Ausland,[552] da sich der Schutzbereich des StammzellG auf das Inland beschränkt[553] und damit auch der an sich in § 9 Abs. 2 S. 2 StGB vorgesehenen Unbeachtlichkeit des ausländischen Tatortrechts der Boden entzogen ist.[554] Diese Straflosigkeit hinsichtlich des StammzellG gilt gleichermaßen für deutsche wie für ausländische Teilnehmer.[555]

---

[545] Vgl. V.1.a.
[546] Vgl. V.1.b (i).
[547] Vgl. V.1.b (ii).
[548] Vgl. V.1.c.
[549] Vgl. V.2.b.
[550] Vgl. V.1.c beziehungsweise V.2.a, b (i).
[551] Vgl. V.1.c beziehungsweise V.2.b (ii).
[552] Vgl. V.2.c (i).
[553] Vgl. IV.3.
[554] Vgl. V.2.a.
[555] Vgl. V.2.c (i).

● Letzterenfalls ist jedoch ein *strafrechtliches Risiko* nicht auszuschließen, wenn man – entgegen der hier vertretenen Einschätzung – dem StammzellG einen sich auf das Ausland erstreckenden Schutzbereich einräumt.[556] Auch auf dieser Grundlage kommt jedoch eine Strafbarkeit nur dann in Betracht,

d) wenn vom Inland aus zu einer Stammzellverwendung im Ausland angestiftet oder eine solche gehilfenschaftlich unterstützt wird, ohne daß eine am Forschungsort erforderliche Genehmigung vorliegen würde;[557] bedurfte es dagegen am Forschungsort keiner Genehmigung, so bleibt auch bei grundsätzlicher Auslandserstreckung des StammzellG die Teilnahme vom Inland aus straffrei,[558] oder

e) wenn vom Inland aus zur Ausfuhr vom ausländischen Versendungsort ohne eine dort erforderliche Ausfuhrgenehmigung angestiftet würde.[559]

9. Bei *grenzüberschreitenden Aktivitäten vom Ausland ins Inland* kommt Strafbarkeit nach deutschem Recht in Betracht,

a) wenn mittäterschaftlich vom Ausland aus an einer nach dem ESchG oder dem StammzellG verbotenen Gewinnung oder Verwendung von Stammzellen mitgewirkt wird,[560]

b) wenn mittelbar täterschaftlich vom Ausland aus auf eine im Inland verbotene Stammzellgewinnung oder -verwendung eingewirkt wird,[561] oder

c) wenn vom Ausland aus zu einer nach dem ESchG oder StammzellG verbotenen Stammzellgewinnung oder -verwendung im Inland angestiftet oder dies unterstützt wird,[562]

wobei in allen diesen Fällen die (deutsche oder ausländische) Nationalität des Teilnehmers keine Rolle spielt, ebensowenig wie es auf die etwaige Strafbarkeit nach dem Recht des Tatorts ankommt, da es sich aufgrund der jeweils im Inland begangenen Haupttat um eine Inlandstat handelt (§ 9 StGB), auf die das deutsche Strafrecht anzuwenden ist (§ 3 StGB).[563]

---

[556] Vgl. V.3.
[557] Vgl. V.3.a (i).
[558] Vgl. V.3.a (ii).
[559] Vgl. V.3.b (i).
[560] Vgl. VI.1.
[561] Vgl. VI.2.
[562] Vgl. VI.3.
[563] Vgl. V.1.a.

10. Soweit die *Strafbarkeit nach dem ausländischen Tatortrecht* anzusprechen war, geschah dies jeweils im Hinblick darauf, daß die Anwendbarkeit des deutschen Strafrechts eine entsprechende Strafbarkeit nach dem ausländischen Tatortrecht voraussetzen kann.[564] Während es bei diesem etwaigen Erfordernis einer „doppelten Strafbarkeit" allein auf die Anwendbarkeit des deutschen Strafrechts ankommt,[565] muß bei Stammzellgewinnung oder -verwendung im Ausland der Forscher auch immer der möglichen Strafbarkeit nach dem ausländischen Recht gewärtig sein. Inwieweit dies in den zahlreichen Ländern, in denen diese Art von Forschung betrieben wird, der Fall ist und deshalb Beachtung verdient, war nicht Gegenstand dieser auf die Strafbarkeit nach deutschem Recht beschränkten Untersuchung.[566]

● Sofern es jedoch in einem mitbetroffenen Land eine nach dem deutschen ESchG oder StammzellG vergleichbare Strafbarkeit geben sollte, ist vor allem zweierlei zu beachten:

— Zum einen, daß bei einer solchen *Konkurrenz mehrerer anwendbarer Strafrechte* eine mehrfache Strafbarkeit denkbar ist, ohne daß die eine Strafgerichtsbarkeit gegenüber einer anderen einen Vor- oder Nachrang hätte.[567]

— Zum anderen, daß dadurch auch eine mehrfache Strafverfolgung oder gar Verurteilung nicht ausgeschlossen ist, solange es nicht nach dem Grundsatz „ne bis in idem" kein Doppelbestrafungsverbot zwischen miteinander konkurrierenden Strafgerichtsbarkeiten gibt.[568] Sollte es daher zu einer Verurteilung im Ausland gekommen sein, so würde damit ein weiteres Strafverfahren vor einem deutschen Gericht nicht ausgeschlossen; immerhin wäre aber eine ausländische Vorverurteilung, soweit bereits vollstreckt, auf die neue Strafe anzurechnen (§ 51 Abs. 3 StGB).

---

[564] Vgl. IV.1.c (i).

[565] Wobei dies jedoch lediglich für die Fälle des § 7 StGB eine Rolle spielt: vgl. IV.1.b (i)-(iii).

[566] Gleichwohl mag einen ersten Eindruck die in Anhang E. abgedruckte Länderübersicht vermitteln. Vgl. auch Hans-Georg Koch, Fortpflanzungsmedizin im europäischen Rechtsvergleich, Aus Politik und Zeitgeschichte B 27/2001, S. 44–53, insbes. S. 50 f.; Taupitz (Fn. 34), NJW 2001, S. 3433, insbes. S. 3439 f., sowie die Länderberichte bei Jochen Taupitz, Rechtliche Regelung der Embryonenforschung im internationalen Vergleich, Berlin/Heidelberg 2003, S. 7 ff.

[567] Näher dazu Eser, in: Schönke/Schröder (Fn. 126), Vorbem. 60 vor §§ 3–7.

[568] Zwar gibt es dahingehende politische Bemühungen, wie vor allem im europäischen Rechtsraum, ohne daß diese aber schon zu völlig befriedigenden Ergebnissen geführt hätten: vgl. Albin Eser, Justizielle Rechte, in: Jürgen Meyer (Hrsg.), Kommentar zur Charta der Grundrechte der Europäischen Union, Baden-Baden 2003, S. 518–572 (565 ff.).

11. Schließlich bleibt noch einmal daran zu erinnern, daß in dieser gutachtlichen Stellungnahme Forschung mit humanen embryonalen Stammzellen im In- und Ausland nur aus dem Blickwinkel des derzeit geltenden Rechts zu beurteilen war. Inwieweit der Befund auch forschungs- und rechtspolitisch zufriedenstellend und rechtsethisch billigenswert erscheint, ist eine andere Frage. Aber auch dazu hoffen wir, durch eine unvoreingenommene Analyse des positiven Rechts die erforderliche Grundlage geschaffen zu haben.

Freiburg, 9. Mai 2003

gez. *Albin Eser*   gez. *Hans-Georg Koch*

Anhang

zum Rechtsgutachten Albin Eser/Hans-Georg Koch

Inhaltsverzeichnis

A. Embryonenschutzgesetz 181

B. Stammzellgesetz 185

C. ZES-Verordnung 190

D. Strafgesetzbuch (Auszug) 195

E. Tabellarischer Überblick über gesetzliche Regelungen
zur Fortpflanzungsmedizin in Europa 207

A. Gesetz zum Schutz von Embryonen (Embryonenschutzgesetz – ESchG)

vom 13. Dezember 1990 – Bundesgesetzblatt 1990 I S. 2746–2748 (in Kraft getreten am 1.1.1991)

§ 1 Mißbräuchliche Anwendung von Fortpflanzungstechniken

(1) Mit Freiheitsstrafe bis zu drei Jahren oder mit Geldstrafe wird bestraft, wer

1. auf eine Frau eine fremde unbefruchtete Eizelle überträgt,

2. es unternimmt, eine Eizelle zu einem anderen Zweck künstlich zu befruchten, als eine Schwangerschaft der Frau herbeizuführen, von der die Eizelle stammt,

3. es unternimmt, innerhalb eines Zyklus mehr als drei Embryonen auf eine Frau zu übertragen,

4. es unternimmt, durch intratubaren Gametentransfer innerhalb eines Zyklus mehr als drei Eizellen zu befruchten,

5. es unternimmt, mehr Eizellen einer Frau zu befruchten, als ihr innerhalb eines Zyklus übertragen werden sollen,

6. einer Frau einen Embryo vor Abschluß seiner Einnistung in der Gebärmutter entnimmt, um diesen auf eine andere Frau zu übertragen oder ihn für einen nicht seiner Erhaltung dienenden Zweck zu verwenden, oder

7. es unternimmt, bei einer Frau, welche bereit ist, ihr Kind nach der Geburt Dritten auf Dauer zu überlassen (Ersatzmutter), eine künstliche Befruchtung durchzuführen oder auf sie einen menschlichen Embryo zu übertragen.

(2) Ebenso wird bestraft, wer

1. künstlich bewirkt, daß eine menschliche Samenzelle in eine menschliche Eizelle eindringt, oder

2. eine menschliche Samenzelle in eine menschliche Eizelle künstlich verbringt,

ohne eine Schwangerschaft der Frau herbeiführen zu wollen, von der die Eizelle stammt.

(3) Nicht bestraft werden

1. in den Fällen des Absatzes 1 Nr. 1, 2 und 6 die Frau, von der die Eizelle oder der Embryo stammt, sowie die Frau, auf die die Eizelle übertragen wird oder der Embryo übertragen werden soll, und

2. in den Fällen des Absatzes 1 Nr. 7 die Ersatzmutter sowie die Person, die das Kind auf Dauer bei sich aufnehmen will.

(4) in den Fällen des Absatzes 1 Nr. 6 und des Absatzes 2 ist der Versuch strafbar.

§ 2 Mißbräuchliche Verwendung menschlicher Embryonen

(1) Wer einen extrakorporal erzeugten oder einer Frau vor Abschluß seiner Einnistung in der Gebärmutter entnommenen menschlichen Embryo veräußert oder zu einem nicht seiner Erhaltung dienenden Zweck abgibt, erwirbt oder verwendet, wird mit Freiheitsstrafe bis zu drei Jahren oder mit Geldstrafe bestraft.

(2) Ebenso wird bestraft, wer zu einem anderen Zweck als der Herbeiführung einer Schwangerschaft bewirkt, daß sich ein menschlicher Embryo extrakorporal weiterentwickelt.

(3) Der Versuch ist strafbar.

§ 3 Verbotene Geschlechtswahl

Wer es unternimmt, eine menschliche Eizelle mit einer Samenzelle künstlich zu befruchten, die nach dem in ihr enthaltenen Geschlechtschromosom ausgewählt worden ist, wird mit Freiheitsstrafe bis zu einem Jahr oder mit Geldstrafe bestraft. Dies gilt nicht, wenn die Auswahl der Samenzelle durch einen Arzt dazu dient, das Kind vor der Erkrankung an einer Muskeldystrophie vom Typ Duchenne oder einer ähnlich schwerwiegenden geschlechtsgebundenen Erbkrankheit zu bewahren, und die dem Kind drohende Erkrankung von der nach Landesrecht zuständigen Stelle als entsprechend schwerwiegend anerkannt worden ist.

§ 4 Eigenmächtige Befruchtung, eigenmächtige Embryoübertragung und künstliche Befruchtung nach dem Tode

(1) Mit Freiheitsstrafe bis zu drei Jahren oder mit Geldstrafe wird bestraft, wer

1. es unternimmt, eine Eizelle künstlich zu befruchten, ohne daß die Frau, deren Eizelle befruchtet wird, und der Mann, dessen Samenzelle für die Befruchtung verwendet wird, eingewilligt haben,

2. es unternimmt, auf eine Frau ohne deren Einwilligung einen Embryo zu übertragen, oder

3. wissentlich eine Eizelle mit dem Samen eines Mannes nach dessen Tode künstlich befruchtet.

(2) Nicht bestraft wird im Fall des Absatzes 1 Nr. 3 die Frau, bei der die künstliche Befruchtung vorgenommen wird.

§ 5 Künstliche Veränderung menschlicher Keimbahnzellen

(1) Wer die Erbinformation einer menschlichen Keimbahnzelle künstlich verändert, wird mit Freiheitsstrafe bis zu fünf Jahren oder mit Geldstrafe bestraft.

(2) Ebenso wird bestraft, wer eine menschliche Keimzelle mit künstlich veränderter Erbinformation zur Befruchtung verwendet.

(3) Der Versuch ist strafbar.

(4) Absatz 1 findet keine Anwendung auf

1. eine künstliche Veränderung der Erbinformation einer außerhalb des Körpers befindlichen Keimzelle, wenn ausgeschlossen ist, daß diese zur Befruchtung verwendet wird,

2. eine künstliche Veränderung der Erbinformation einer sonstigen körpereigenen Keimbahnzelle, die einer toten Leibesfrucht, einem Menschen oder einem Verstorbenen entnommen worden ist, wenn ausgeschlossen ist, daß

a) diese auf einen Embryo, Foetus oder Menschen übertragen wird oder

b) aus ihr eine Keimzelle entsteht,

sowie

3. Impfungen, strahlen-, chemotherapeutische oder andere Behandlungen, mit denen eine Veränderung der Erbinformation von Keimbahnzellen nicht beabsichtigt ist.

§ 6 Klonen

(1) Wer künstlich bewirkt, daß ein menschlicher Embryo mit der gleichen Erbinformation wie ein anderer Embryo, ein Foetus, ein Mensch oder ein Verstorbener entsteht, wird mit Freiheitsstrafe bis zu fünf Jahren oder mit Geldstrafe bestraft.

(2) Ebenso wird bestraft, wer einen in Absatz 1 bezeichneten Embryo auf eine Frau überträgt.

(3) Der Versuch ist strafbar.

§ 7 Chimären- und Hybridbildung

(1) Wer es unternimmt,

1. Embryonen mit unterschiedlichen Erbinformationen unter Verwendung mindestens eines menschlichen Embryos zu einem Zellverband zu vereinigen,

2. mit einem menschlichen Embryo eine Zelle zu verbinden, die eine andere Erbinformation als die Zellen des Embryos enthält und sich mit diesem weiter zu differenzieren vermag, oder

3. durch Befruchtung einer menschlichen Eizelle mit dem Samen eines Tieres oder durch Befruchtung einer tierischen Eizelle mit dem Samen eines Menschen einen differenzierungsfähigen Embryo zu erzeugen,

wird mit Freiheitsstrafe bis zu fünf Jahren oder mit Geldstrafe bestraft.

(2) Ebenso wird bestraft, wer es unternimmt,

1. einen durch eine Handlung nach Absatz 1 entstandenen Embryo auf

   a) eine Frau oder

   b) ein Tier

zu übertragen oder

2. einen menschlichen Embryo auf ein Tier zu übertragen.

§ 8 Begriffsbestimmung

(1) Als Embryo im Sinne dieses Gesetzes gilt bereits die befruchtete, entwicklungsfähige menschliche Eizelle vom Zeitpunkt der Kernverschmelzung an, ferner jede einem Embryo entnommene totipotente Zelle, die sich bei Vorliegen der dafür erforderlichen weiteren Voraussetzungen zu teilen und zu einem Individuum zu entwickeln vermag.

(2) In den ersten vierundzwanzig Stunden nach der Kernverschmelzung gilt die befruchtete menschliche Eizelle als entwicklungsfähig, es sei denn, daß schon vor Ablauf dieses Zeitraums festgestellt wird, daß sich diese nicht über das Einzellstadium hinaus zu entwickeln vermag.

(3) Keimbahnzellen im Sinne dieses Gesetzes sind alle Zellen, die in einer Zell-Linie von der befruchteten Eizelle bis zu den Ei- und Samenzellen des aus ihr hervorgegangenen Menschen führen, ferner die Eizelle vom Einbringen oder Eindringen der Samenzelle an bis zu der mit der Kernverschmelzung abgeschlossenen Befruchtung.

§ 9 Arztvorbehalt

Nur ein Arzt darf vornehmen:

1. die künstliche Befruchtung,

2. die Übertragung eines menschlichen Embryos auf eine Frau,

3. die Konservierung eines menschlichen Embryos sowie einer menschlichen Eizelle, in die bereits eine menschliche Samenzelle eingedrungen oder künstlich eingebracht worden ist.

§ 10 Freiwillige Mitwirkung

Niemand ist verpflichtet, Maßnahmen der in § 9 bezeichneten Art vorzunehmen oder an ihnen mitzuwirken.

§ 11 Verstoß gegen den Arztvorbehalt

(1) Wer, ohne Arzt zu sein,

1. entgegen § 9 Nr. 1 eine künstliche Befruchtung vornimmt oder

2. entgegen § 9 Nr. 2 einen menschlichen Embryo auf eine Frau überträgt,

wird mit Freiheitsstrafe bis zu einem Jahr oder mit Geldstrafe bestraft.

(2) Nicht bestraft werden im Fall des § 9 Nr. 1 die Frau, die eine künstliche Insemination bei sich vornimmt, und der Mann, dessen Samen zu einer künstlichen Insemination verwendet wird.

§ 12 Bußgeldvorschriften

(1) Ordnungswidrig handelt, wer, ohne Arzt zu sein, entgegen § 9 Nr. 3 einen menschlichen Embryo oder eine dort bezeichnete menschliche Eizelle konserviert.

(2) Die Ordnungswidrigkeit kann mit einer Geldbuße bis zu fünftausend Deutsche Mark geahndet werden.

B. Gesetz zur Sicherstellung des Embryonenschutzes im Zusammenhang mit Einfuhr und Verwendung menschlicher embryonaler Stammzellen – StZG (Stammzellgesetz)

vom 28. Juni 2002 – Bundesgesetzblatt 2002 I S. 2277 2279 (in Kraft getreten am 1.7.2002)

§ 1 Zweck des Gesetzes

Zweck dieses Gesetzes ist es, im Hinblick auf die staatliche Verpflichtung, die Menschenwürde und das Recht auf Leben zu achten und zu schützen und die Freiheit der Forschung zu gewährleisten,

1. die Einfuhr und die Verwendung embryonaler Stammzellen grundsätzlich zu verbieten,

2. zu vermeiden, dass von Deutschland aus eine Gewinnung embryonaler Stammzellen oder eine Erzeugung von Embryonen zur Gewinnung embryonaler Stammzellen veranlasst wird, und

3. die Voraussetzungen zu bestimmen, unter denen die Einfuhr und die Verwendung embryonaler Stammzellen ausnahmsweise zu Forschungszwecken zugelassen sind.

§ 2 Anwendungsbereich

Dieses Gesetz gilt für die Einfuhr und die Verwendung embryonaler Stammzellen.

§ 3 Begriffsbestimmungen im Sinne dieses Gesetzes

1. sind Stammzellen alle menschlichen Zellen, die die Fähigkeit besitzen, in entsprechender Umgebung sich selbst durch Zellteilung zu vermehren, und die sich selbst oder deren Tochterzellen sich unter geeigneten Bedingungen zu Zellen unterschiedlicher Spezialisierung, jedoch nicht zu einem Individuum zu entwickeln vermögen (pluripotente Stammzellen),

2. sind embryonale Stammzellen alle aus Embryonen, die extrakorporal erzeugt und nicht zur Herbeiführung einer Schwangerschaft verwendet worden sind oder einer Frau vor Abschluss ihrer Einnistung in der Gebärmutter entnommen wurden, gewonnenen pluripotenten Stammzellen,

3. sind embryonale Stammzell-Linien alle embryonalen Stammzellen, die in Kultur gehalten werden oder im Anschluss daran kryokonserviert gelagert werden,

4. ist Embryo bereits jede menschliche totipotente Zelle, die sich bei Vorliegen der dafür erforderlichen weiteren Voraussetzungen zu teilen und zu einem Individuum zu entwickeln vermag,

5. ist Einfuhr das Verbringen embryonaler Stammzellen in den Geltungsbereich dieses Gesetzes.

§ 4 Einfuhr und Verwendung embryonaler Stammzellen

(1) Die Einfuhr und die Verwendung embryonaler Stammzellen ist verboten.

(2) Abweichend von Absatz 1 sind die Einfuhr und die Verwendung embryonaler Stammzellen zu Forschungszwecken unter den in § 6 genannten Voraussetzungen [Genehmigungserfordernisse] zulässig, wenn

1. zur Überzeugung der Genehmigungsbehörde feststeht, dass

a) die embryonalen Stammzellen in Übereinstimmung mit der Rechtslage im Herkunftsland dort vor dem 1. Januar 2002 gewonnen wurden und in Kultur gehalten werden oder im Anschluss daran kryokonserviert gelagert werden (embryonale Stammzell-Linie),

b) die Embryonen, aus denen sie gewonnen wurden, im Wege der medizinisch unterstützten extrakorporalen Befruchtung zum Zwecke der Herbeiführung einer Schwangerschaft erzeugt worden sind, sie endgültig nicht mehr für diesen Zweck verwendet wurden und keine Anhaltspunkte dafür vorliegen, dass dies aus Gründen erfolgte, die an den Embryonen selbst liegen,

c) für die Überlassung der Embryonen zur Stammzellgewinnung kein Entgelt oder sonstiger geldwerter Vorteil gewährt oder versprochen wurde und

2. der Einfuhr oder Verwendung der embryonalen Stammzellen sonstige gesetzliche Vorschriften, insbesondere solche des Embryonenschutzgesetzes, nicht entgegenstehen.

(3) Die Genehmigung ist zu versagen, wenn die Gewinnung der embryonalen Stammzellen offensichtlich im Widerspruch zu tragenden Grundsätzen der deutschen Rechtsordnung erfolgt ist. Die Versagung kann nicht damit begründet werden, dass die Stammzellen aus menschlichen Embryonen gewonnen wurden.

§ 5 Forschung an embryonalen Stammzellen

Forschungsarbeiten an embryonalen Stammzellen dürfen nur durchgeführt werden, wenn wissenschaftlich begründet dargelegt ist, dass

1. sie hochrangigen Forschungszielen für den wissenschaftlichen Erkenntnisgewinn im Rahmen der Grundlagenforschung oder für die Erweiterung medizinischer Kenntnisse bei der Entwicklung diagnostischer, präventiver oder therapeutischer Verfahren zur Anwendung bei Menschen dienen und

2. nach dem anerkannten Stand von Wissenschaft und Technik

a) die im Forschungsvorhaben vorgesehenen Fragestellungen so weit wie möglich bereits in In-vitro-Modellen mit tierischen Zellen oder in Tierversuchen vorgeklärt worden sind und

b) der mit dem Forschungsvorhaben angestrebte wissenschaftliche Erkenntnisgewinn sich voraussichtlich nur mit embryonalen Stammzellen erreichen lässt.

§ 6 Genehmigung

(1) Jede Einfuhr und jede Verwendung embryonaler Stammzellen bedarf der Genehmigung durch die zuständige Behörde.

(2) Der Antrag auf Genehmigung bedarf der Schriftform. Der Antragsteller hat in den Antragsunterlagen insbesondere folgende Angaben zu machen:

1. den Namen und die berufliche Anschrift der für das Forschungsvorhaben verantwortlichen Person,

2. eine Beschreibung des Forschungsvorhabens einschließlich einer wissenschaftlich begründeten Darlegung, dass das Forschungsvorhaben den Anforderungen nach § 5 entspricht,

3. eine Dokumentation der für die Einfuhr oder Verwendung vorgesehenen embryonalen Stammzellen darüber, dass die Voraussetzungen nach § 4 Abs. 2 Nr. 1 erfüllt sind; der Dokumentation steht ein Nachweis gleich, der belegt, dass

a) die vorgesehenen embryonalen Stammzellen mit denjenigen identisch sind, die in einem wissenschaftlich anerkannten, öffentlich zugänglichen und durch staatliche oder staatlich autorisierte Stellen geführten Register eingetragen sind, und

b) durch diese Eintragung die Voraussetzungen nach § 4 Abs. 2 Nr. 1 erfüllt sind.

(3) Die zuständige Behörde hat dem Antragsteller den Eingang des Antrags und der beigefügten Unterlagen unverzüglich schriftlich zu bestätigen. Sie holt zugleich die Stellungnahme der Zentralen Ethik-Kommission für Stammzellenforschung ein. Nach Eingang der Stellungnahme teilt sie dem Antragsteller die Stellungnahme und den Zeitpunkt der Beschlussfassung der Zentralen Ethik- Kommission für Stammzellenforschung mit.

(4) Die Genehmigung ist zu erteilen, wenn

1. die Voraussetzungen nach § 4 Abs. 2 erfüllt sind,

2. die Voraussetzungen nach § 5 erfüllt sind und das Forschungsvorhaben in diesem Sinne ethisch vertretbar ist und

3. eine Stellungnahme der Zentralen Ethik-Kommission für Stammzellenforschung nach Beteiligung durch die zuständige Behörde vorliegt.

(5) Liegen die vollständigen Antragsunterlagen sowie eine Stellungnahme der Zentralen Ethik-Kommission für Stammzellenforschung vor, so hat die Behörde über den Antrag innerhalb von zwei Monaten schriftlich zu entscheiden. Die Behörde hat bei ihrer Entscheidung die Stellungnahme der Zentralen Ethik-Kommission für Stammzellenforschung zu berücksichtigen. Weicht die zuständige Behörde bei ihrer Entscheidung von der Stellungnahme der Zentralen Ethik-Kommission für Stammzellenforschung ab, so hat sie die Gründe hierfür schriftlich darzulegen.

(6) Die Genehmigung kann unter Auflagen und Bedingungen erteilt und befristet werden, soweit dies zur Erfüllung oder fortlaufenden Einhaltung der Genehmigungsvoraussetzungen nach Absatz 4 erforderlich ist. Treten nach Erteilung der Genehmigung Tatsachen ein, die der Genehmigung entgegenstehen, kann die Genehmigung mit Wirkung für die Zukunft ganz oder teilweise widerrufen oder von der Erfüllung von Auflagen abhängig gemacht oder befristet werden, soweit dies zur Erfüllung oder fortlaufenden Einhaltung der Genehmigungsvoraussetzungen nach Absatz 4 erforderlich ist. Widerspruch und Anfechtungsklage gegen die Rücknahme oder den Widerruf der Genehmigung haben keine aufschiebende Wirkung.

§ 7 Zuständige Behörde

(1) Zuständige Behörde ist eine durch Rechtsverordnung des Bundesministeriums für Gesundheit zu bestimmende Behörde aus seinem Geschäftsbereich. Sie führt die ihr nach diesem Gesetz übertragenen Aufgaben als Verwaltungsaufgaben des Bundes durch und untersteht der Fachaufsicht des Bundesministeriums für Gesundheit.

(2) Für Amtshandlungen nach diesem Gesetz sind Kosten (Gebühren und Auslagen) zu erheben. Das Verwaltungskostengesetz findet Anwendung. Von der Zahlung von Gebühren sind außer den in § 8 Abs. 1 des Verwaltungskostengesetzes bezeichneten Rechtsträgern die als gemeinnützig anerkannten Forschungseinrichtungen befreit.

(3) Das Bundesministerium für Gesundheit wird ermächtigt, im Einvernehmen mit dem Bundesministerium für Bildung und Forschung durch Rechtsverordnung die gebührenpflichtigen Tatbestände zu bestimmen und dabei feste Sätze oder Rahmensätze vorzusehen. Dabei ist die Bedeutung, der wirtschaftliche Wert oder der sonstige Nutzen für die Gebührenschuldner angemessen zu berücksichtigen. In der Rechtsverordnung kann bestimmt werden, dass eine Gebühr auch für eine Amtshandlung erhoben werden kann, die nicht zu Ende geführt worden ist, wenn die Gründe hierfür von demjenigen zu vertreten sind, der die Amtshandlung veranlasst hat.

(4) Die bei der Erfüllung von Auskunftspflichten im Rahmen des Genehmigungsverfahrens entstehenden eigenen Aufwendungen des Antragstellers sind nicht zu erstatten.

§ 8 Zentrale Ethik-Kommission für Stammzellenforschung

(1) Bei der zuständigen Behörde wird eine interdisziplinär zusammenge-
setzte, unabhängige Zentrale Ethik- Kommission für Stammzellenforschung
eingerichtet, die sich aus neun Sachverständigen der Fachrichtungen Biologie, Ethik, Medizin und Theologie zusammensetzt. Vier der Sachverständigen werden aus den Fachrichtungen Ethik und Theologie, fünf der Sachverständigen aus den Fachrichtungen Biologie und Medizin berufen. Die
Kommission wählt aus ihrer Mitte Vorsitz und Stellvertretung.

(2) Die Mitglieder der Zentralen Ethik-Kommission für Stammzellenforschung werden von der Bundesregierung für die Dauer von drei Jahren
berufen. Die Wiederberufung ist zulässig. Für jedes Mitglied wird in der
Regel ein stellvertretendes Mitglied bestellt.

(3) Die Mitglieder und die stellvertretenden Mitglieder sind unabhängig und
an Weisungen nicht gebunden. Sie sind zur Verschwiegenheit verpflichtet.
Die §§ 20 und 21 des Verwaltungsverfahrensgesetzes gelten entsprechend.

(4) Die Bundesregierung wird ermächtigt, durch Rechtsverordnung das
Nähere über die Berufung und das Verfahren der Zentralen Ethik-Kommission für Stammzellenforschung, die Heranziehung externer Sachverständiger
sowie die Zusammenarbeit mit der zuständigen Behörde einschließlich der
Fristen zu regeln.

§ 9 Aufgaben der Zentralen Ethik- Kommission für Stammzellenforschung

Die Zentrale Ethik-Kommission für Stammzellenforschung prüft und bewertet anhand der eingereichten Unterlagen, ob die Voraussetzungen nach § 5
erfüllt sind und das Forschungsvorhaben in diesem Sinne ethisch vertretbar
ist.

§ 10 Vertraulichkeit von Angaben

(1) Die Antragsunterlagen nach § 6 sind vertraulich zu behandeln.

(2) Abweichend von Absatz 1 können für die Aufnahme in das Register nach
§ 11 verwendet werden

1. die Angaben über die embryonalen Stammzellen nach § 4 Abs. 2 Nr. 1,

2. der Name und die berufliche Anschrift der für das Forschungsvorhaben
verantwortlichen Person,

3. die Grunddaten des Forschungsvorhabens, insbesondere eine zusam-
menfassende Darstellung der geplanten Forschungsarbeiten einschließlich
der maßgeblichen Gründe für ihre Hochrangigkeit, die Institution, in der
sie durchgeführt werden sollen, und ihre voraussichtliche Dauer.

(3) Wird der Antrag vor der Entscheidung über die Genehmigung zurückge-
zogen, hat die zuständige Behörde die über die Antragsunterlagen gespei-
cherten Daten zu löschen und die Antragsunterlagen zurückzugeben.

§ 11 Register

Die Angaben über die embryonalen Stammzellen und die Grunddaten der genehmigten Forschungsvorhaben werden durch die zuständige Behörde in einem öffentlich zugänglichen Register geführt.

§ 12 Anzeigepflicht

Die für das Forschungsvorhaben verantwortliche Person hat wesentliche nachträglich eingetretene Änderungen, die die Zulässigkeit der Einfuhr oder der Verwendung der embryonalen Stammzellen betreffen, unverzüglich der zuständigen Behörde anzuzeigen. § 6 bleibt unberührt.

§ 13 Strafvorschriften

(1) Mit Freiheitsstrafe bis zu drei Jahren oder mit Geldstrafe wird bestraft, wer ohne Genehmigung nach § 6 Abs. 1 embryonale Stammzellen einführt oder verwendet. Ohne Genehmigung im Sinne des Satzes 1 handelt auch, wer auf Grund einer durch vorsätzlich falsche Angaben erschlichenen Genehmigung handelt. Der Versuch ist strafbar.

(2) Mit Freiheitsstrafe bis zu einem Jahr oder mit Geldstrafe wird bestraft, wer einer vollziehbaren Auflage nach § 6 Abs. 6 Satz 1 oder 2 zuwiderhandelt.

§ 14 Bußgeldvorschriften

(1) Ordnungswidrig handelt, wer

1. entgegen § 6 Abs. 2 Satz 2 eine dort genannte Angabe nicht richtig oder nicht vollständig macht oder
2. entgegen § 12 Satz 1 eine Anzeige nicht, nicht richtig, nicht vollständig oder nicht rechtzeitig erstattet.

(2) Die Ordnungswidrigkeit kann mit einer Geldbuße bis zu fünfzigtausend Euro geahndet werden.

§ 15 Bericht

Die Bundesregierung übermittelt dem Deutschen Bundestag im Abstand von zwei Jahren, erstmals zum Ablauf des Jahres 2003, einen Erfahrungsbericht über die Durchführung des Gesetzes. Der Bericht stellt auch die Ergebnisse der Forschung an anderen Formen menschlicher Stammzellen dar.

C. Verordnung über die Zentrale Ethik-Kommission für Stammzellenforschung und über die zuständige Behörde nach dem Stammzellgesetz (ZES-Verordnung – ZESV)

vom 18.7.2002 – Bundesgesetzblatt 2002 I S. 2263–3365 (in Kraft getreten am 24.7.2002)

Auf Grund des § 8 Abs. 4 des Gesetzes zur Sicherstellung des Embryonenschutzes im Zusammenhang mit Einfuhr und Verwendung menschlicher embryonaler Stammzellen (Stammzellgesetz – StZG) vom 28. Juni 2002 (BGBl. I S. 2277) verordnet die Bundesregierung und auf Grund des § 7 Abs. 1 Satz 1 des Stammzellgesetzes verordnet das Bundesministerium für Gesundheit:

§ 1 Zuständige Behörde

Zuständige Behörde nach § 7 Abs. 1 Satz 1 des Stammzellgesetzes ist das Robert Koch-Institut.

§ 2 Aufgaben der Zentralen Ethik-Kommission für Stammzellenforschung

Die Zentrale Ethik-Kommission für Stammzellenforschung nach § 8 Abs.1 und 2 des Stammzellgesetzes (Kommission) prüft und bewertet nach § 9 des Stammzellgesetzes auf Anforderung der zuständigen Behörde, ob Forschungsvorhaben, die Gegenstand eines Antrags auf Genehmigung nach § 6 des Stammzellgesetzes sind, die Voraussetzungen nach § 5 des Stammzellgesetzes erfüllen und in diesem Sinne ethisch vertretbar sind, und gibt dazu gegenüber der zuständigen Behörde schriftliche Stellungnahmen nach den Vorschriften dieser Verordnung ab.

§ 3 Berufung der Mitglieder und stellvertretenden Mitglieder

(1) Die Mitglieder und stellvertretenden Mitglieder der Kommission werden von der Bundesregierung auf gemeinsamen Vorschlag des Bundesministeriums für Gesundheit und des Bundesministeriums für Bildung und Forschung berufen. Sie sollen über besondere, möglichst auch internationale Erfahrungen in der jeweiligen Fachrichtung verfügen.

(2) Scheidet ein Mitglied oder stellvertretendes Mitglied vorzeitig aus, wird als Nachfolger ein Mitglied oder stellvertretendes Mitglied derselben Fachrichtung für den Rest des Berufungszeitraums berufen.

(3) Das Bundesministerium für Gesundheit macht die Namen der Mitglieder und der stellvertretenden Mitglieder im Bundesanzeiger bekannt.

§ 4 Mitglieder und stellvertretende Mitglieder

(1) Die Tätigkeit in der Kommission wird ehrenamtlich ausgeübt.

(2) Die Mitglieder und die stellvertretenden Mitglieder erhielten Ersatz ihrer Reisekosten nach dem Bundesreisekostenrecht sowie eine Sitzungsentschädigung.

3) Die Mitglieder und die stellvertretenden Mitglieder können durch schriftliche Erklärung gegenüber dem Bundesministerium für Gesundheit ihre Mitgliedschaft jederzeit beenden.

§ 5 Vorsitz und Stellvertretung

Die Mitglieder oder die stimmberechtigten stellvertretenden Mitglieder (§ 10 Abs. 4) wählen aus dem Kreis der Mitglieder eine Person für den Vorsitz (vorsitzendes Mitglied) und zwei Personen für die Stellvertretung. Die Wahl erfolgt für die Dauer von drei Jahren, längstens jedoch für die Dauer der Mitgliedschaft. Die Wiederwahl ist zulässig.

§ 6 Berichterstatter

(1) Anforderungen von Stellungnahmen der Kommission durch die zuständige Behörde werden von dem vorsitzenden Mitglied auf je zwei berichterstattende Personen (Berichterstatter) aus dem Kreis der Mitglieder und der stellvertretenden Mitglieder verteilt. Ein Mitglied und das diese Person vertretende stellvertretende Mitglied werden aus den Fachrichtungen Ethik oder Theologie, ein Mitglied und das diese Person vertretende stellvertretende Mitglied werden aus den Fachrichtungen Biologie oder Medizin als Berichterstatter benannt. Das Nähere regelt die Kommission in ihrer Geschäftsordnung (§ 15).

(2) Die Berichterstatter nehmen eine Prüfung und Bewertung nach § 9 des Stammzellgesetzes vor und geben dazu schriftliche Voten für die Stellungnahmen der Kommission ab. Sie berichten der Kommission.

(3) Die Berichterstatter können der Kommission Vorschläge für Maßnahmen nach § 7 machen.

§ 7 Sachverständige und andere Beteiligte

(1) Zur Erfüllung ihrer Aufgaben kann die Kommission auf Antrag von mindestens zwei Mitgliedern oder stimmberechtigten stellvertretenden Mitgliedern Sachverständige hören, Gutachten beiziehen oder einzelne Mitglieder oder stellvertretende Mitglieder mit der Wahrnehmung bestimmter Aufgaben betrauen.

(2) Die Kommission kann mit der Mehrheit ihrer Mitglieder oder stimmberechtigten stellvertretenden Mitglieder beschließen, die antragstellende Person nach § 6 Abs. 2 - des Stammzellgesetzes oder die für das Forschungsvorhaben verantwortliche Person (§ 6 Abs. 2 Satz 2 Nr. 1 des Stammzellgesetzes) anzuhören und zu ihren Sitzungen zu laden.

§ 8 Geschäftsstelle

(1) Die Kommission hat ihre Geschäftsstelle bei der zuständigen Behörde.

(2) Die Geschäftsstelle führt die laufenden Geschäfte der Kommission einschließlich der Vorbereitung und Übermittlung der Stellungnahmen der Kommission an die zuständige Behörde. Sie unterstützt die Kommission sowie ihre Mitglieder und stellvertretenden Mitglieder bei der Wahrnehmung ihrer Aufgaben.

(3) Die Geschäftsstelle nimmt die an die Kommission gerichteten Anforderungen der zuständigen Behörde auf Abgabe von Stellungnahmen entgegen, unterrichtet die zuständige Behörde bei Unvollständigkeit oder sonstigen offensichtlichen Mängeln der Antragsunterlagen nach § 6 Abs. 2 des Stammzellgesetzes unverzüglich und sorgt für die fristgerechte Abgabe der Stellungnahmen durch die Kommission.

§ 9 Sitzungen der Kommission

(1) Die Sitzungen der Kommission sind so anzuberaumen, dass ihre Stellungnahmen der zuständigen Behörde innerhalb der gesetzten Fristen übermittelt werden können. Die Sitzungen sind, wenn es die Zahl der abzugebenden Stellungnahmen erfordert, in regelmäßigen Abständen anzuberaumen.

(2) Das vorsitzende Mitglied beruft die Kommission ein und stellt für jede Sitzung auf Vorschlag der Geschäftsstelle eine Tagesordnung auf.

(3) Die Einladung, die Tagesordnung und die Sitzungsunterlagen sollen den Mitgliedern und den stellvertretenden Mitgliedern spätestens eine Woche vor der Sitzung zugehen. Auf die Ein. haltung der Frist kann verzichtet werden, wenn mindestens zwei Drittel der Mitglieder einverstanden sind. Die zuständige Behörde erhält die Einladung, die Tagesordnung und auf Anforderung die Sitzungsunterlagen nachrichtlich.

(4) Mitglieder, die an der Teilnahme verhindert sind, unterrichten unverzüglich die sie vertretenden stellvertretenden Mitglieder und die Geschäftsstelle.

(5) Auf Antrag der Mehrheit der Mitglieder der Kommission ist zu einer außerordentlichen Sitzung einzuladen.

§ 10 Durchführung von Sitzungen

(1) Die Sitzungen der Kommission sind nicht öffentlich. Die stellvertretenden Mitglieder sollen an den Sitzungen teilnehmen.

(2) Das vorsitzende Mitglied eröffnet, leitet und schließt die Sitzungen; es ist für die Ordnung verantwortlich.

(3) Zu Beginn der Sitzung wird über die Tagesordnung entschieden. Auf Beschluss von zwei Dritteln der Mitglieder oder stimmberechtigten stellvertretenden Mitglieder kann die Tagesordnung ergänzt werden.

(4) Stimmberechtigt sind die Mitglieder, im Fall ihrer Verhinderung die sie vertretenden stellvertretenden Mitglieder.

(5) Die Sitzungsteilnehmer haben über den Inhalt der Sitzung Verschwiegenheit zu wahren.

§ 11 Beschlussfassung

(1) Die Kommission ist beschlussfähig, wenn alle Mitglieder geladen und mindestens fünf Mitglieder oder stimmberechtigte stellvertretende Mitglieder anwesend sind.

(2) Die Kommission beschließt auf der Grundlage der Berichte und Voten der Berichterstatter mit der Mehrheit der anwesenden Mitglieder oder stimmberechtigten stellvertretenden Mitglieder.

(3) Jedes überstimmte Mitglied oder stimmberechtigte stellvertretende Mitglied kann verlangen, dass der Stellungnahme der Kommission ein schriftliches Minderheitsvotum angefügt wird. Das Minderheitsvotum ist zu begründen. Aus der Begründung muss sich ergeben, auf welchen Einzelerwägungen die Ablehnung der Stellungnahme beruht.

(4) Die Kommission kann im schriftlichen Verfahren entscheiden, wenn die Berichterstatter übereinstimmende Voten abgeben. Das Nähere regelt die Kommission in ihrer Geschäftsordnung.

§ 12 Sitzungsprotokoll

(1) Die Geschäftsstelle fertigt über jede Sitzung ein Sitzungsprotokoll, das Ort und Zeit der Sitzung, die Beratungsgegenstände, deren Ergebnisse und ihre Begründung sowie die Stimmenverhältnisse ausweist. Minderheitsvoten werden protokolliert Dem Sitzungsprotokoll ist eine Anwesenheitsliste beizufügen.

(2) Zur Erleichterung der Erstellung des Sitzungsprotokolls kann die Geschäftsstelle den Sitzungsverlauf auf Tonträger aufzeichnen. Unmittelbar nach Genehmigung des Sitzungsprotokolls durch die Kommission sind die Aufzeichnungen zu löschen.

(3) Das Sitzungsprotokoll ist vom vorsitzenden Mitglied der Kommission und von einer beauftragten Person der Geschäftsstelle zu unterzeichnen.

(4) Die Geschäftsstelle übersendet das Sitzungsprotokoll an die Mitglieder, die stellvertretenden Mitglieder und die zuständige Behörde. Das Sitzungsprotokoll ist vertraulich zu behandeln.

§ 13 Zusammenarbeit mit der zuständigen Behörde

(1) Die Kommission soll spätestens sechs Wochen, nachdem ihr die Anforderung der zuständigen Behörde und die vollständigen Antragsunterlagen nach § 6 Abs. 2 des Stammzellgesetzes vorliegen, ihre Stellungnahme der zuständigen Behörde übermitteln. Die zuständige Behörde kann die Frist auf Antrag um höchstens vier Wochen verlängem.

(2) Die Stellungnahme ist zu begründen. Sie soll die tragenden Erwägungsgründe einschließlich der maßgeblichen Gründe für die Bewertung der Hochrangigkeit der geplanten Forschungsarbeiten und das Abstimmungsergebnis enthalten. Sie muss im Fall des' § 11 Abs. 3 auch die Minderheitsvoten enthalten.

§ 14 Tätigkeitsbericht und Unterachtung der Öffentlichkeit

Die Kommission erstellt einen jährlichen Tätigkeitsbericht, der vom Bundesministerium für Gesundheit veröffentlicht wird.

§ 15 Geschäftsordnung

Die Kommission gibt sich eine Geschäftsordnung. Die Geschäftsordnung bedarf der Zustimmung des Bundesministeriums für Gesundheit, das seine Entscheidung im Einvernehmen mit dem Bundesministerium für Bildung und Forschung trifft.

D. Strafgesetzbuch (Auszüge)

ALLGEMEINER TEIL

Geltungsbereich

§ 3 Geltung für Inlandstaten

Das deutsche Strafrecht gilt für Taten, die im Inland begangen werden.

§ 4 Geltung für Taten auf deutschen Schiffen und Luftfahrzeugen

Das deutsche Strafrecht gilt, unabhängig vom Recht des Tatorts, für Taten, die auf einem Schiff oder in einem Luftfahrzeug begangen werden, das berechtigt ist, die Bundesflagge oder das Staatszugehörigkeitszeichen der Bundesrepublik Deutschland zu führen.

§ 5 Auslandstaten gegen inländische Rechtsgüter

Das deutsche Strafrecht gilt, unabhängig vom Recht des Tatorts, für folgende Taten, die im Ausland begangen werden:

1. Vorbereitung eines Angriffskrieges (§ 80);

2. Hochverrat (§§ 81 bis 83);

3. Gefährdung des demokratischen Rechtsstaates

   a. in den Fällen der §§ 89, 90a Abs. 1 und des § 90b, wenn der Täter Deutscher ist und seine Lebensgrundlage im räumlichen Geltungsbereich dieses Gesetzes hat, und

   b. in den Fällen der §§ sp; 90 und 90a Abs. 2;

4. Landesverrat und Gefährdung der äußeren Sicherheit (§§ 94 bis 100a);

5. Straftaten gegen die Landesverteidigung

   a. in den Fällen der §§ 109 und 109e bis 109g und

   b. in den Fällen der §§ 109a, 109d und 109h, wenn der Täter Deutscher ist und seine Lebensgrundlage im räumlichen Geltungsbereich dieses Gesetzes hat;

6. Verschleppung und politische Verdächtigung (§§ 234a, 241a), wenn die Tat sich gegen einen Deutschen richtet, der im Inland seinen Wohnsitz oder gewöhnlichen Aufenthalt hat;

6a. Entziehung eines Kindes in den Fällen des § 235 Abs. 2 Nr. 2, wenn die Tat sich gegen eine Person richtet, die im Inland ihren Wohnsitz oder gewöhnlichen Aufenthalt hat;

7. Verletzung von Betriebs- oder Geschäftsgeheimnissen eines im räumlichen Geltungsbereich dieses Gesetzes liegenden Betriebs, eines Unternehmens, das dort seinen Sitz hat, oder eines Unternehmens mit Sitz im Ausland, das von einem Unternehmen mit Sitz im räumlichen Geltungsbereich dieses Gesetzes abhängig ist und mit diesem einen Konzern bildet;

8. Straftaten gegen die sexuelle Selbstbestimmung

   a. in den Fällen des § 174 Abs. 1 und 3, wenn der Täter und der, gegen den die Tat begangen wird, zur Zeit der Tat Deutsche sind und ihre Lebensgrundlage im Inland haben, und

   b. in den Fällen der §§ 176 bis 176b und 182, wenn der Täter Deutscher ist;

9. Abbruch der Schwangerschaft (§ 218), wenn der Täter zur Zeit der Tat Deutscher ist und seine Lebensgrundlage im räumlichen Geltungsbereich dieses Gesetzes hat;

10. falsche uneidliche Aussage, Meineid und falsche Versicherung an Eides Statt (§§ 153 bis 156) in einem Verfahren, das im räumlichen Geltungsbereich dieses Gesetzes bei einem Gericht oder einer anderen deutschen Stelle anhängig ist, die zur Abnahme von Eiden oder eidesstattlichen Versicherungen zuständig ist;

11. Straftaten gegen die Umwelt in den Fällen der §§ 324, 326, 330 und 330a, die im Bereich der deutschen ausschließlichen Wirtschaftszone begangen werden, soweit völkerrechtliche Übereinkommen zum Schutze des Meeres ihre Verfolgung als Straftaten gestatten;

11 a. Straftaten nach § 328 Abs. 2 Nr. 3 und 4, Abs. 4 und 5, auch in Verbindung mit § 330, wenn der Täter zur Zeit der Tat Deutscher ist;

12. Taten, die ein deutscher Amtsträger oder für den öffentlichen Dienst besonders Verpflichteter während eines dienstlichen Aufenthalts oder in Beziehung auf den Dienst begeht;

13. Taten, die ein Ausländer als Amtsträger oder für den öffentlichen Dienst besonders Verpflichteter begeht;

14. Taten, die jemand gegen einen Amtsträger, einen für den öffentlichen Dienst besonders Verpflichteten oder einen Soldaten der Bundeswehr während der Ausübung ihres Dienstes oder in Beziehung auf ihren Dienst begeht;

14 a. Abgeordnetenbestechung (§ 108e), wenn der Täter zur Zeit der Tat Deutscher ist oder die Tat gegenüber einem Deutschen begangen wird;

15. Organhandel (§ 18 des Transplantationsgesetzes), wenn der Täter zur Zeit der Tat Deutscher ist.

§ 6 Auslandstaten gegen international geschützte Rechtsgüter

Das deutsche Strafrecht gilt weiter, unabhängig vom Recht des Tatorts, für folgende Taten, die im Ausland begangen werden:

1. (aufgehoben)

2. Kernenergie-, Sprengstoff- und Strahlungsverbrechen in den Fällen der §§ 307 und 308 Abs. 1 bis 4, des § 309 Abs. 2 und des § 310;

3. Angriffe auf den Luft- und Seeverkehr (§ 316c);

4. Menschenhandel (§ 180b) und schwerer Menschenhandel (§ 181);

5. unbefugter Vertrieb von Betäubungsmitteln;

6. Verbreitung pornographischer Schriften in den Fällen des § 184 Abs. 3 und 4;

7. Geld- und Wertpapierfälschung (§§ 146, 151 und 152), Fälschung von Zahlungskarten und Vordrucken für Euroschecks (§ 152a Abs. 1 bis 4) sowie deren Vorbereitung (§§ 149, 151, 152 und 152a Abs. 5);

8. Subventionsbetrug (§ 264);

9. Taten, die auf Grund eines für die Bundesrepublik Deutschland verbindlichen zwischenstaatlichen Abkommens auch dann zu verfolgen sind, wenn sie im Ausland begangen werden

§ 7 Geltung für Auslandstaten in anderen Fällen

(1) Das deutsche Strafrecht gilt für Taten, die im Ausland gegen einen Deutschen begangen werden, wenn die Tat am Tatort mit Strafe bedroht ist oder der Tatort keiner Strafgewalt unterliegt.

(2) Für andere Taten, die im Ausland begangen werden, gilt das deutsche Strafrecht, wenn die Tat am Tatort mit Strafe bedroht ist oder der Tatort keiner Strafgewalt unterliegt und wenn der Täter

1. zur Zeit der Tat Deutscher war oder es nach der Tat geworden ist oder
2. zur Zeit der Tat Ausländer war, im Inland betroffen und, obwohl das Auslieferungsgesetz seine Auslieferung nach der Art der Tat zuließe, nicht ausgeliefert wird, weil ein Auslieferungsersuchen nicht gestellt oder abgelehnt wird oder die Auslieferung nicht ausführbar ist.

....

§ 11 Personen- und Sachbegriffe

(1) Im Sinne dieses Gesetzes ist

1. Angehöriger:
wer zu den folgenden Personen gehört:

a. Verwandte und Verschwägerte gerader Linie, der Ehegatte, der Lebenspartner, der Verlobte, Geschwister, Ehegatten der Geschwister, Geschwister der Ehegatten, und zwar auch dann, wenn die Ehe oder die Lebenspartnerschaft, welche die Beziehung begründet hat, nicht mehr besteht oder wenn die Verwandtschaft oder Schwägerschaft erloschen ist,

b. Pflegeeltern und Pflegekinder;

2. Amtsträger:
wer nach deutschem Recht

a. Beamter oder Richter ist,

b. in einem sonstigen öffentlich-rechtlichen Amtsverhältnis steht oder

c. sonst dazu bestellt ist, bei einer Behörde oder bei einer sonstigen Stelle oder in deren Auftrag Aufgaben der öffentlichen Verwaltung unbeschadet der zur Aufgabenerfüllung gewählten Organisationsform wahrzunehmen;

3. Richter:
wer nach deutschem Recht Berufsrichter oder ehrenamtlicher Richter ist;

4. für den öffentlichen Dienst besonders Verpflichteter:
wer, ohne Amtsträger zu sein,

a. bei einer Behörde oder bei einer sonstigen Stelle, die Aufgaben der öffentlichen Verwaltung wahrnimmt, oder

b. bei einem Verband oder sonstigen Zusammenschluß, Betrieb oder Unternehmen, die für eine Behörde oder für eine sonstige Stelle Aufgaben der öffentlichen Verwaltung ausführen,

beschäftigt oder für sie tätig und auf die gewissenhafte Erfüllung seiner Obliegenheiten auf Grund eines Gesetzes förmlich verpflichtet ist;

5. rechtswidrige Tat:
nur eine solche, die den Tatbestand eines Strafgesetzes verwirklicht;

6. Unternehmen einer Tat:
deren Versuch und deren Vollendung;

7. Behörde:
auch ein Gericht;

8. Maßnahme:
jede Maßregel der Besserung und Sicherung, der Verfall, die Einziehung und die Unbrauchbarmachung;

9. Entgelt:
jede in einem Vermögensvorteil bestehende Gegenleistung.

(2) Vorsätzlich im Sinne dieses Gesetzes ist eine Tat auch dann, wenn sie einen gesetzlichen Tatbestand verwirklicht, der hinsichtlich der Handlung Vorsatz voraussetzt, hinsichtlich einer dadurch verursachten besonderen Folge jedoch Fahrlässigkeit ausreichen läßt.

(3) Den Schriften stehen Ton- und Bildträger, Datenspeicher, Abbildungen und andere Darstellungen in denjenigen Vorschriften gleich, die auf diesen Absatz verweisen.

Grundlagen der Strafbarkeit

§ 14 Handeln für einen anderen

(1) Handelt jemand

1. als vertretungsberechtigtes Organ einer juristischen Person oder als Mitglied eines solchen Organs,

2. als vertretungsberechtigter Gesellschafter einer rechtsfähigen Personengesellschaft oder

3. als gesetzlicher Vertreter eines anderen,

so ist ein Gesetz, nach dem besondere persönliche Eigenschaften, Verhältnisse oder Umstände (besondere persönliche Merkmale) die Strafbarkeit begründen, auch auf den Vertreter anzuwenden, wenn diese Merkmale zwar nicht bei ihm, aber bei dem Vertretenen vorliegen.

(2) Ist jemand von dem Inhaber eines Betriebs oder einem sonst dazu Befugten

1. beauftragt, den Betrieb ganz oder zum Teil zu leiten, oder

2. ausdrücklich beauftragt, in eigener Verantwortung Aufgaben wahrzunehmen, die dem Inhaber des Betriebs obliegen,

und handelt er auf Grund dieses Auftrags, so ist ein Gesetz, nach dem besondere persönliche Merkmale die Strafbarkeit begründen, auch auf den Beauftragten anzuwenden, wenn diese Merkmale zwar nicht bei ihm, aber bei dem Inhaber des Betriebs vorliegen. Dem Betrieb im Sinne des Satzes 1 steht das Unternehmen gleich. Handelt jemand auf Grund eines entsprechenden Auftrags für eine Stelle, die Aufgaben der öffentlichen Verwaltung wahrnimmt, so ist Satz 1 sinngemäß anzuwenden.

(3) Die Absätze 1 und 2 sind auch dann anzuwenden, wenn die Rechtshandlung, welche die Vertretungsbefugnis oder das Auftragsverhältnis begründen sollte, unwirksam ist.

§ 16 Irrtum über Tatumstände

(1) Wer bei Begehung der Tat einen Umstand nicht kennt, der zum gesetzlichen Tatbestand gehört, handelt nicht vorsätzlich. Die Strafbarkeit wegen fahrlässiger Begehung bleibt unberührt.

(2) Wer bei Begehung der Tat irrig Umstände annimmt, welche den Tatbestand eines milderen Gesetzes verwirklichen würden, kann wegen vorsätzlicher Begehung nur nach dem milderen Gesetz bestraft werden.

§ 17 Verbotsirrtum

Fehlt dem Täter bei Begehung der Tat die Einsicht, Unrecht zu tun, so handelt er ohne Schuld, wenn er diesen Irrtum nicht vermeiden konnte. Konnte der Täter den Irrtum vermeiden, so kann die Strafe nach § 49 Abs. 1 gemildert werden.

Versuch

§ 22 Begriffsbestimmung

Eine Straftat versucht, wer nach seiner Vorstellung von der Tat zur Verwirklichung des Tatbestandes unmittelbar ansetzt.

§ 23 Strafbarkeit des Versuchs

(1) Der Versuch eines Verbrechens ist stets strafbar, der Versuch eines Vergehens nur dann, wenn das Gesetz es ausdrücklich bestimmt.

(2) Der Versuch kann milder bestraft werden als die vollendete Tat (§ 49 Abs. 1).

(3) Hat der Täter aus grobem Unverstand verkannt, daß der Versuch nach der Art des Gegenstandes, an dem, oder des Mittels, mit dem die Tat begangen werden sollte, überhaupt nicht zur Vollendung führen konnte, so kann das Gericht von Strafe absehen oder die Strafe nach seinem Ermessen mildern (§ 49 Abs. 2).

§ 24 Rücktritt

(1) Wegen Versuchs wird nicht bestraft, wer freiwillig die weitere Ausführung der Tat aufgibt oder deren Vollendung verhindert. Wird die Tat ohne Zutun des Zurücktretenden nicht vollendet, so wird er straflos, wenn er sich freiwillig und ernsthaft bemüht, die Vollendung zu verhindern.

(2) Sind an der Tat mehrere beteiligt, so wird wegen Versuchs nicht bestraft, wer freiwillig die Vollendung verhindert. Jedoch genügt zu seiner Straflosigkeit sein freiwilliges und ernsthaftes Bemühen, die Vollendung der Tat zu verhindern, wenn sie ohne sein Zutun nicht vollendet oder unabhängig von seinem früheren Tatbeitrag begangen wird.

Täterschaft und Teilnahme

§ 25 Täterschaft

(1) Als Täter wird bestraft, wer die Straftat selbst oder durch einen anderen begeht.

(2) Begehen mehrere die Straftat gemeinschaftlich, so wird jeder als Täter bestraft (Mittäter).

§ 26 Anstiftung

Als Anstifter wird gleich einem Täter bestraft, wer vorsätzlich einen anderen zu dessen vorsätzlich begangener rechtswidriger Tat bestimmt hat.

§ 27 Beihilfe

(1) Als Gehilfe wird bestraft, wer vorsätzlich einem anderen zu dessen vorsätzlich begangener rechtswidriger Tat Hilfe geleistet hat.

(2) Die Strafe für den Gehilfen richtet sich nach der Strafdrohung für den Täter. Sie ist nach § 49 Abs. 1 zu mildern.

§ 28 Besondere persönliche Merkmale

(1) Fehlen besondere persönliche Merkmale (§ 14 Abs. 1), welche die Strafbarkeit des Täters begründen, beim Teilnehmer (Anstifter oder Gehilfe), so ist dessen Strafe nach § 49 Abs. 1 zu mildern.

(2) Bestimmt das Gesetz, daß besondere persönliche Merkmale die Strafe schärfen, mildern oder ausschließen, so gilt das nur für den Beteiligten (Täter oder Teilnehmer), bei dem sie vorliegen.

§ 29 Selbständige Strafbarkeit des Beteiligten

Jeder Beteiligte wird ohne Rücksicht auf die Schuld des anderen nach seiner Schuld bestraft.

§ 30 Versuch der Beteiligung

(1) Wer einen anderen zu bestimmen versucht, ein Verbrechen zu begehen oder zu ihm anzustiften, wird nach den Vorschriften über den Versuch des Verbrechens bestraft. Jedoch ist die Strafe nach § 49 Abs. 1 zu mildern. § 23 Abs. 3 gilt entsprechend.

(2) Ebenso wird bestraft, wer sich bereit erklärt, wer das Erbieten eines anderen annimmt oder wer mit einem anderen verabredet, ein Verbrechen zu begehen oder zu ihm anzustiften.

§ 31 Rücktritt vom Versuch der Beteiligung

(1) Nach § 30 wird nicht bestraft, wer freiwillig

1. den Versuch aufgibt, einen anderen zu einem Verbrechen zu bestimmen, und eine etwa bestehende Gefahr, daß der andere die Tat begeht, abwendet,

2. nachdem er sich zu einem Verbrechen bereit erklärt hatte, sein Vorhaben aufgibt oder,

3. nachdem er ein Verbrechen verabredet oder das Erbieten eines anderen zu einem Verbrechen angenommen hatte, die Tat verhindert.

(2) Unterbleibt die Tat ohne Zutun des Zurücktretenden oder wird sie unabhängig von seinem früheren Verhalten begangen, so genügt zu seiner Straflosigkeit sein freiwilliges und ernsthaftes Bemühen, die Tat zu verhindern.

...

Strafbemessung

§ 51 Anrechnung

(1) ...

(2) ...

(3) Ist der Verurteilte wegen derselben Tat im Ausland bestraft worden, so wird auf die neue Strafe die ausländische angerechnet, soweit sie vollstreckt ist.

...

BESONDERER TEIL

Straftaten gegen das Leben

§ 218 Schwangerschaftsabbruch

(1) Wer eine Schwangerschaft abbricht, wird mit Freiheitsstrafe bis zu drei Jahren oder mit Geldstrafe bestraft. Handlungen, deren Wirkung vor Abschluß der Einnistung des befruchteten Eies in der Gebärmutter eintritt, gelten nicht als Schwangerschaftsabbruch im Sinne dieses Gesetzes.

(2) In besonders schweren Fällen ist die Strafe Freiheitsstrafe von sechs Monaten bis zu fünf Jahren. Ein besonders schwerer Fall liegt in der Regel vor, wenn der Täter

1. gegen den Willen der Schwangeren handelt oder

2. leichtfertig die Gefahr des Todes oder einer schweren Gesundheitsschädigung der Schwangeren verursacht.

(3) Begeht die Schwangere die Tat, so ist die Strafe Freiheitsstrafe bis zu einem Jahr oder Geldstrafe.

(4) Der Versuch ist strafbar. Die Schwangere wird nicht wegen Versuchs bestraft.

Diebstahl und Unterschlagung

§ 242 Diebstahl

(1) Wer eine fremde bewegliche Sache einem anderen in der Absicht wegnimmt, die Sache sich oder einem Dritten rechtswidrig zuzueignen, wird mit Freiheitsstrafe bis zu fünf Jahren oder mit Geldstrafe bestraft.

(2) Der Versuch ist strafbar.

§ 246 Unterschlagung

(1) Wer eine fremde bewegliche Sache sich oder einem Dritten rechtswidrig zueignet, wird mit Freiheitsstrafe bis zu drei Jahren oder mit Geldstrafe bestraft, wenn die Tat nicht in anderen Vorschriften mit schwererer Strafe bedroht ist.

(2) Ist in den Fällen des Absatzes 1 die Sache dem Täter anvertraut, so ist die Strafe Freiheitsstrafe bis zu fünf Jahren oder Geldstrafe.

(3) Der Versuch ist strafbar.

Betrug und Untreue

§ 263 Betrug

(1) Wer in der Absicht, sich oder einem Dritten einen rechtswidrigen Vermögensvorteil zu verschaffen, das Vermögen eines anderen dadurch beschädigt, daß er durch Vorspiegelung falscher oder durch Entstellung oder Unterdrückung wahrer Tatsachen einen Irrtum erregt oder unterhält, wird mit Freiheitsstrafe bis zu fünf Jahren oder mit Geldstrafe bestraft.

(2) Der Versuch ist strafbar.

(3) In besonders schweren Fällen ist die Strafe Freiheitsstrafe von sechs Monaten bis zu zehn Jahren. Ein besonders schwerer Fall liegt in der Regel vor, wenn der Täter

1. gewerbsmäßig oder als Mitglied einer Bande handelt, die sich zur fortgesetzten Begehung von Urkundenfälschung oder Betrug verbunden hat,

2. einen Vermögensverlust großen Ausmaßes herbeiführt oder in der Absicht handelt, durch die fortgesetzte Begehung von Betrug eine große Zahl von Menschen in die Gefahr des Verlustes von Vermögenswerten zu bringen,

3. eine andere Person in wirtschaftliche Not bringt,

4. seine Befugnisse oder seine Stellung als Amtsträger mißbraucht oder

5. einen Versicherungsfall vortäuscht, nachdem er oder ein anderer zu diesem Zweck eine Sache von bedeutendem Wert in Brand gesetzt oder durch eine Brandlegung ganz oder teilweise zerstört oder ein Schiff zum Sinken oder Stranden gebracht hat.

(4) § 243 Abs. 2 sowie die §§ 247 und 248a gelten entsprechend.

(5) Mit Freiheitsstrafe von einem Jahr bis zu zehn Jahren, in minder schweren Fällen mit Freiheitsstrafe von sechs Monaten bis zu fünf Jahren wird bestraft, wer den Betrug als Mitglied einer Bande, die sich zur fortgesetzten Begehung von Straftaten nach den §§ 263 bis 264 oder 267 bis 269 verbunden hat, gewerbsmäßig begeht.

(6) Das Gericht kann Führungsaufsicht anordnen (§ 68 Abs. 1).

(7) Die §§ 43a, 73d sind anzuwenden, wenn der Täter als Mitglied einer Bande handelt, die sich zur fortgesetzten Begehung von Straftaten nach den §§ 263 bis 264 oder 267 bis 269 verbunden hat. § 73d ist auch dann anzuwenden, wenn der Täter gewerbsmäßig handelt.

Sachbeschädigung

§ 303 Sachbeschädigung

(1) Wer rechtswidrig eine fremde Sache beschädigt oder zerstört, wird mit Freiheitsstrafe bis zu zwei Jahren oder mit Geldstrafe bestraft.

(2) Der Versuch ist strafbar.

E. Tabellarischer Überblick über gesetzliche Regelungen zur Fortpflanzungsmedizin in Europa*

Land	Künstliche Befruchtung (ohne Eigewinnung)	In-Vitro-Fertilisation und Embryotransfer	Eizellspende	Leihmutterschaft	Forschung am Embryo in vitro	PID	(reproduktives)Klonen
BELGIEN	–	–	–	–	–	–	–
DÄNEMARK	R	R	R	V	R	R	V
DEUTSCHLD.	(R)	R	V	V	V	(V)	V
FRANKREICH	R	R	R	–	(R)	R	–
GROSSBRIT.	R	R	R	R	R	R	V
ITALIEN	–	–	–	–	–	–	–
NIEDERL.	(R)	(R)	R	(V)	R	–	V
NORWEGEN	R	R	V	V	V	R	V
ÖSTERREICH	R	R	V	V	V	V	(V)
SPANIEN	R	R	R	V	R	R	V
SCHWEDEN	R	R	V	–	R	–	(V)
SCHWEIZ	R	R	V	V	V	V	V

* Aktualisierte Übersicht aus Eser/Koch, in: Keller-GS (Fn. 17). Für detailliertere Angaben zu den einzelnen Ländern sei auf die tabellarische Zusammenstellung verwiesen, die über die Homepage des Max-Planck-Instituts für ausländisches und internationales Strafrecht aufgerufen werden kann (http://www.iuscrim.mpg.de/forsch/straf/referate/sach/fortpflanzungsmedizin.html). V = Verbot, (V) = bedingtes bzw. zweifelhaftes Verbot, R = Regelung vorhanden, (R) = fragmentarische Regelung vorhanden, – = keine Regelung